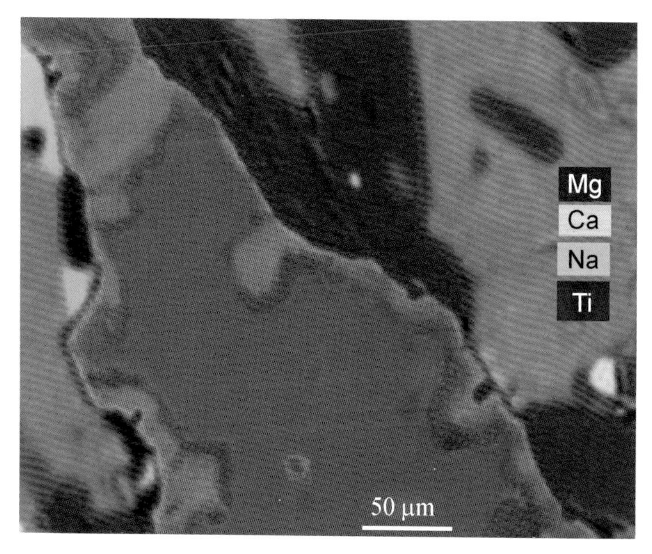

图 2-2　断口成分分析（SEM 中 EDS mapping）

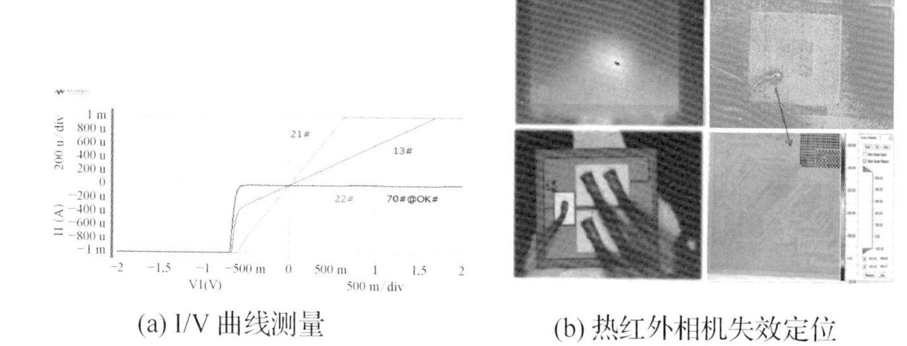

(a) I/V 曲线测量　　(b) 热红外相机失效定位

图 2-48　电性分析结果

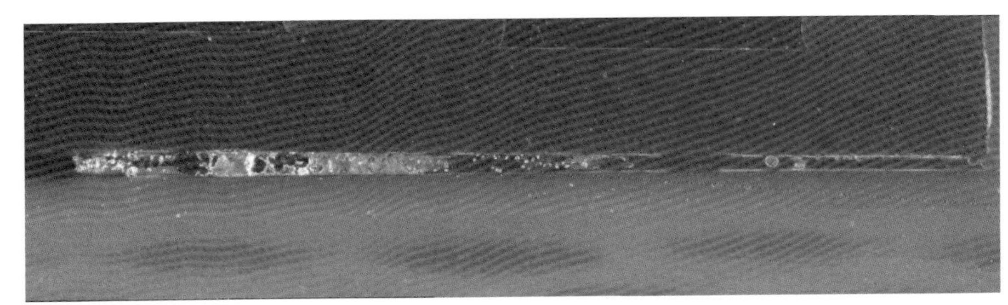

(a) MOS管两引脚有疑似助焊剂残留

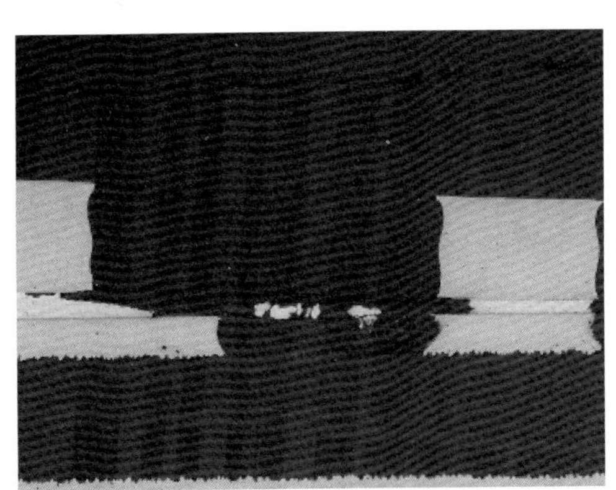

(b) MOS管两引脚间有迁移物

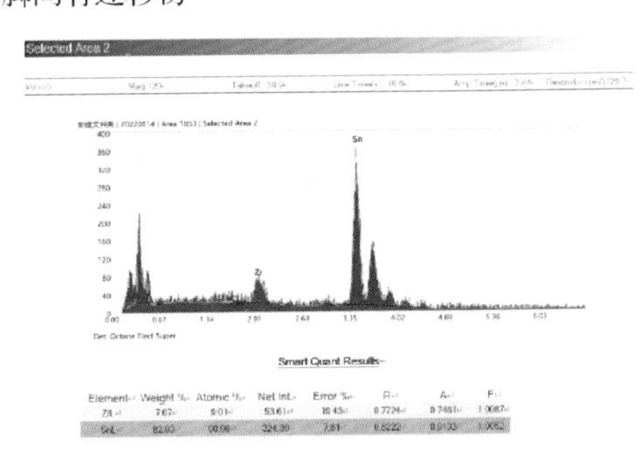

(c) MOS管两引脚间迁移物元素为锡

图 2－54 样品分析图（二）

图 3－8　芯片局部去铝后的 OM 图片

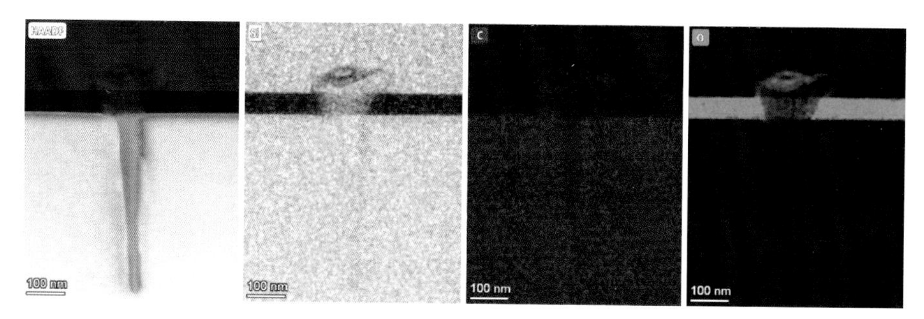

图 3－25　SiC MOS 栅氧击穿处 TEM EDX 分析

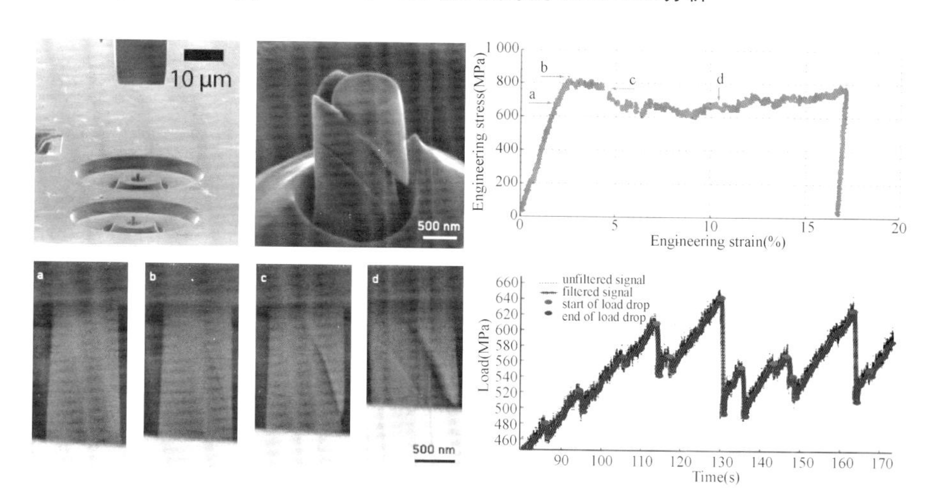

（a）弹性加载；（b）第一次滑动事件成核；（c）与顶面相交；（d）滑动事件倍增

图 4－4　Ni 微试样原位微柱压缩试验

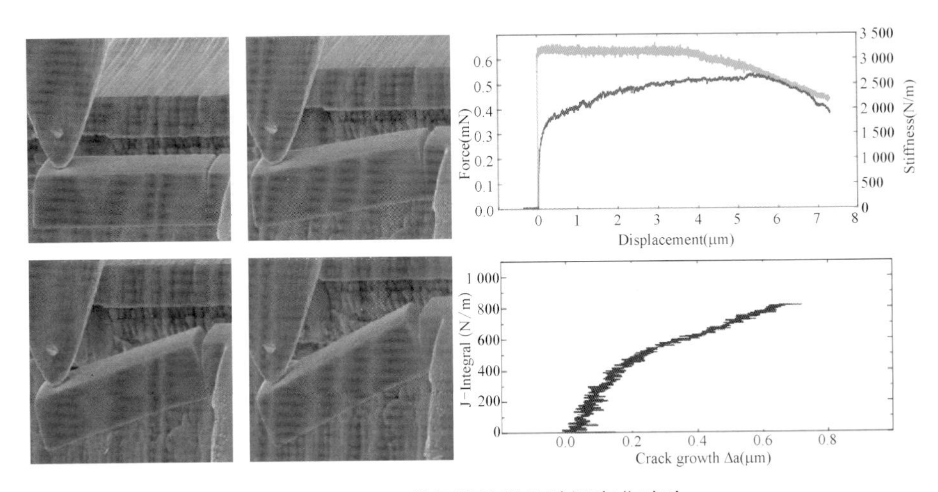

图 4-6　NiAl 单晶样品微悬臂梁弯曲试验

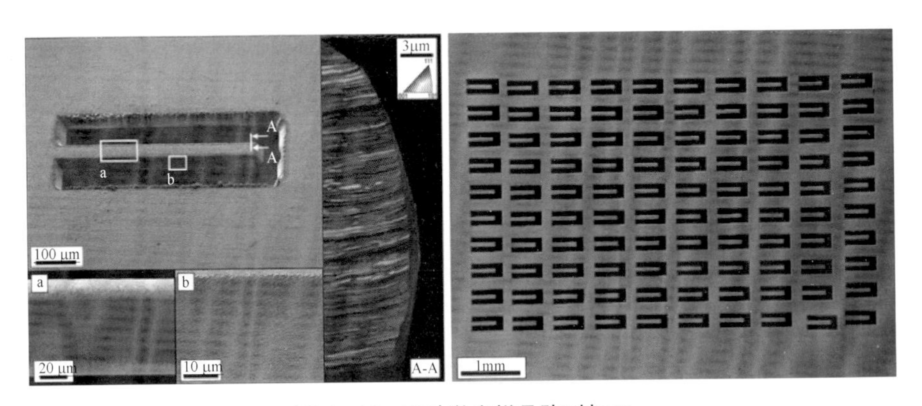

图 4-10　飞秒激光样品阵列加工

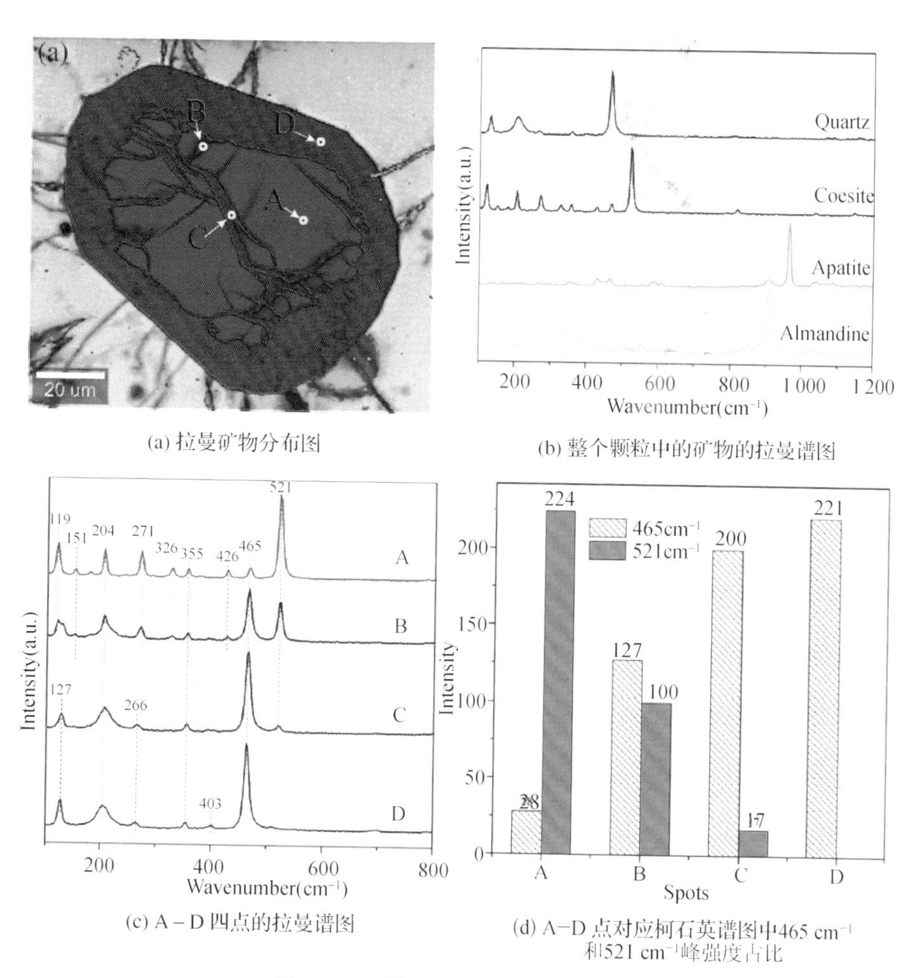

(a) 拉曼矿物分布图

(b) 整个颗粒中的矿物的拉曼谱图

(c) A－D 四点的拉曼谱图

(d) A－D 点对应柯石英谱图中465 cm^{-1}和521 cm^{-1}峰强度占比

图 4－33　蔡司 RISE 关联系统应用

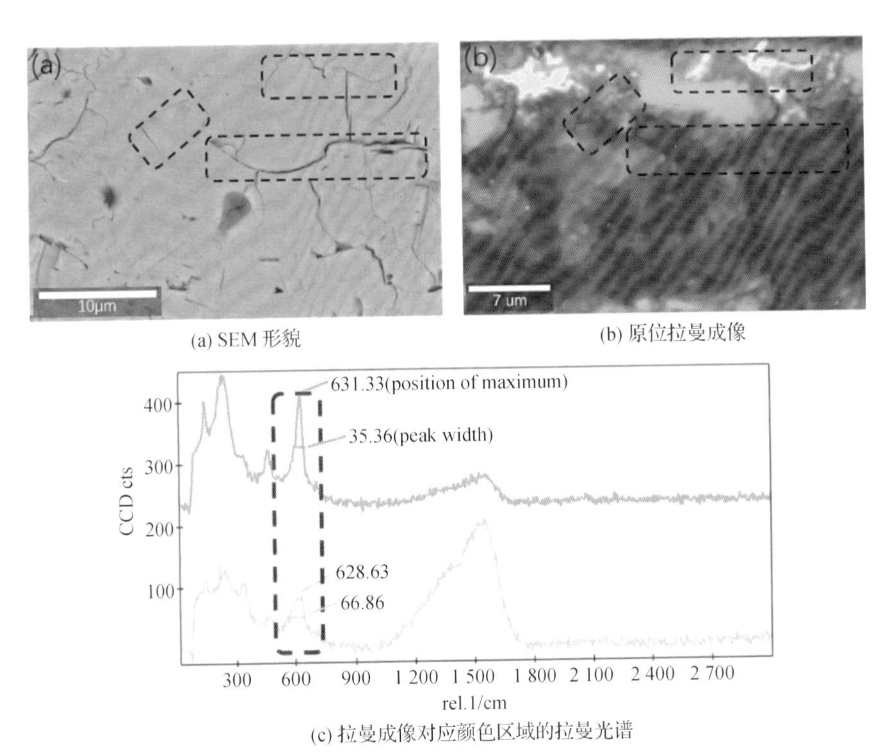

(a) SEM 形貌

(b) 原位拉曼成像

(c) 拉曼成像对应颜色区域的拉曼光谱

图 4-35　SEM-Raman 耦合表征 YSZ 涂层的结晶度和裂纹

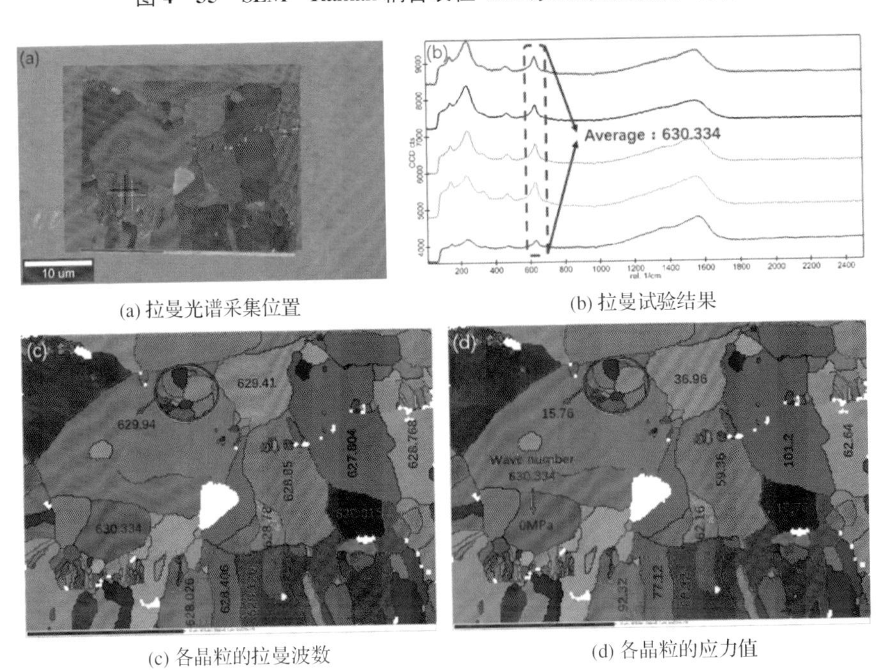

(a) 拉曼光谱采集位置

(b) 拉曼试验结果

(c) 各晶粒的拉曼波数

(d) 各晶粒的应力值

图 4-36　SEM 形貌、EBSD 晶粒取向和拉曼应力耦合表征晶间裂纹

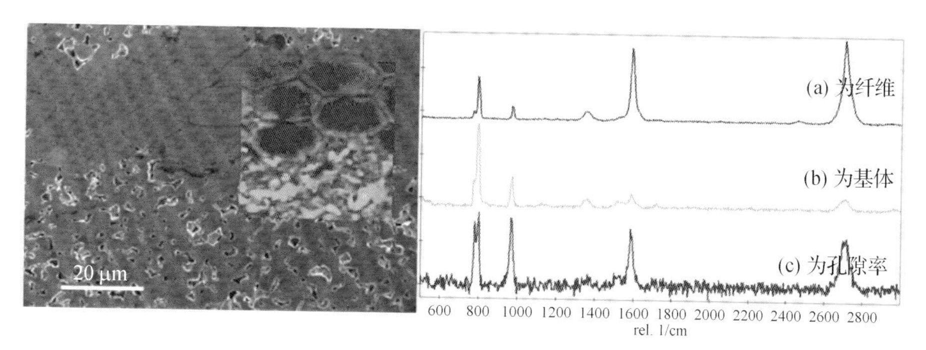

左为 RISE 图像，右为拉曼光谱

图 4-37　SiC_f/SiC 试样拉曼光谱位置分布

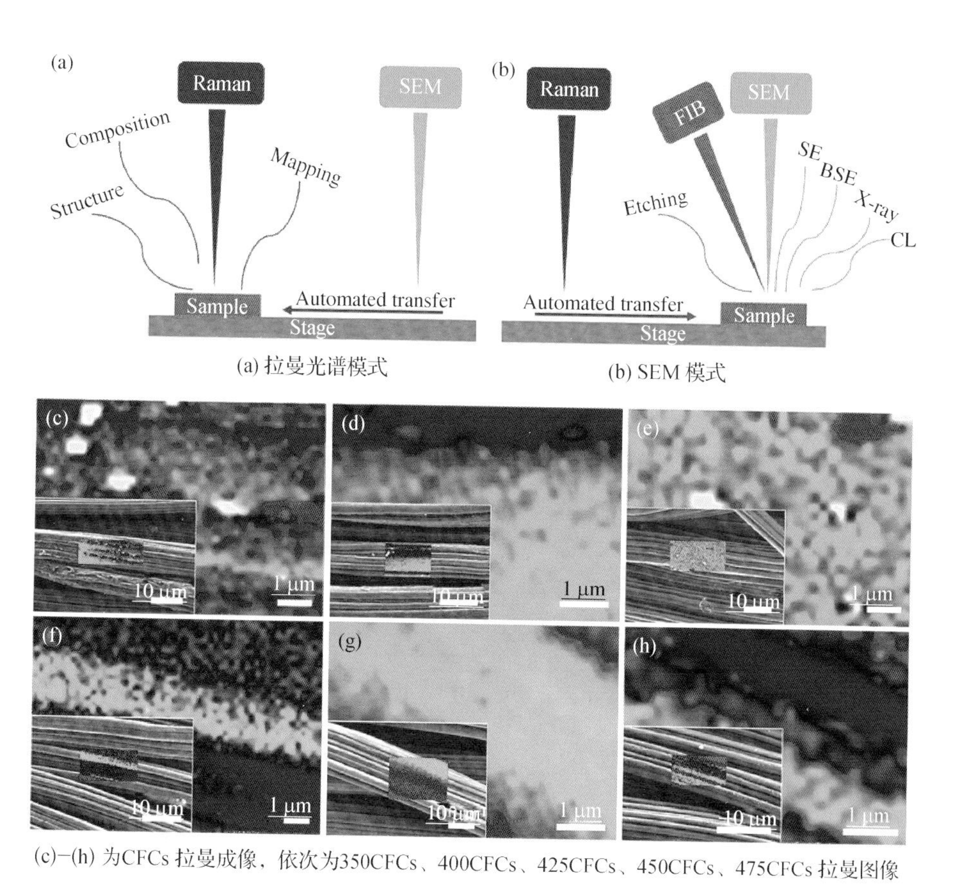

(c)–(h) 为CFCs 拉曼成像，依次为350CFCs、400CFCs、425CFCs、450CFCs、475CFCs 拉曼图像

图 4-38　不同处理条件下 CFCs 的 G 波段和 D 波段的变化

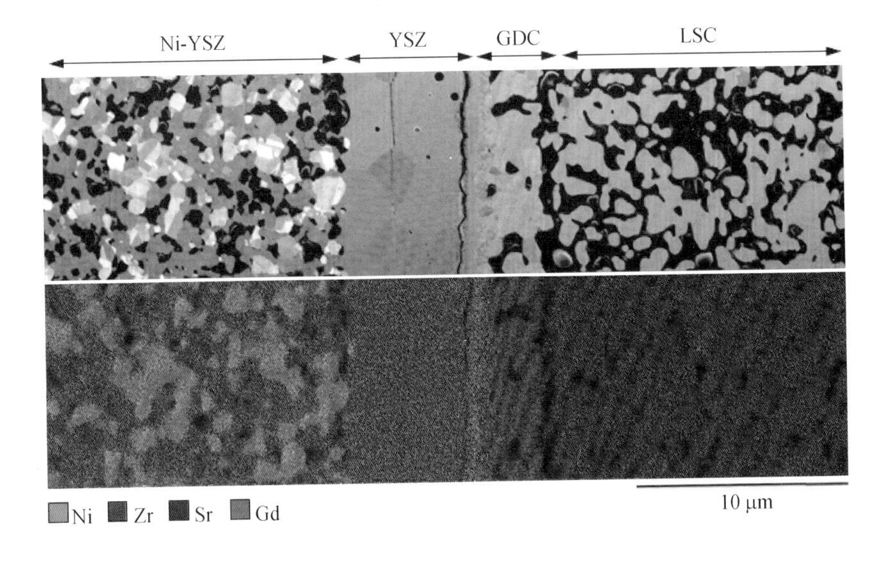

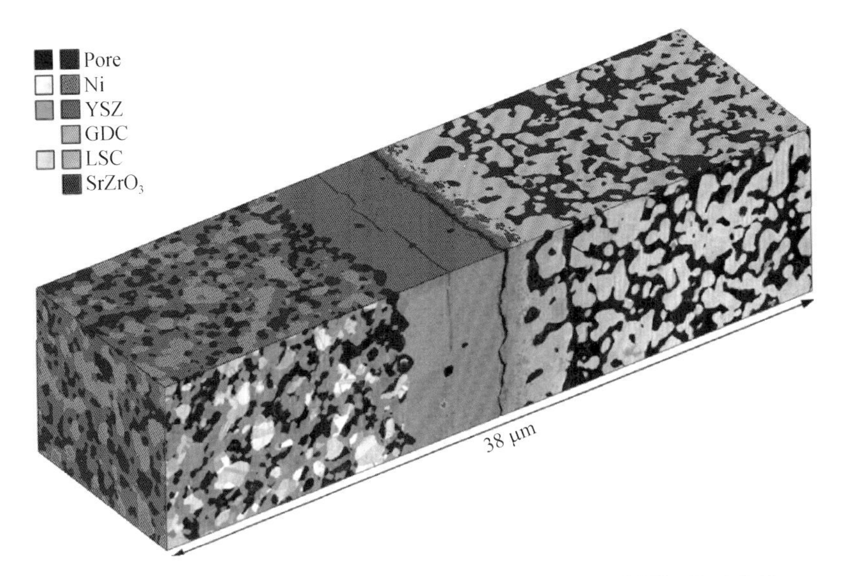

图 4-46　固体氧化物电裂解电池循环后 SEM 成像（上图）及对应的 EDS Mapping 三维图像和三维 EDS 数据的组合结果（下图）

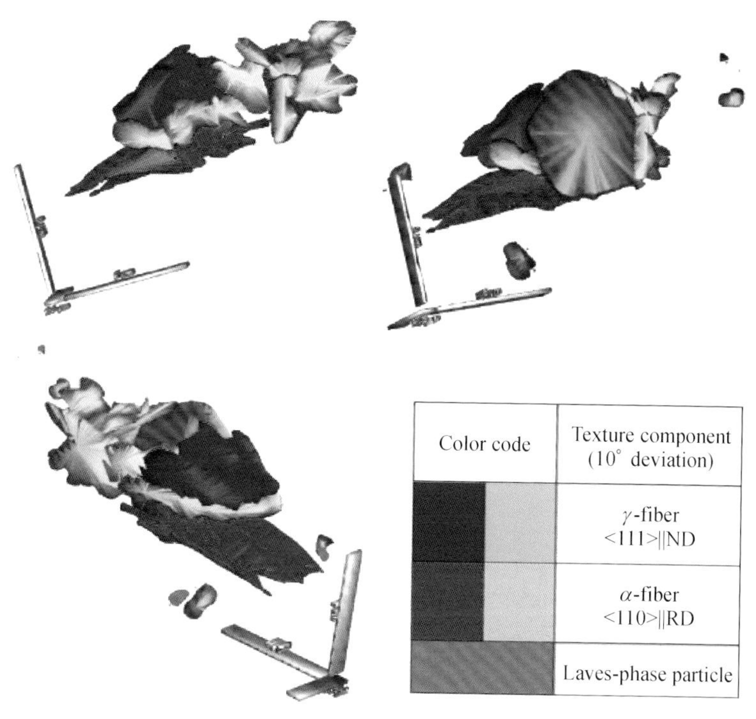

Color code		Texture component (10° deviation)
		γ-fiber <111>‖ND
		α-fiber <110>‖RD
		Laves-phase particle

图 4－48　Fe_3Al 合金 3D－EBSD 示意图

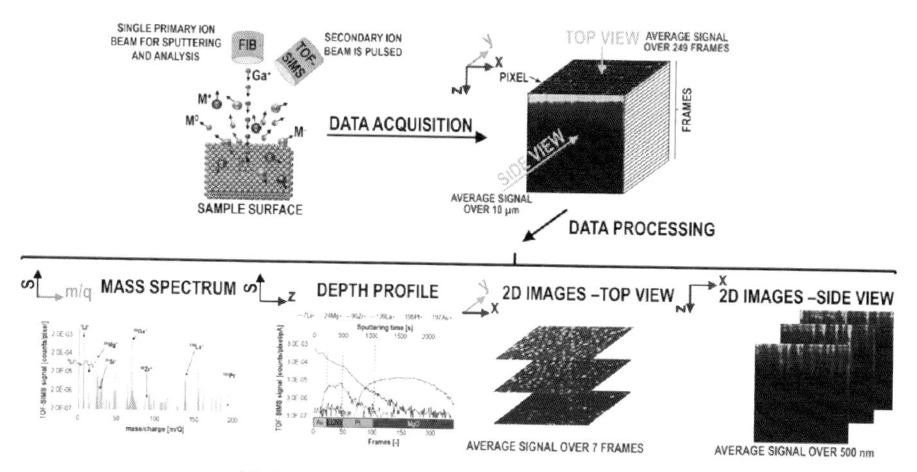

图 4－49　TOF－SIMS 原理及数据呈现方式

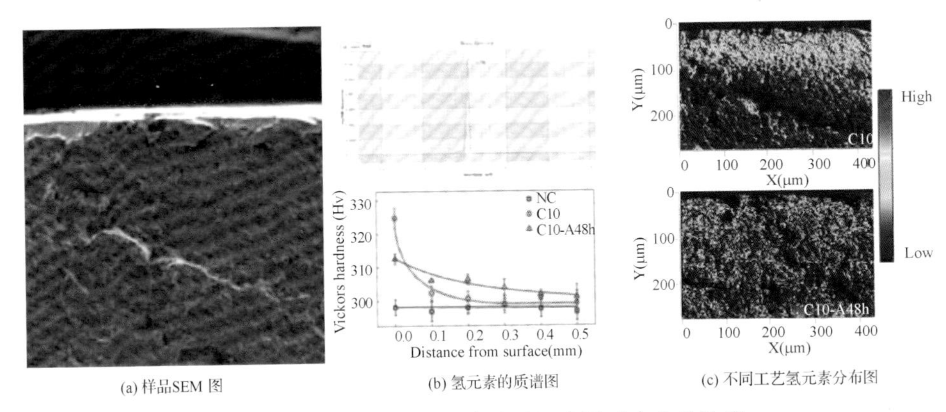

(a) 样品SEM 图　　(b) 氢元素的质谱图　　(c) 不同工艺氢元素分布图

图 4-51　不同工艺氢元素渗透深度及对应力学性能

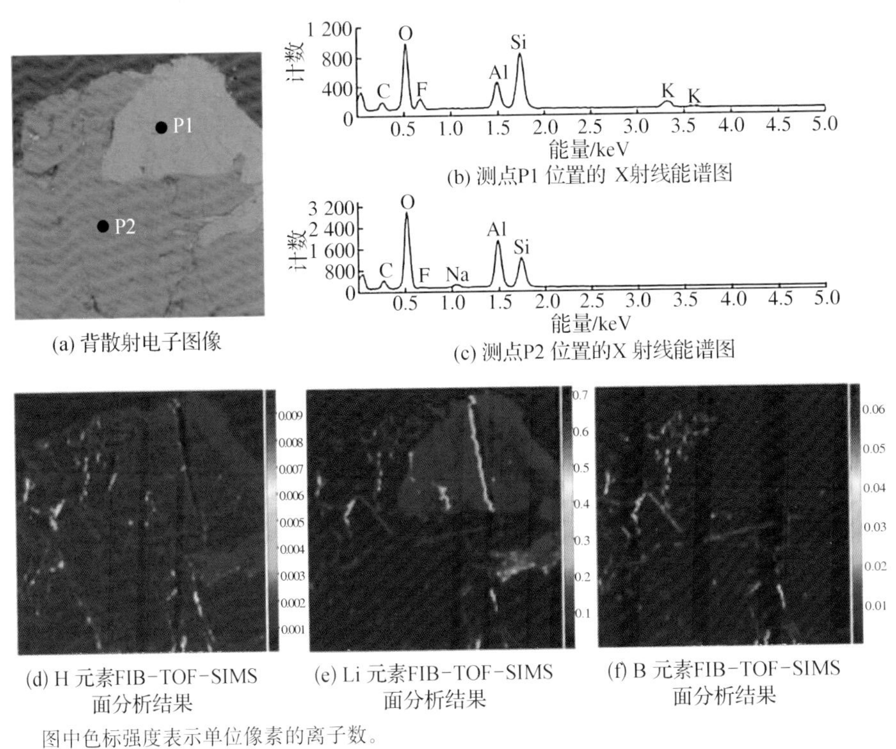

(a) 背散射电子图像

(b) 测点P1 位置的 X射线能谱图

(c) 测点P2 位置的X 射线能谱图

(d) H 元素FIB-TOF-SIMS 面分析结果　　(e) Li 元素FIB-TOF-SIMS 面分析结果　　(f) B 元素FIB-TOF-SIMS 面分析结果

图中色标强度表示单位像素的离子数。

图 4-52　矿物 EDS 和 FIB-TOF-SIMS 分析

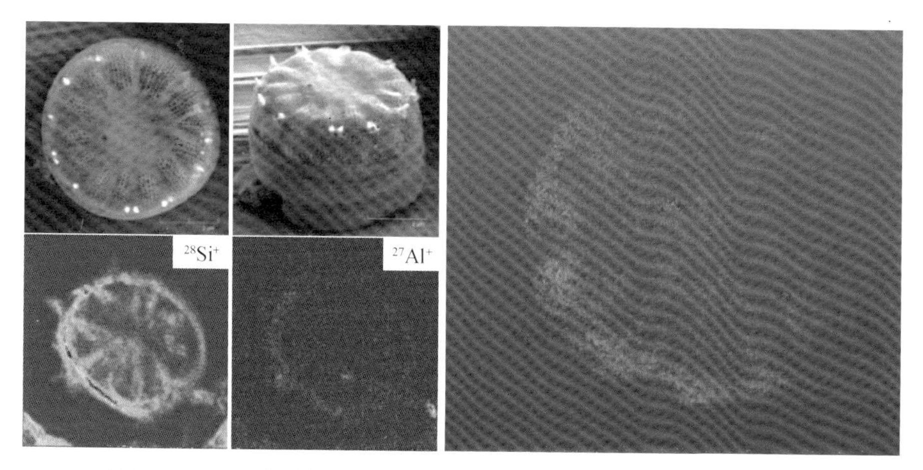

图 4-53　对硅藻进行 Si 元素和 Al 元素的 TOF-SIMS 分析与三维重构

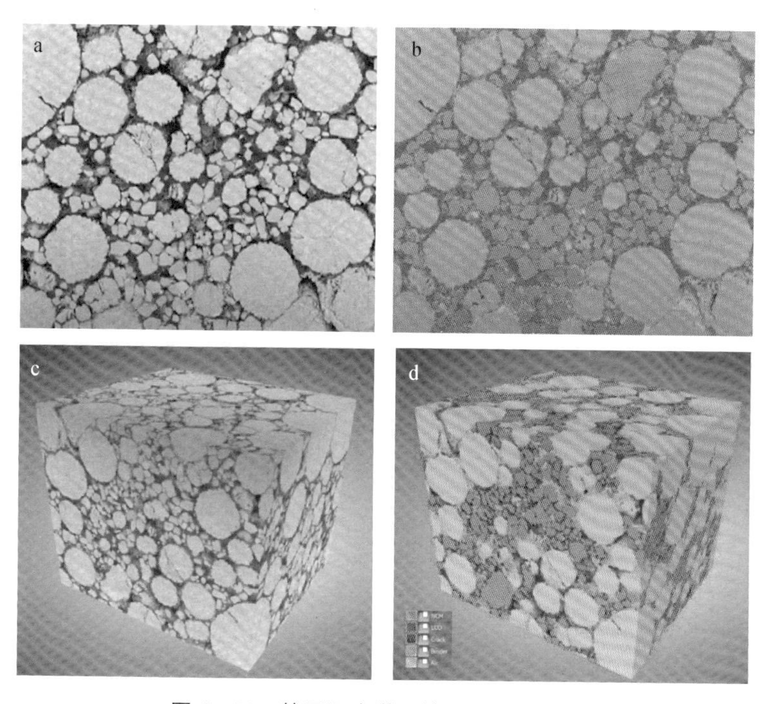

图 4-54　基于深度学习的 NCM 三维重构

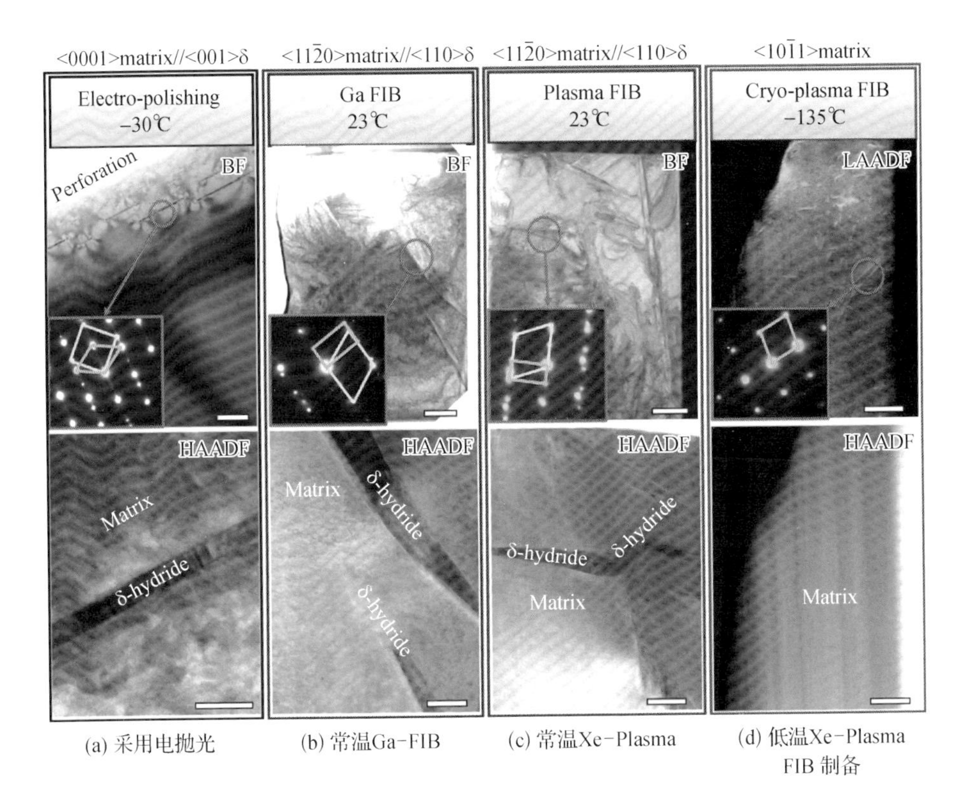

(a) 采用电抛光　(b) 常温Ga-FIB　(c) 常温Xe-Plasma　(d) 低温Xe-Plasma FIB 制备

图 5-1　透射电子显微镜表征

聚焦离子束：失效分析

邓 昱 陈 振 汪林俊 王 英 邹永纯◎著

南京大学出版社

图书在版编目（CIP）数据

聚焦离子束：失效分析／邓昱等著. -- 南京：南京大学出版社，2024. 12. -- ISBN 978-7-305-28496-0

Ⅰ. TN405. 98

中国国家版本馆 CIP 数据核字第 2024S9B486 号

出版发行　南京大学出版社
社　　址　南京市汉口路 22 号　　　邮　　编　210093

书　　名　聚焦离子束：失效分析
JUJIAO LIZISHU：SHIXIAO FENXI
著　　者　邓　昱　陈　振　汪林俊　王　英　邹永纯
责任编辑　巩奚若　　　编辑热线　025-83595840

照　　排　南京开卷文化传媒有限公司
印　　刷　南京人文印务有限公司
开　　本　718 mm×1000 mm　1/16　印张 16.25　字数 280 千
版　　次　2024 年 12 月第 1 版　2024 年 12 月第 1 次印刷
ISBN 978-7-305-28496-0
定　　价　68.00 元

网　　址：http：//www. njupco. com
官方微博：http：//weibo. com/njupco
微信服务号：njuyuexue
销售咨询热线：（025）83594756

前　言

聚焦离子束（Focused Ion Beam，FIB）在失效分析中有广泛的应用。随着后摩尔时代的来临，半导体行业发展将芯片制程、线宽尺寸推向极限，其中的材料应用也更加丰富多样。相应地，聚焦离子束失效分析技术也随之快速发展。在相关行业、高校院所及时地进行科技交流推广也变得越发重要。基于此，《聚焦离子束：失效分析》一书诞生了。

本书力求从简要、易懂、可操作性强的编写角度出发，概述聚焦离子束在各类失效分析中的应用原理、方法及重要性，并从实际工作角度出发，举例说明聚焦离子束在失效分析中的具体应用及注意要点；同时给出了聚焦离子束原位分析方法、应用及过程，介绍了聚焦离子束的最新自动化操作方向的发展及实际案例。

本书提供了较多鲜活案例，除少数为引用他人数据以外，主要为作者及其团队的近期实验结果，凝聚了对目前聚焦离子束失效分析技术应用的实践总结，具有较强的时效性和参考性。期望本书能够为当前国内聚焦离子束失效分析技术的推广贡献一份力量。

本书由南京大学、广电计量检测（无锡）有限公司、中国科学技术大学、上海交通大学、哈尔滨工业大学5家单位共同牵头、拟定大纲，并由相应团队成员集体协作完成。

本书主要工作完成人员如下：第1章，蒋亮、陈振；第2章，邹永纯、付少杰、张翠媛、陈振；第3章，蒋亮、陈振；第4章，乌李瑛、娄冬冬、邱婷婷、王英、邹永纯；第5章，乌李瑛、沙学超、王贤浩、王英、邓昱；第6章，汪林俊、庞振涛、邓昱；附录，汪林俊。全书由邓昱、陈振、汪林俊、王英、邹永纯负责统稿。

本书特别感谢赛默飞世尔、日立、卡尔蔡司、国仪量子、TESCAN、滨松、徕卡、牛津、Sonoscan、Optotherm、基恩士、Nordson DAGE等仪器公司，以及中科院相关研究所与北京大学、西安交通大学、天津大学、北京科技大学、全国聚焦离子束（FIB）协会论坛和仪器信息网等同行，为本书的问世提供了高质量的素材和富有启发的建议。

在此，对本书编写过程中所有专家、同仁、朋友们长期给予的关心和支持表示衷心感谢！由于作者水平有限，时间仓促，本书难免有所疏漏，遗失、错误之处敬请大家批评、指正。

本书编写组

目　录

第一章　失效分析微观表征方法概述

失效分析技术在可靠性物理学的研究及工程实践中扮演着至关重要的角色。对于元器件而言，其失效分析的方法与普通产品存在显著差异，要求达到微米乃至纳米级别的观察精度，并且成分检测需精细至 ppm 甚至 ppb 水平。因此，一系列先进的微观表征与分析工具成为此类研究不可或缺的支撑力量。通过显微形貌与结构分析手段，可以在极小尺度下深入探究元器件内部发生的异常情况及其具体位置；利用局部区域微量成分分析技术，能够精确测定元件内特定点位上的物质组成；物理性能测试方法擅长捕捉并解析设备处于特殊条件下释放出的微弱光、热等信号，以此定位故障源头并揭示其发生机制。此外，作为基础操作之一的样品制备工艺同样至关重要，例如在进行透射电子显微镜检查时，就需要借助聚焦离子束来实现对目标区域的精准采样。下面将详细探讨几种广泛应用于元器件失效诊断中的关键微观表征及分析装备。

1.1　光学显微镜

光学显微镜作为电子元器件失效分析领域不可或缺的基础工具之一，主要分为立体显微镜和金相显微镜两大类，其结构通常包括载物平台、聚光照明装置、物镜组件、目镜以及调焦机构（图 1－1）。载物平台用于放置待观察样本，通过调节调焦旋钮来控制调焦机构动作，使载物台能够上下移动，以实现粗略或精细聚焦调整，从而确保样品图像清晰可见。此外，载物台上层还支持在水平方向上的精准位移与旋转，以便将目标区域置于视野中央。物镜紧邻样本设置，是首次放大成像的关键部件。物镜转换盘上装有多个不同放大倍率的物镜，这些物镜提供的放大范围一般为 5—100 倍。目镜则位于靠近观察者眼睛的位置，负责第二次放大过程，其放大能力为 5—20 倍。

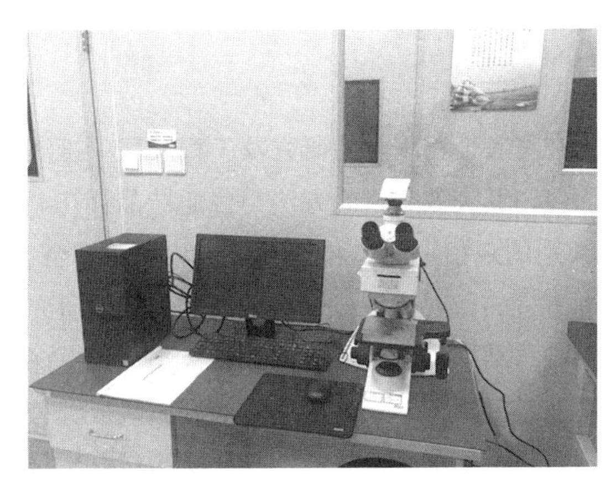

图 1－1　光学金相显微镜

立体显微镜与金相显微镜在放大倍数方面存在差异，但在构造、成像机制及操作方式上大体相似（图 1－2）。立体显微镜通过共享一个初级物镜捕捉物体影像，随后该影像被两组中间物镜（变焦镜）分开处理，从而构建出整体视野，并最终经由各自的目镜呈现给观察者。这种显微镜能够调整视场放大率，主要是依靠调节这两组中间镜之间的相对位置实现的。此外，它还采用了双通道光学路径设计，使得双目镜筒中左右两侧的光线以一定角度而非平行方式传播，为用户提供具有三维视觉效果的画面。

光学显微镜以其简便的操作著称，它无须在真空条件下工作，也无须移除钝化层或介电材料，能够提供色彩丰富的图像，并适用于对多层金属化芯片的观察。例如，图 1－3 展示了一块未经封装的半导体晶片通过光学显微镜所捕捉到的画面。

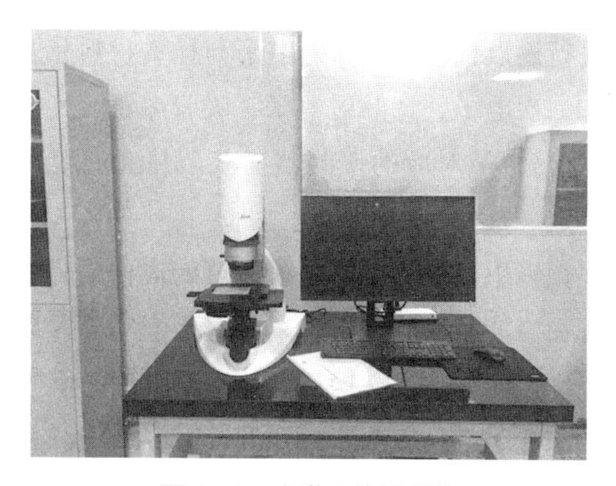

图 1－2　光学立体显微镜

图 1－3　未经封装的半导体晶片

1.2　扫描电子显微镜

扫描电子显微镜（SEM）是介于透射电子显微镜和光学显微镜之间的一种观察手段，它的操作机制如下：首先，由电子枪发射出的电子流经栅极静电聚焦后形成直径约 50 μm 的光源。随后，在 1—30 kV 加速电压的作用下，该电子束通过由两到三个透镜构成的电子光学系统被进一步聚焦，在到达样品表面时其尺寸缩小至埃米级别。位于最终透镜处的扫描线圈负责引导电子束在样品表面上进行逐点扫描。当高能电子与样本材料相互作用时，会激发多种物理信号（如二次电子、背散射电子、吸收电子、X射线、俄歇电子及阴极荧光等）。这些信号被对应的探测器捕获，并通过放大装置增强后再传输至显示设备，形成屏幕上的图像。

在扫描电子显微镜中，二次电子是最主要的成像信号源，其次是背散射电子与吸收电子。而当涉及成分分析时，则主要依赖于X射线及背散射电子提供的信息。接下来，我们将逐一探讨这些不同类型的信号及其应用特点。

二次电子主要来源于样品表面5—10 nm的薄层，其能量范围通常为0—50 eV。由于这类电子对试样的表面特性极其敏感，因此能够非常有效地展现样本表面的微观结构。鉴于二次电子产生于试样表层，并且在入射电子尚未经历多次散射之前即被释放，故其产生的区域大小主要取决于入射电子束的直径——电子束越细，则激发出来的二次电子覆盖范围就越小，从而使得二次电子具备较高的空间分辨率，通常可以达到3—6 nm。若采用场发射源技术，理论上这一分辨率可进一步提升至0.4—2 nm。值得注意的是，与背散射电子不同，二次电子产额随元素原子序数变化并不显著，这意味着它们对于材料内部组成成分的变化反应不大。相反，二次电子的数量更多是由样品表面形态所决定，这使得它成为研究物质表面特征的理想工具。例如，在图1-4中展示的就是某一电子元件焊接点处通过二次电子成像得到的照片。

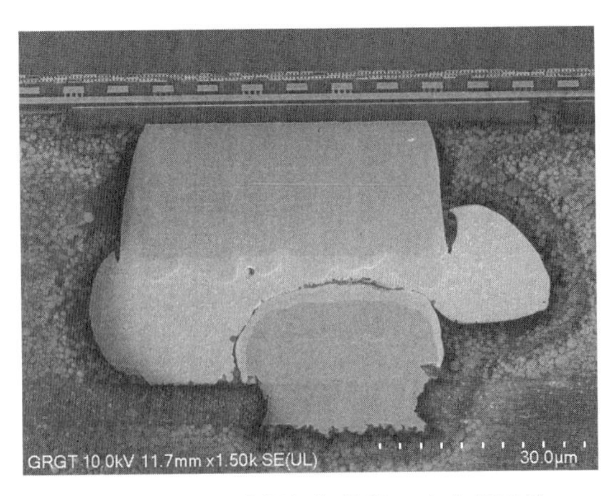

图1-4 元器件焊锡部位的二次电子图片

背散射电子是指当入射电子与试样内部的原子核发生卢瑟福散射后，以较大角度偏转而产生的电子。这些电子通常源自试样表面下 0.1—1 μm 深处，并且它们的能量接近于原始入射电子的能量水平。由于入射电子能够深入试样内部，并在此过程中经历多次散射事件，因此背散射电子覆盖了一个比二次电子更广阔的区域，导致基于背散射电子生成图像的空间分辨率相对较低，大约为 50—200 nm。如果使用场发射枪作为电子源，则可以将这种成像技术的分辨率提升至 6 nm 左右。背散射电子的一个显著特点是其产额对试样中元素的原子序数变化极其敏感，其随着原子序数的增长而增加，这使得该方法非常适合研究材料成分的空间分布特征。由背散射电子形成的图像衬度主要取决于样品内各部分的原子序数差异，同时也受到一定程度上表面形貌的影响。鉴于背散射电子来源于较深的位置，通过这种方法获得的图像能够揭示出距离表面一定深度处的信息。

如图 1－5 所示，当聚焦的电子束撞击材料内部的原子时，会导致这些原子内部的电子被激发。具体来说，外层较高能量状态下的电子会跃迁至内层较低的能量水平上，在这一过程中释放出的能量差以 X 射线的形式辐射出来，这种特定类型的 X 射线被称为特征 X 射线。值得注意的是，特征 X 射线产生于样品表层下 0.5—5 μm 深度范围内，并且其波长与产生该射线元素的原子序数之间存在着莫塞莱定律所描述的关系：

$$\lambda = \frac{1}{(Z-\sigma)^2}$$

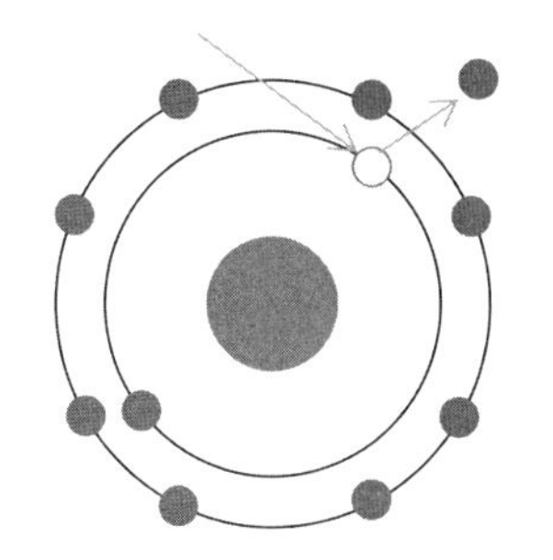
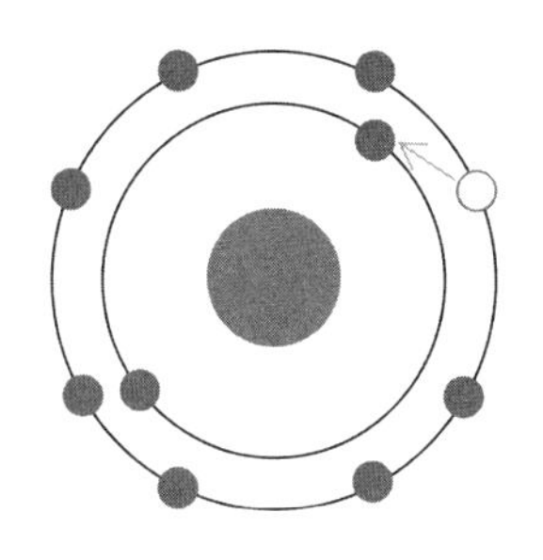
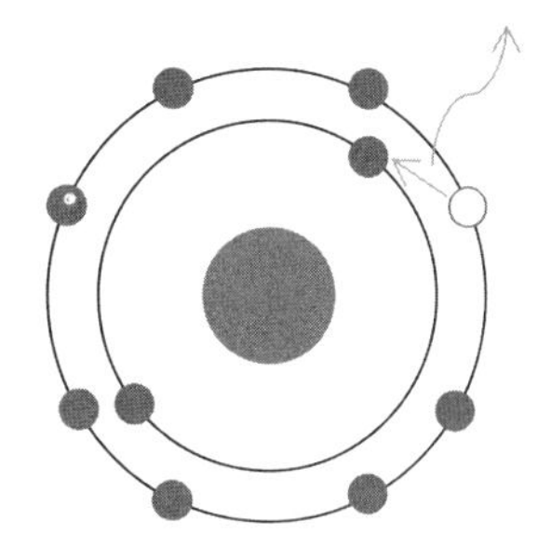

图 1－5　特征 X 射线产生示意图

其中，常数 σ 为特定的能量值，且与不同波长 λ 相关联，这些波长进一步对应于特定的原子序数 Z。基于这一特征能量，可以推断出分析区域内存在的元素种类。能谱仪（EDS）正是依据此原理对样品进行成分分析。

当原子内两能级间存在能量差时，这种能量还可以通过发射电子的形式释放出来，这类次级电子被称为俄歇电子。这些俄歇电子主要来源于样品表层（大约 1 nm 深），其典型能量约为 1000 eV。由于俄歇电子能够提供有关材料表层成分的信息，因此它们在进行表面化学组成分析时具有重要的应用价值。

扫描电子显微镜具有显著的优势，其放大能力远超光学显微镜。此外，该技术所需的样品的准备过程相对简化，无需将样品制作为薄片形式，同时电子束对样本造成的损害及污染程度较低。然而，它也存在一定的局限性，比如需要在真空环境下操作，并且在高电压条件下还需解决表面钝化层带电的问题。

扫描电子显微镜作为一种介于光学显微镜和透射电子显微镜之间的微观形貌观察工具，其主要应用于定位失效原因及缺陷分析（图 1－6）：

（1）该技术能够清晰地展现电子元件、电路板及其他固态材料的微细结构，且支持较大尺寸样品的检测。

（2）通过配备的能谱仪可以实现物质成分分析。

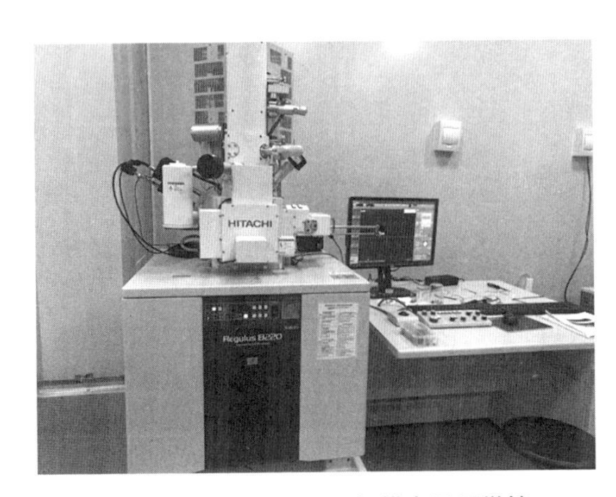

图 1－6　日立 SU8220 扫描电子显微镜

（3）样品能够在观察室内进行三维空间的移动与旋转，从而允许从多个角度对其进行观察，并可对表面涂层及膜层厚度进行分析。

（4）利用电压对比成像技术可以获取半导体芯片表面电位分布信息，而束感生电流成像则适用于研究 PN 结特性。

（5）这种成像方法具有较大的景深，所形成的图像立体感强，相较于传统光学显微镜和透射电子显微镜而言，在景深方面呈现出显著优势。

（6）其图像放大倍率宽广，同时具备较高的分辨率。

1.3　透射电子显微镜

传统的透射电子显微镜（TEM）分析能够评估 MOSFET 结构的外形及其关键尺寸，这些参数直接影响产品的性能、产量以及可靠性。例如，对于多晶硅栅极等特定部件的尺寸需要进行常规表征，以符合工艺开发的标准。通过测量这些关键尺寸，可以为调整刻蚀过程提供必要的数据支持，进而优化诸如栅极倾斜度等参数。此外，在金属硅化物制备过程中，通常利用 TEM 衍射技术来确定晶体类型。高分辨率透射电子显微镜（HRTEM）与高角环形暗场扫描透射电子显微镜（HAADF - STEM 或简称 HRSTEM）则被用来精确测定薄膜厚度，并且还能够对基底材料中的晶体缺陷进行深入分析。电子能量损失谱（EELS）技术则有助于揭示半导体薄膜界面处原子级别的局部化学组成信息。

透射电子显微镜作为材料科学与半导体技术领域内不可或缺的分析工具，利用高能电子束作为光源，并通过电磁透镜将穿透样品（其厚度通常为 10—150 nm）后的电子聚焦成像。该设备主要支持两种工作模式：传统透射模式及扫描透射模式。

1.3.1　传统透射模式

透射电子显微镜的工作模式主要分为图像模式与衍射模式两大类，二者之间的切换依赖于对中间镜电流的调节。作为成像系统中的关键组件，中间镜负责将物镜生成的一次中间像或衍射图案准确地投影到投影镜的物体平面上，并进一步通过投影镜放大至最终显示平面（荧光屏）。如图 1-7 所示，当调整至使中间镜的物体平面与物镜形成的图像平面相吻合时，在荧光屏上呈现的是被放大的样品图像，这便是所谓的图像模式；而若通过调整中间镜的电流设置，使得中间镜的物体平面恰好位于物镜的背焦面上，则此时荧光屏上展示的是在中间镜及投影镜共同作用下放大后的电子衍射图案，此状态被称为衍射模式。在实际操作过程中，透射电子显微镜预先设定了实现这两种观察方式所需的特定中间镜电流值，用户只需简单选择对应的操作按钮即可轻松完成模式间的转换。接下来，我们将分别详细探讨这两种不同的工作模式。

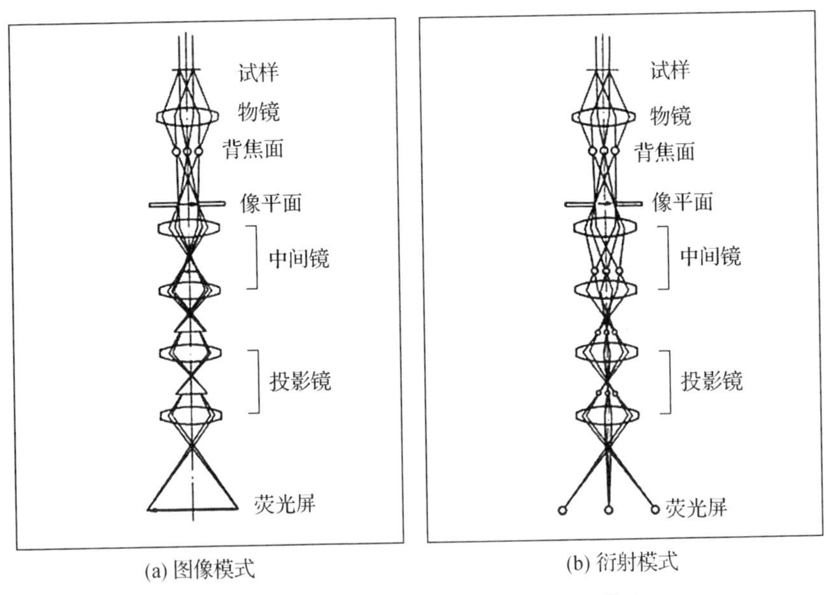

图 1-7　透射模式中的图像模式和衍射模式

如图 1-8 所示，波长为 λ 的单色光被晶面（h，k，l）散射，其干涉加强的条件为

$$2d_{hkl}\sin\theta = n\lambda$$

上述表达式即布拉格定律。其中，n 代表了衍射级数。令 $\frac{d_{hkl}}{n}=d_{nhnknl}$，则可以将任何晶面的 n 级衍射视作与其平行但间距仅为该晶面间距 $1/n$ 的新晶面的一级衍射现象。基于此逻辑，布拉格定律可被转换成其最常见的形式：

$$2d\sin\theta = \lambda$$

因此，只有当入射波长小于或等于晶面间距的两倍时，布拉格衍射现象才会出现。一般而言，透射电子显微镜的工作电压范围为 100—200 kV，对应的电子波长大约处于 10^{-3} 数量级；而大多数晶体材料的晶面间距位于另一个数量级上。由布拉格定律的计算结果可知，能够引发上述衍射效应的晶面几乎与入射的电子束平行。

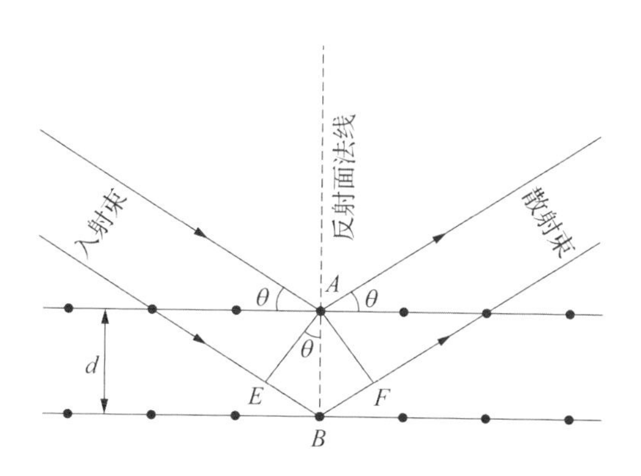

图 1-8 晶面对电子的散射示意图

通过埃瓦尔德球，我们可以更加形象地解析晶面对电子的衍射现象。我们将布拉格定律改写为 $\sin\theta=\frac{1/2d}{1/\lambda}$，以 $1/\lambda$ 为半径作圆，如图 1-9 所示，$\boldsymbol{K_0}$ 为入射矢量，$\boldsymbol{K_g}$ 为反射矢量，$\boldsymbol{g}$ 为衍射矢量，其起点为透射斑点，终点为衍射斑点。这里提到的衍射矢量是从透射斑点指向衍射斑点的一条线段，在物理学中，该矢量所在的空间被称为倒空间，因此这个矢量也常被称作倒易矢量。从图 1-9 中可以观察到，倒易矢量的长度等于相应晶面间距的倒数，并且它与发生衍射的晶面垂直。实际上，倒空间内的衍射斑点反映了实空间里原子排列的周期性特征。由于不同晶体结构拥有各异的原子排布模式，导致它们在透射电子显微镜下所呈现的衍射图案各不相同。基于这一点，我们能够通过分析电子衍射谱来识别出晶体的具体类型。

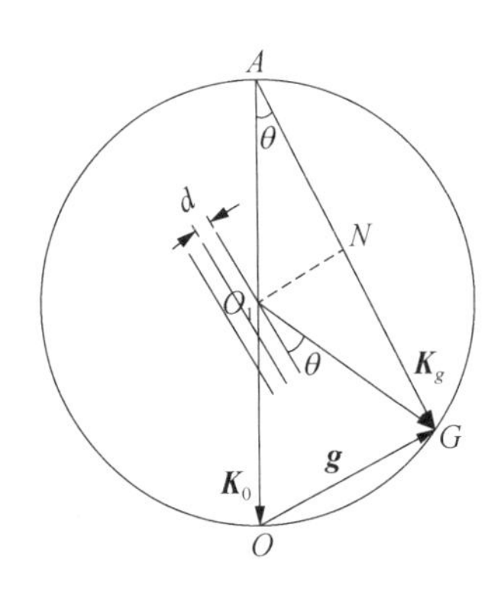

图 1-9　埃瓦尔德球

透射电子显微镜图像的形成机制主要依赖于两种方式：衍射衬度与相位衬度。参照图 1-10，当电子束沿光轴方向照射时，利用物镜光阑选择性地阻挡衍射束而允许透射束通过，在这种情况下，不符合布拉格条件的晶体区

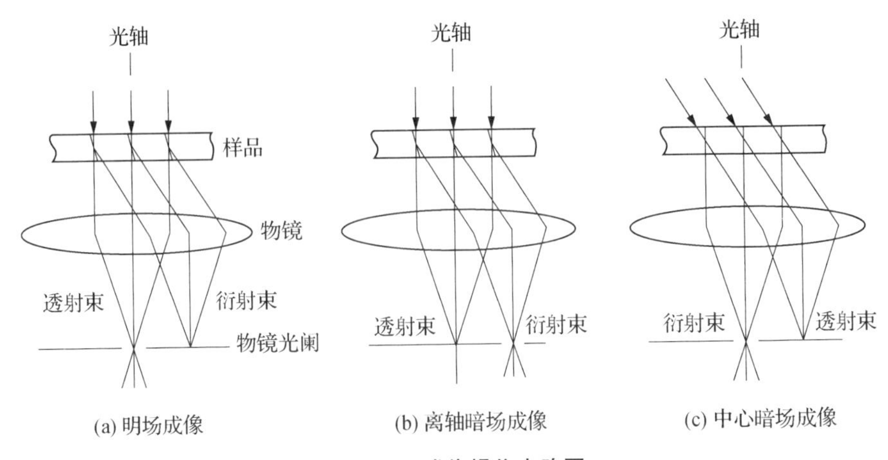

图 1-10　成像操作光路图

域表现为亮区，而符合该条件的部分则呈现暗区，此类成像方法被称为明场成像。反之，若只让衍射束通过而不让透射束通过，则符合布拉格条件的晶粒会显示出明亮对比，这便是离轴暗场成像的特点。此外，还有一种成像技术是通过倾斜入射电子束，使得衍射束能够沿着光轴传播，这种方法被称为中心暗场成像。

在透射电子显微镜的实际应用中，通常采用双束条件来分析材料内部的位错情况。具体操作步骤为：首先，在衍射模式下调整样品的角度，直至荧光屏上仅显示出透射斑点与一个特别明亮的衍射斑点为止。随后，将物镜光阑置入，当光阑选择透过透射斑点进行成像时，所得到的是双束明场图像；当光阑选取衍射斑点来进行成像时，则会形成双束暗场图像。

在暗场成像技术中，有一种特别有效的手段是弱束暗场成像，其图像分辨率显著高于传统的双束中心暗场成像。例如，在观察位错时，使用中心暗场方法获得的图像宽度大约为 20 nm，而采用弱束暗场法则可以将这一数值减小到约 2 nm。实施该技术的具体步骤如下：首先，在衍射模式下调整样品角度，直至荧光屏上仅显示透射斑点及某一特定方向上的衍射斑点，并且这些斑点中最亮者与透射斑点之间相隔两个衍射斑点位置，此时（$3h$，$3k$，$3l$）晶面恰好满足布拉格条件；接着，进一步调节电子束的方向，使（h，k，l）衍射斑点移动至原本属于透射斑的位置；最后，通过物镜光阑选择性地遮挡除（h，k，l）以外的所有衍射斑进行成像，这种方法也被称为 g/3g 操作。

当透射束与一束或多束衍射束共同参与成像时，由于相位相干作用，可以生成晶格图像和晶体结构图像。前者表现为原子平面的投影，而后者则展示了电势场在二维空间中的投影。随着参与成像的衍射束数量增加，晶体内部结构的信息也会变得更加丰富。值得注意的是，通过衍射衬度形成的图像其分辨率通常不会超过 1.5 nm；相比之下，利用相位衬度技术能够捕捉到小于 1.5 nm 尺度上的细节特征，因此这类高分辨率图像被称为 HRTEM 图像。此外还需指出，在分析这些高分辨原子图像时，必须考虑离域效应的影响，这意味着图像仅能反映原子之间的相对位置而非它们的确切坐标。

当入射电子与样品晶体中的静电势相互作用时，在样品的下表面会生成出射波，这些出射波携带了有关晶体结构的重要信息。相对于物镜而言，这种出射波被视为物波。它穿过物镜后，在后焦面上形成了衍射波，这标志着实空间中的出射波通过第一次傅里叶变换进入了倒空间。随后，通过对衍射波和物镜传递函数乘积进行第二次傅里叶变换，可以在物镜像平面上获得第一次成像的物波，这一过程使得波再次回到实空间。HRTEM 图像展示了晶体材料经历的从正空间到倒空间再返回正空间的过程。例如，图 1 - 11 展示了一个芯片 FinFET 结构的 HRTEM 图像，从中可以清楚地观察到单晶硅中硅原子的具体排列情况。

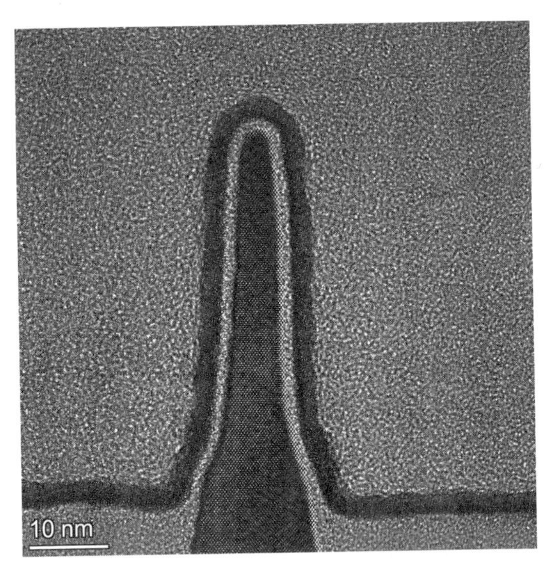

图 1 - 11　FinFET 结构 HRTEM 图像

1.3.2　扫描透射模式

透射模式与扫描透射模式之间的主要差异体现在电子束的使用方式上。在传统的透射模式中，电子束以平行路径穿过样本；而在扫描透射模式下，则是通过聚焦成细小斑点的电子束对样品进行逐点扫描来实现的。如图

1－12所示，在这种模式下，首先由场发射源产生电子，随后这些电子经由位于样品前方的磁透镜和光阑系统被汇聚至接近原子大小尺度的一个焦点上。一旦该聚焦后的电子束照射到样品表面上，便可通过调节线圈使其实现对样品特定区域内的逐点扫描过程。在此期间，安装于样品下方位置处的环形检测器将同步记录下从各个扫描点散射出来的电子信号。

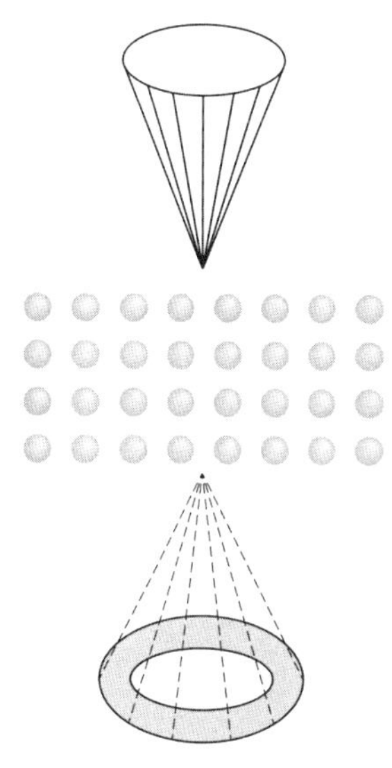

图1－12　扫描透射模式

环形探测器主要用于接收来自大散射角度的弹性散射电子，同时避开了直接通过中心区域的透射电子。这种成像方式产生的图像被称为HAADF图像。由于具有较高原子序数的元素能够更强烈地散射电子，因此在检测器上记录到更多散射电子的位置将表现为较亮的衬度，这使得HAADF图像本质上是一种基于原子序数（或*Z*值）差异形成的衬度图像。为了生成此类图像，需要具备高亮度聚焦电子束以及环形探测装置。值得注意的是，HAADF成像与传统透射电子显微镜下的暗场成像有所不同，后者仅依赖单一束散射光来构建图像，而前者则利用多束散射电子共同作用形成最终图像。此外，相较于高分辨率透射电子显微镜采用相干弹性散射电子进行成像的方法，高角环形暗场扫描透射电子显微镜则是基于非相干性原理完成图像采集过程。随着像差校正技术的发展，目前先进的像差校正扫描透射电子显微镜（STEM）已经可以达到亚埃级别的空间分辨率。与相位衬度HRTEM相比，基于*Z*衬度的原子级分辨率STEM图像不会因为样品厚度变化或者镜头焦距调整而产生明显的衬度反转现象，这一特性进一步证明了其属于非相干成像类型，并且能够提供更加精确的原子位置信息。例如，在图1－13中展示了一块芯片接触点处（Contact部位）的HAADF图像，其中亮度较高的部分代表了如钨（W）、铜（Cu）、钴（Co）等拥有较大原子序数的金属成分，而相对暗淡的部分则对应着氮化硅（SiN_x）、二氧化硅（SiO_2）这类原子序数较小的材料。

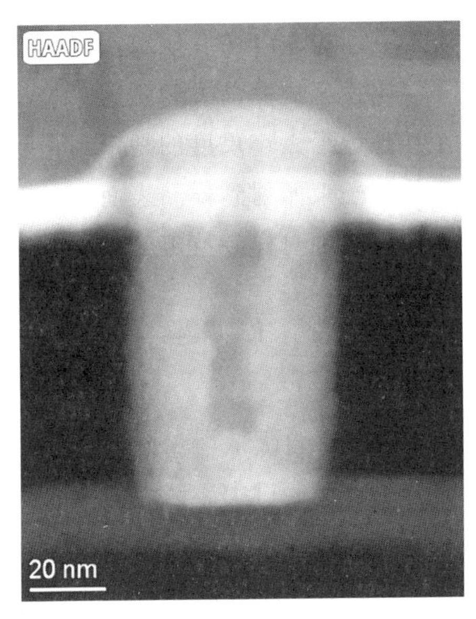

图 1-13　芯片 Contact 部位的 HAADF 图像

在 20 世纪 70 年代，科研人员发现在不同样品区域中，会聚束电子衍射图样的质心会发生位移。这种位移的方向及其大小与样品投影内部电势分布之间存在着线性关联。随后，工程师们设计了一种方法，通过将 STEM 模式下的探测器分为四个部分（上、下、左、右）来扫描样品。左右两侧的探测器能够捕捉到沿 X 轴方向上的衍射图案偏移信息，进而计算出该方向上的投影电势差异；同样，上下两个探测器则负责测量 Y 轴方向的变化及相应的电势差。通过对这两个正交方向上获得的数据进行二维积分处理，可以生成一个近似反映样品整体投影电势轮廓的图像。由于电势分布直接反映了材料内部的原子种类及其排列情况，这种方法使得研究人员能够在一定程度上“观察”到特定原子的具体位置——这就是所谓的 iDPC 技术。相比 HAADF 图像仅能清晰展示重元素而难以显示氢、氧等轻元素的情况，iDPC 不仅克服了这一局限性，实现了对轻、重元素的同时可视化，而且对于那些对电子束敏感度较高的样本，其成像效果也得到了显著提升。iDPC 成像具备两大优势：第一，其结果易于解读，呈现出类似于 HAADF 图像中的原子序数衬度特征，同时降低了欠焦量和样品厚度对其影响的程度；第二，因为整个过程几乎利用了所有可用于成像的电子，所以即使是在极低剂量的条件下，它也能保证较高的信噪比。

当入射电子与材料中的原子相互作用时，除生成透射电子和经历弹性散射的电子外，还会产生非弹性散射电子。这种非弹性散射主要是由激发材料内部的内壳层或价电子（包括自由电子）所引起的。在此过程中，部分能量从入射电子转移到了样品中。通过透射电子显微镜内的电子能量损失谱探测器捕捉这些非弹性散射电子信号，可以得到 EELS 图谱（图 1-14）。值得注意的是，相比能谱仪，电子能量损失谱提供了更高的能量分辨率。当一个原子的内壳层电子被入射电子激发至费米能级时，入射电子失去的能量即该元素的电离能。这一过程会在 EELS 图谱上表现为特定的电离峰。由于不同元素对于将内壳层电子激发到自由状态所需的能量存在差异，因此可以通过分析电离峰来识别材料中的具体元素组成。此外，如果内壳层电子跃迁到了费米能级以上导带中某一空能级，则相应的能量损失值会出现在电离峰附近，形成所谓的近阈精细结构，它揭示了有关晶体导带能级分布及态密度等微观电子结构的信息。而在电离峰上方 50—300 eV 范围内出现的精细特征，则被称为广延精细结构，它包含了被激发原子周围近邻原子排列方式的晶体学细节。

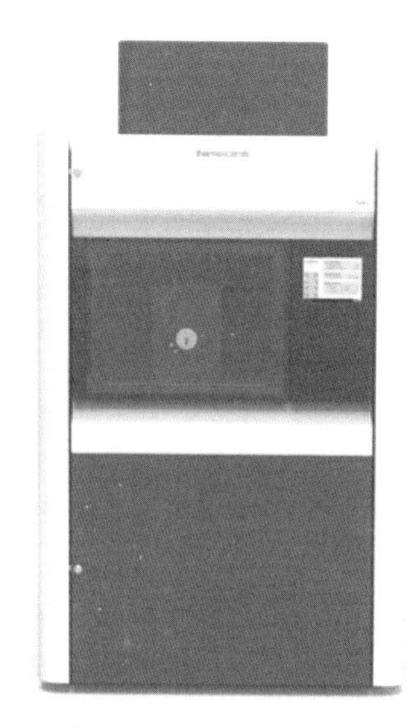

图 1-14　Thermo Fisher Scientific Talos F200X 透射电子显微镜

1.4 聚焦离子束

聚焦离子束系统是一种通过电透镜将离子束汇聚至极细微尺度的精密加工工具。该技术能够通过对材料表面进行高能离子轰击，实现材料去除、沉积、掺杂及性能改良等多种处理目的。

当前商业系统中采用的离子束源为液态金属镓（Ga），这主要归功于镓具有较低的熔点与蒸气压，并且具备出色的抗氧化性能。在当代先进聚焦离子束技术领域，“双束”系统已经成为主流配置，即结合了离子束与电子束的功能于一体（FIB+SEM）。在这种复合系统下，利用扫描电子显微镜提供的实时高分辨率成像能力，可以精确地指导离子束完成精细加工任务。典型的设计方案是将电子束装置垂直安装，而离子束则以一定倾斜角度布置（图1-15）。一般而言，当样品置于电子束与离子束焦点交汇处时，该位置被称为共焦高度。通过调整样品台的角度，可以使样品表面分别与电子束或离子束保持垂直状态，从而实现高效观察与加工同步进行。

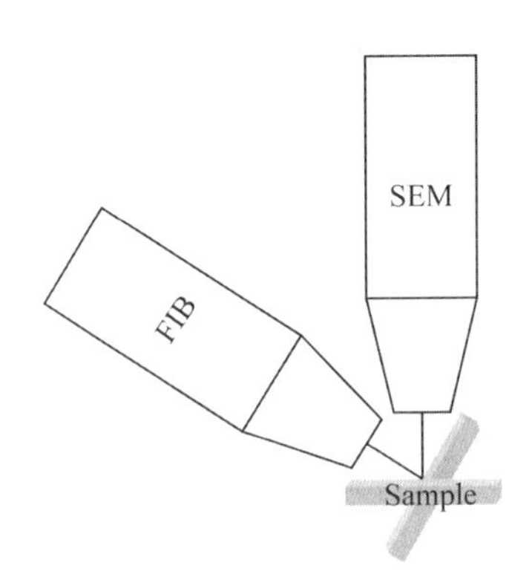

图1-15　典型FIB-SEM双束设备示意图

依据用户的具体需求，双束系统能够配置多种辅助装置以实现特定功能。例如，通过结合物理溅射与化学气体反应的特定气体注入系统（GIS），可以选择性地移除某些材料或进行导电或绝缘材料的沉积；能谱仪或电子背散射检测设备则可用于研究材料的成分、结构及其取向特征；而纳米操作工具则提供了在微纳尺度上操控实验对象的能力。

当高能离子束照射到固体材料表面上时，会产生一系列复杂的相互作用。例如，通过二次电子和二次离子的发射可以实现表面成像，而X射线的产生则为分析材料的化学组成提供了有效手段。

当入射离子进入固体材料内部时，它们通过一系列碰撞逐渐耗散能量，并最终与材料内的电子结合形成原子状态，进而融入固体的结构之中，这一过程能够改变材料的基本性质，被称作离子注入。在此过程中，一方面，离子与材料内原子或原子核之间的相互作用表现为弹性碰撞，即将自身的动能转移给后者，促使受撞原子发生位移，此为能量通过原子运动方式沉积的一个实例。另一方面，离子与材料中电子的相互作用则属于非弹性碰撞，部分动能会转化成其他形式的能量，例如光能或者X射线等，这反映了能量以电子激发形式存储的过程。

当入射离子与固体材料内的原子发生弹性碰撞时，会将部分能量转移给晶格中的原子。如果传递的能量足够大，超过了使晶格中原子脱离其位置所需的阈值，则该原子将会离开其原始位置成为离位原子。在这一过程中产生的初级离位原子由于携带较高的能量，能够继续与其他原子发生碰撞并产生新的离位原子，这种现象被称为“级联碰撞”。在此类碰撞事件中，那些朝向表面移动且拥有足够高能量的离位原子有可能穿越晶格间隙而逸出，最终成为溅射原子。对于利用离子束进行加工的过程而言，其实质就是通过入射离子对材料表面原子的轰击作用，使得这些表面原子获得足够的动能被弹射出去，形成由单个原子或分子组成的中性溅射产物。

另外，离子束照射可能会导致样品表面受到污染，其中包括碳污染以及沉积物质的污染。当高能离子撞击材料表面时，还会引发一系列的辐照损伤现象，如离子嵌入、晶格结构破坏、晶体状态转变及热效应等。在此过程中，离子与材料内部原子之间的相互作用，会产生初级离位原子和次级离位原子，进而形成所谓的“空位”，这直接造成了晶格结构的损伤。如果接受的辐射剂量过高，则可能导致材料表层原有的有序晶格排列被彻底破坏，最终转变为无定形态。

聚焦离子束与材料表面原子的相互作用能够产生二次电子及二次离子，这些粒子被探测器捕获后可用于生成材料表面图像。相较于电子束成像，在多晶材料上应用离子束扫描时，由于其沿不同晶体方向具有显著不同的穿透能力，因此该技术特别适用于分析晶粒取向等特性。

聚焦离子束技术通过高能量的离子束与样品表面相互作用，促使表层原子发生溅射，从而实现材料的精密加工。利用该技术进行直接溅射刻蚀或结合辅助气体增强刻蚀效果，可以用于制备集成电路的剖面结构，进而帮助分析电路失效的具体原因及低产量背后的问题。如图 1 - 16 所示，在对某款芯片实施了聚焦离子束切割处理后，通过对所获得的剖面进行二次电子成像观察，研究人员发现在栅极氧化层区域存在异常现象。

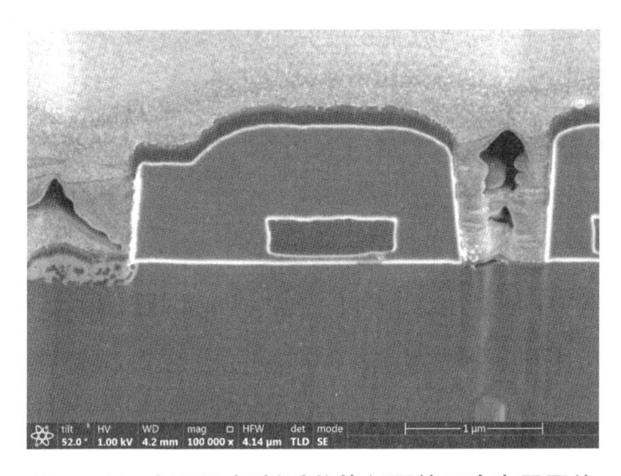

图 1 - 16　经 FIB 切割后芯片剖面的二次电子图片

在离子束照射区域内引入特定气体时，这些气体会受到聚焦离子束的作用，在固体材料表面形成沉积层。利用气体注入装置将金属有机化合物喷涂于样品待沉积区域之上，当该区域被离子束聚焦照射后，离子束的能量促使有机物分解。其中的固体成分，例如铂（Pt）或碳（C），会沉积下来，而挥发性较强的有机部分则通过真空系统排出。通过对离子束斑点大小、电流强度、扫描轨迹及时间等参数的调节，可以在材料表面上构建出所需的图案或功能性组件（图 1 - 17）。

图 1－17　Thermo Fisher Scientific Helios G4 CX 聚焦离子束显微镜

1.5　X 射线显微镜

自从 1895 年德国物理学家伦琴首次发现 X 射线以来，X 射线技术便迅速在医疗诊断、资源探测及工业检查等多个领域得到广泛应用。X 射线是一种波长极短、能量很大的电磁波，以其强大的穿透能力著称。这种特性使得它能够以高分辨率且非破坏性的方式揭示电子封装内部结构，无需拆解封装即可完成观察，因此成为失效分析过程中不可或缺的一种无损检测手段。

在射线管内部，电子首先被电场所加速，随后撞击具有高原子序数的靶材。这一过程中，电子的速度急剧下降，其动能因此转化为其他形式的能量，导致靶材中的部分电子逸出，并伴随着电磁波的释放，即形成了 X 射线。由于每次碰撞后电子减速程度不一，所产生电磁波的波长也会有所差异，形成一个连续变化的谱线，这就是所谓的连续 X 射线。当 X 射线穿过物体时，会经历不同程度的吸收和散射现象。如果待检测物体内部存在缺陷且这些缺陷与周围材料性质不同，则它们对该射线的衰减作用也会有所不同。利用这一点，我们可以通过分析因缺陷引起的射线强度变化来识别这些内部问题。此外，X射线还具备使感光材料发生化学反应的能力：当X射线照射到胶片上时，类似于普通光照的效果，能促使胶片乳剂层内的卤化银颗粒形成潜影。经过显影和定影处理后，受到更高剂量辐射的部分将变得更暗，从而实现基于射线强度分布的成像效果。

当前，X射线技术包括二维（2D X-Ray）和三维（3D X-Ray）检测方法。在微电子器件失效分析领域，2D X-Ray成像得到了广泛应用。这类装置操作简便，能够实时监测并识别出元件存在的缺陷特征。而作为当今较为先进的X射线检查手段之一的3D X-Ray技术，即X射线计算机断层扫描技术，则能生成目标物体的三维图像，使得观察者可以直接查看到感兴趣区域的具体细节，从而避免了因物体叠加导致的信息干扰问题，并且可以精确地获取被遮挡部分的各种信息，例如尺寸、构造及位置等参数。3D X-Ray技术拥有出色的图像辨识能力和密度分辨率，非常适合检测诸如短路、焊接缺陷、焊点开裂以及引线键合不良等问题。此外，该技术支持构建的三维模型，图像清晰易懂，具有很高的密度分辨能力，可以使人们能够直观地了解目标对象的空间布局、形态大小等信息，而不受周围复杂环境因素的影响。正如图1-18所示，利用X射线技术可以有效地观测芯片内部连线状况（图1-19）。

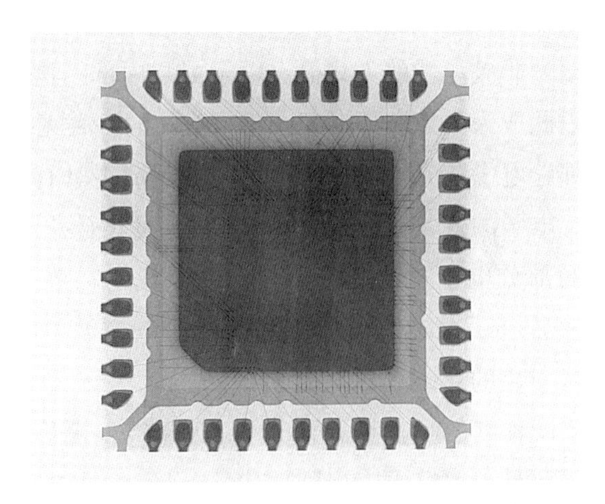

图1-18　芯片内部打线的X-Ray照片

图 1－19　Dage Quadra 5 X 射线显微镜

1.6　纳米探针

纳米探针作为一种新兴的高级分析与检测工具，能够利用其纳米级精度的探测能力深入芯片内部的细微构造之中，使得故障分析技术适用于晶体管层级。

根据不同的应用平台，纳米探针可以分为两大类：一类是基于原子力显微镜技术的原子力探针显微镜；另一类则是基于扫描电子显微镜技术的扫描电子探针显微镜。

原子力显微镜（AFM）是一种基于原子与分子间的相互作用力来观察物体表面微观结构的先进技术，它不仅能够对绝缘体材料进行研究，也适用于其他类型的固体物质表面特性分析。该技术通过探测样品表面和一个极其敏感的微悬臂之间的极细微相互作用力变化，揭示出物质表面的结构特征及其物理属性。具体操作过程中，固定的微悬臂另一端装有针尖，当针尖靠近被测样品时，两者之间产生的力会导致悬臂发生形变或运动状态发生变化。随着样品表面被扫描，利用传感器捕捉到的这些细微变化就可以转换成力分布图谱，最终以纳米级别的精度呈现出样品表面的具体形态。在此基础上发展起来的一种新型技术——基于原子力显微镜原理构建的纳米探针系统，则是在标准原子力显微镜上集成了由多个探针组成的精密电学测试模块。这套组合设备首先运用原子力显微镜获取待测样本表面的高分辨率图像，然后借助计算机精确控制将探针定位至特定区域，从而实现对目标位置处电气性能参数的有效测量。

另一种基于扫描电子显微镜的纳米探针系统，其探针尖端尺寸极小，通常可达到 50 nm，适用于微结构的测量。此类系统的构建是通过将传统扫描电子显微镜的基座替换为由多个探针组成的新型基座实现的，这些探针与外部电性测试设备相连接形成完整的测量体系。该系统利用电动马达和压电陶瓷元件来执行粗略调整及精细调节。根据操作自动化水平的不同，可以将其划分为手动操作型和半自动操作型两大类。其中，手动操作型一般配备 4 到 6 根探针，而半自动操作型则配置有 8 根探针，能够执行更为复杂的测试任务。纳米探针系统不仅提供了快速且精准的晶体管电气特性分析与故障定位功能，还对半导体技术的进步、生产良率的提高以及器件可靠性的增强起到了关键作用。其出色的稳定性可以实现 10 nm 以下的技术节点上的纳米探测；所采用的扫描探针显微术（SPM）技术支持 PicoCurrent 成像，在识别短路、开路、漏电流路径及电阻接触点方面，表现出了比被动电压衬度高千倍以上的灵敏度（图 1-20）。

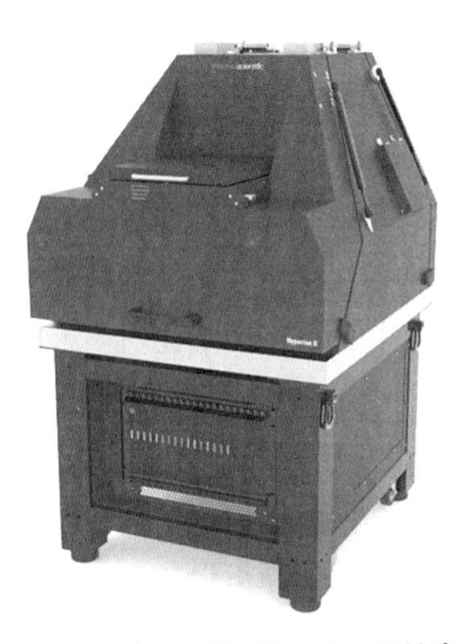

图 1-20　Thermo Scientific Hyperion II 纳米探针系统

1.7　微光显微镜

电子从较高能量状态向较低且未被占据的能量状态跃迁时，既可以通过辐射方式也可以通过非辐射方式进行。其中，辐射性跃迁能够引发发光现象，而非辐射性跃迁则会削弱发光效率。为了促成发光效果，通常需要借助某种形式的激励手段，在半导体材料内部创建一种不平衡的状态。此类激励源可以是电场偏置、光照刺激、机械作用力或是电子束轰击等，进而分别产生电致发光、光致发光、摩擦发光以及阴极射线激发下的发光现象。利用微光显微镜技术观测到的半导体元件中发生的发光机理即电致发光。带间直接或间接转移、电子—空穴对重组、能带与杂质水平间的过渡及带内迁移，构成了主要的辐射跃迁途径。与此同时，非辐射跃迁涉及诸如俄歇复合效应、表面和界面上的复合事件、缺陷介导下的复合行为以及多声子发射过程。这些非辐射跃迁并不伴随有光子的外部释放。

辐射跃迁现象可以被分类为两种类型：本征跃迁和非本征跃迁。在本征跃迁中，半导体材料内的电子从导带跃迁至价带，并与价带中的空穴复合，这一过程伴随着光子的发射。这类跃迁通常被称为直接跃迁，其特点是具有较高的辐射效率。相比之下，在间接带隙半导体材料中发生的带间跃迁则属于间接跃迁，在此过程中除产生光子外，还会涉及声子的作用，从而使得该类跃迁的发生概率显著低于直接跃迁。值得注意的是，无论是直接跃迁还是间接跃迁，所释放出的光子能量都与材料的禁带宽度紧密相关。非本征跃迁指的是涉及杂质能级的跃迁事件，具体表现为电子由导带向杂质能级跃迁、从杂质能级跃迁到价带甚至是在不同杂质能级之间转移的过程，并且这些过程同样伴随有光子的发射。特别是在间接带隙半导体中，非本征跃迁成为主导机制。

微光显微镜（EMMI）作为一项高效的失效分析工具，以其非破坏性且高灵敏度的特点，在故障定位方面表现出色。它能够探测并精确定位极其微弱的光线发射源，这些光源包括可见光及近红外光范围内的信号。当电子元件遭遇漏电、击穿或热载流子效应等问题时，会从故障区域释放出光子。随后，利用微光显微镜捕捉到的这些光子经图像增强器放大后，再通过 CCD 相机转换为数字信号，最终由图像处理系统生成一张发光分布图。将此发光分布图与设备表面的照片相结合，便可以实现对缺陷位置的精确识别。例如，使用砷化铟镓（InGaAs）材料制成的微光显微镜（图 1－21）能够在晶圆背面检测到如图 1－22 所示的热点现象。

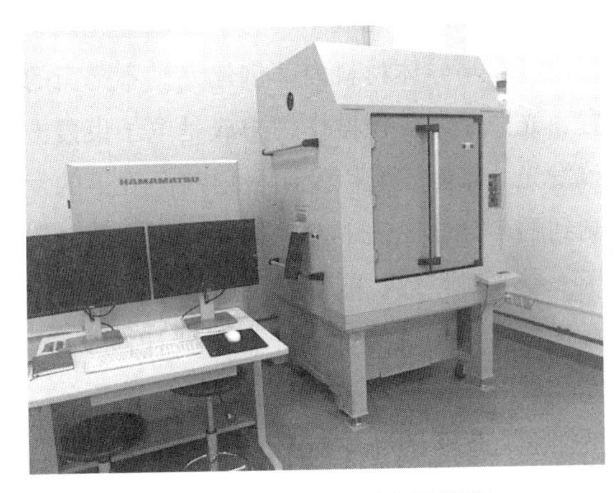

图 1－21　InGaAs 微光显微镜

图 1－22　晶圆背面热点的 InGaAs 微光显微镜图像

1.8　超声波显微镜

超声波扫描显微镜是一种基于超声波的无损检测成像技术。该设备的核心组件为装有压电陶瓷材料的微波链，当受到射频信号激发时，能够产生短促的声脉冲，随后这些声脉冲被声透镜聚焦在一起。这个带有压电陶瓷的部件被称为换能器（Transducer），不仅能够将电信号转换成声波信号，还能将从样本反射或透射而来的声波重新转换为电信号，以便于系统进一步处理。

换能装置将电磁脉冲转换为声波脉冲，这些声波随后通过一种耦合介质（通常是去离子水或无水酒精）被声透镜聚焦于待检测样本之上。采用这种介质的主要目的在于减少超声信号在传播过程中的衰减，因为在稀疏介质中超声波信号会快速减弱。当置于耦合液中的样品遇到不同声阻抗界面时（如孔隙），就会产生反射现象。此时，换能器负责捕捉这些反射回来的声波，并将其转换成电信号传递给计算机系统。之后，计算机会对收集到的数据进行分析处理，从中识别并提取有用的回波信息，最终通过对这些信息图形化，实现对物体内部结构的精确扫描与成像。

在半导体测试领域，超声波扫描显微镜主要用于检测晶圆材料及多种封装电子器件。由于电子封装内部缺陷尺寸较小且引脚焊接间距紧密，传统检测手段往往难以胜任。聚焦高频超声技术能够实现对样品表面、亚表面乃至一定深度范围内的细微结构进行高分辨率成像，从而有效支持电子封装质量检查与焊接状况评估。针对诸如界面分层等多种芯片失效模式，超声波扫描显微镜的C扫描功能提供了可靠的识别方案。例如，在图1-23中展示的就是利用该技术（图1-24）观察到的芯片内部焊接点状态。

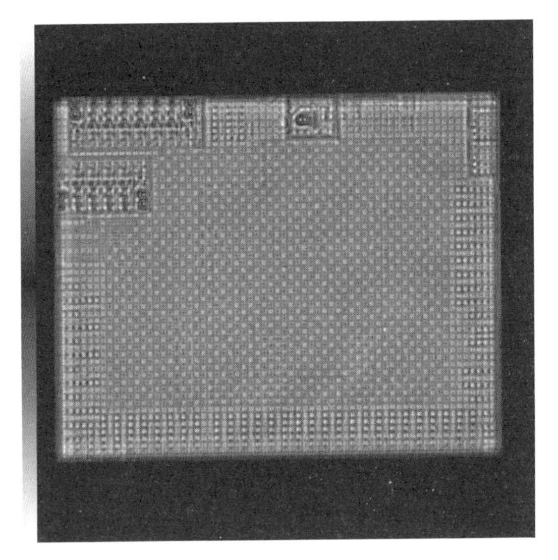

图 1-23　芯片内部焊接点的超声波显微镜图像

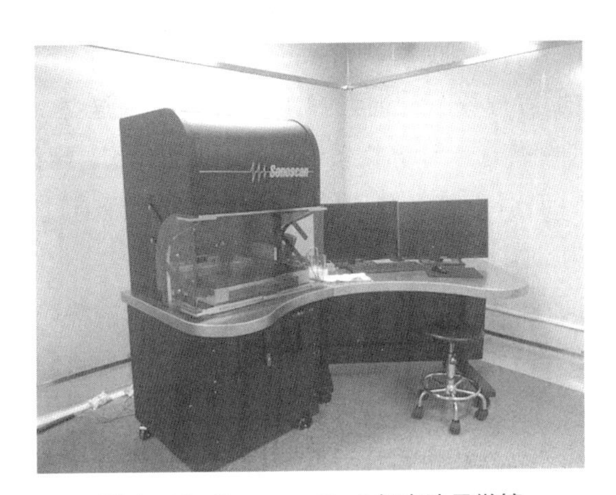

图 1-24　Sonoscan Gen6 超声波显微镜

参考文献

[1] 恩云飞，来萍，李少平. 电子元器件失效分析技术 [M]. 北京：电子工业出版社，2015.

[2] 章晓中. 电子显微分析 [M]. 北京：清华大学出版社，2006.

[3] 戎咏华. 分析电子显微学导论 [M]. 北京：高等教育出版社，2006.

[4] 黄孝瑛. 材料微观结构的电子显微学分析 [M]. 北京：冶金工业出版社，2008.

[5] 布伦特·福尔兹，詹姆斯·豪. 材料的透射电子显微学与衍射学 [M]. 吴自勤，石磊，何维，等译. 合肥：中国科学技术大学出版社，2016.

[6] LAZIĆ I, BOSCH E G T, LAZAR S. Phase contrast STEM for thin samples: Integrated differential phase contrast [J]. Ultramicroscopy, 2016, 160: 265-280.

[7] 付琴琴，单智伟. FIB-SEM 双束技术简介及其部分应用介绍 [J]. 电子显微学报，2016，35 (1)：81-89.

[8] 顾文琪，马向国，李文萍. 聚焦离子束微纳加工技术 [M]. 北京：北京工业大学出版社，2006.

[9] 于华杰，崔益民，王荣明. 聚焦离子束系统原理、应用及进展 [J]. 电子显微学报，2008 (3)：243-249.

[10] 章鸣. 纳米探针在超大规模集成电路可靠性和失效分析中的应用 [D]. 上海：复旦大学，2009.

[11] 张阳. 集成电路失效分析研究 [D]. 北京：北京邮电大学，2011.

[12] 高媛，杨敬，李立，等. 超声波扫描显微镜发展及应用综述 [J]. 计算机测量与控制，2023，31 (8)：1-9.

第二章　聚焦离子束在板级失效与断口裂纹分析中的应用

随着电子元器件的集成度越来越高，现在的电子产品尺寸也越来越小，对于电子产品或者电子元器件的微观形貌分析和失效分析的要求也越来越高。聚焦离子束不仅能够实现材料的剥离、沉积和注入等，在微观形貌分析和板级失效分析中也扮演着重要的角色。本章节主要阐述了微观形貌分析（包括纳米尺度失效样品的加工和断口聚焦离子束制样过程）和板级失效分析（包括概述、失效机理、失效分析方法以及几个实际案例的详细介绍和分析），帮助读者了解断口裂纹微观分析和板级失效分析相关内容。

微观形貌分析是一种重要的材料表征技术，通过对材料微观形貌的观察和分析，可以深入了解材料的结构、性能和应用潜力，为材料科学研究和工程应用提供重要的依据。样品的断口裂纹微观形貌是断裂力学上非常重要的特征之一，根据断口裂纹微观形貌可以分析断裂形态、裂纹的起源、扩展路径以及裂纹尖端的微观结构。通过原位实验可以实时观察裂纹扩展过程，通过聚焦离子束技术可以对裂纹进行微纳米解剖，实现对裂纹尖端的微加工，还可以通过一系列的 FIB 和 SEM 成像构建断口内部结构的三维模型，观察裂纹内部的复杂结构，为理解裂纹扩展机制提供更加全面的信息。

在日常的生活中，经常会遇到电子产品突然间故障了这样的情形，导致其功能失效（即失效模式），对电子产品的失效进行原因分析的过程就是失效分析。失效分析是根据样品的失效模式和现象，通过相关的分析技术和验证技术，分析样品的失效机理并找出失效原因的活动。对失效机理和失效分析的方法进行研究，对分析失效原因非常重要。

2.1　微观形貌分析概述

微观形貌分析是一种重要的材料表征技术，通过对材料微观形貌的观察和分析，可以深入了解材料的结构、性能和应用潜力，为材料科学研究和工程应用提供重要的依据。其中，扫描电子显微镜是分析材料微观形貌非常重要的手段，当电子束扫描样品表面时，会与样品中的原子发生相互作用，产生散射、反射和吸收等效应。这些效应会导致电子束的能量和方向发生变化，从而形成各种信号。通过对这些信号的检测和分析，可以获得样品表面的形貌、组成和结构等信息。扫描电子显微镜微观形貌分析在材料科学研究和工程应用中具有广泛的应用。例如，在材料制备过程中，可以通过扫描电子显微镜观察材料的微观结构，了解其生长和演化过程。在材料性能研究中，可以通过扫描电子显微镜观察材料的表面形貌和缺陷，揭示其性能优劣的原因。此外，为了进一步深入了解材料的微观结构和性能，研究材料断裂失效行为与机理，可以通过聚焦离子束系统制备透射样品后进行组织结构分析，从失效机制上对材料进行质量控制，提高产品的质量和可靠性。聚焦离子束技术因其独特的微纳加工能力，在材料科学尤其是断裂力学的研究中扮演着重要角色。

2.2　断口裂纹微观分析聚焦离子束制样

在进行断口裂纹分析时，通常需要获取裂纹尖端或断裂表面的微观信息。传统的样品制备方法往往难以精确地获取这些区域的样品。聚焦离子束技术能够实现精确的局部材料去除，从而制备包含裂纹尖端的薄片样品。这种样品制备方式不仅能够确保样品中包含关键的断裂区域，还能够保证样品厚度适中，适合后续的高分辨率成像和微观结构分析。

2.2.1 纳米尺度失效样品（失效点）的加工

除样品的局部制备外，聚焦离子束技术还可以用于制造纳米级别的试样。例如，可以通过聚焦离子束加工制造出纳米级的拉伸试样，用于研究材料在裂纹尖端附近的力学性能（图 2-1）。这种纳米级试样的制备对于理解材料在微观尺度上的断裂行为至关重要（图 2-2）。

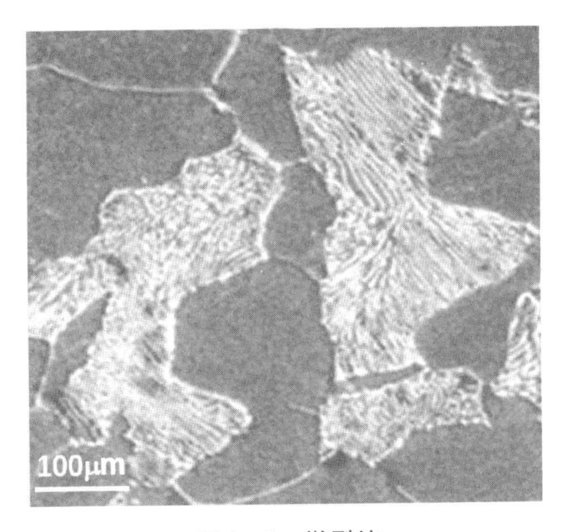

图 2-1 微裂纹

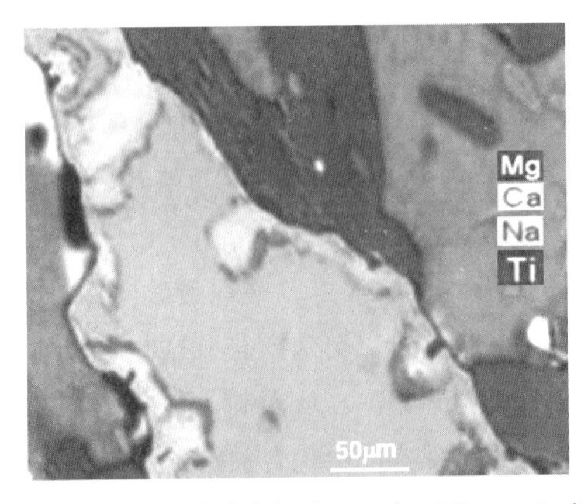

图 2-2 断口成分分析（SEM 中 EDS mapping）

1. 材料性能与断裂形态关系

利用扫描电子显微镜（结构原理）进行电子断口分析，是失效分析中的最主要的应用。利用扫描电子显微镜，可以对断裂机理分析归类，明确断裂类型，对裂纹源位置和扩展方向进行判定。金属材料的主要断裂机理包括韧窝断裂、解理断裂、滑移分离、准解理断裂、疲劳断裂及环境断裂等（图 2－3—图 2－5）。

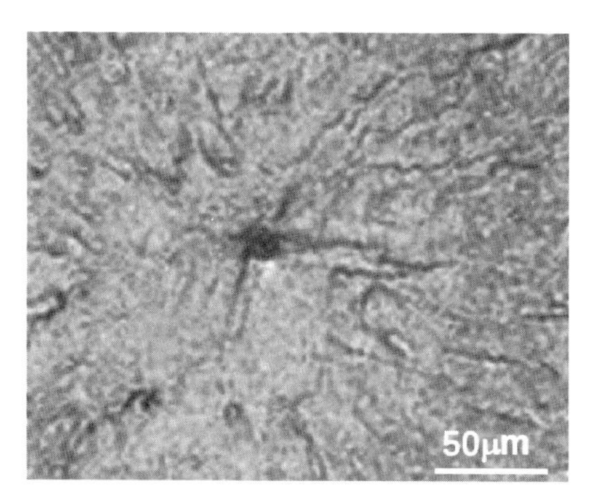

图 2－3　超级钢鱼眼疲劳

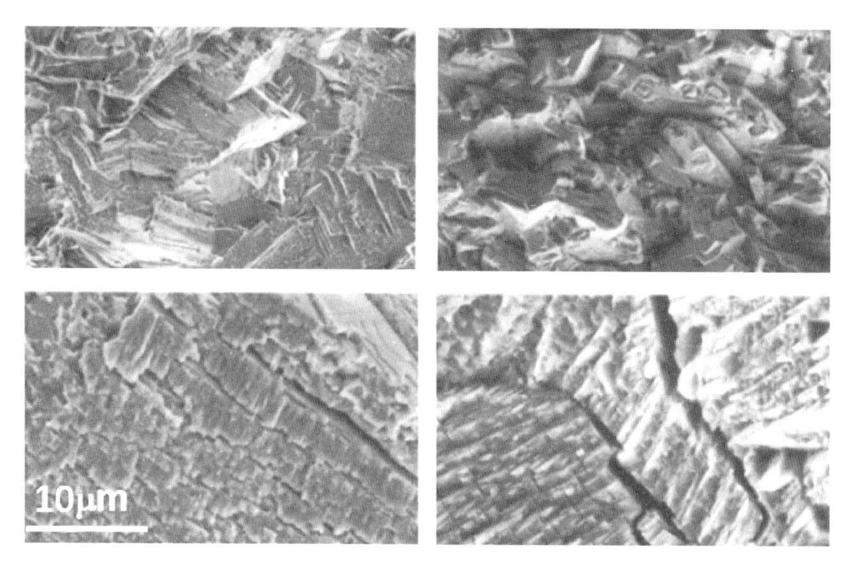

图 2－4　疲劳断裂

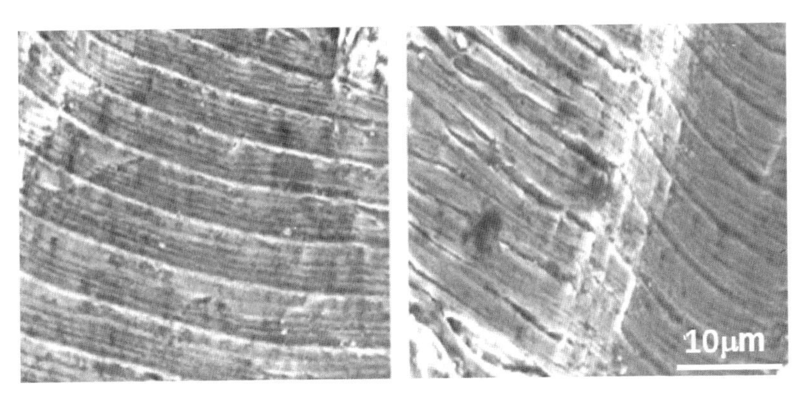

图 2-5　周期疲劳断裂面

2. 细节形貌原位解剖观测

(1) 断口表面形貌观察

聚焦离子束技术与扫描电子显微镜的结合使用，能够提供断口表面的高分辨率图像。扫描电子显微镜提供宏观视角下的断口形貌，而聚焦离子束技术则能够进一步揭示断口内部结构细节。通过这种方式，研究人员可以观察到裂纹的微观特征，如裂纹的起源、扩展路径以及裂纹尖端的微观结构（图 2-6—图 2-8）。

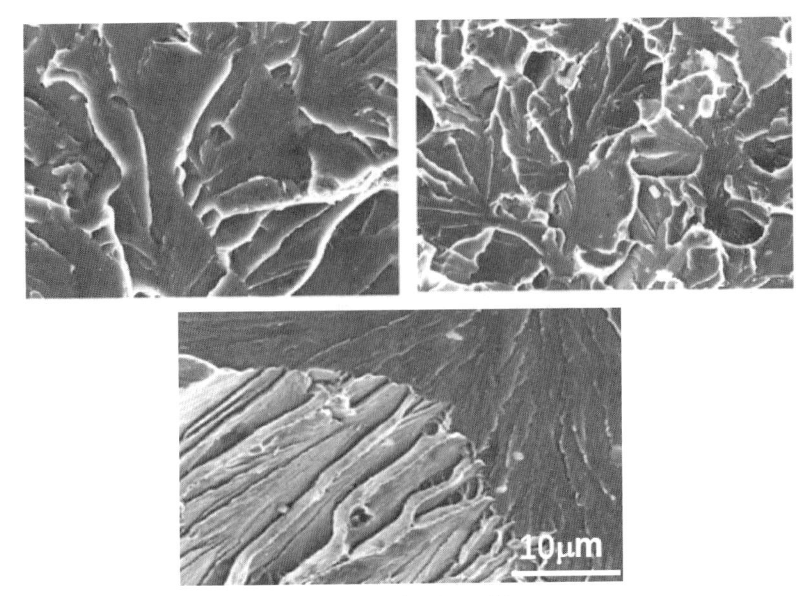

图 2-6　穿晶解理断口

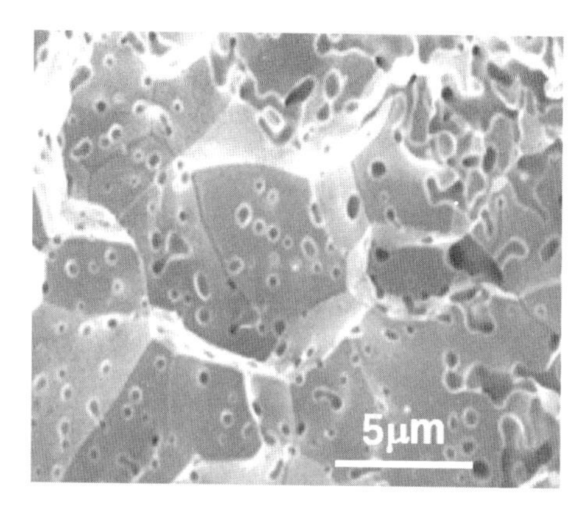

图 2-7　金属材料中的沿晶断裂

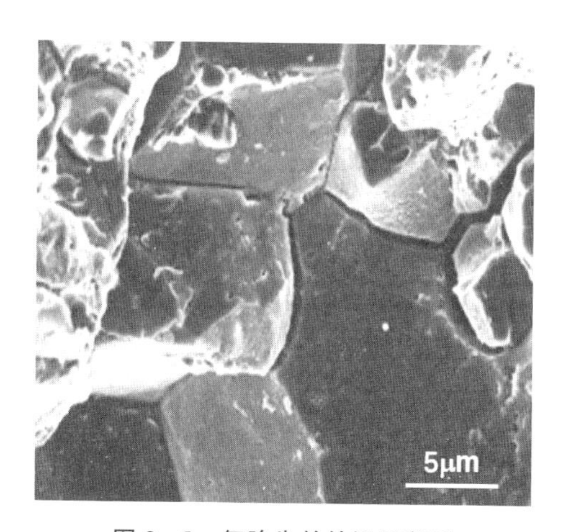

图 2-8　氢脆失效的沿晶断裂

(2) 裂纹扩展路径分析

裂纹扩展路径的分析对于理解材料断裂机制非常重要。利用聚焦离子束技术制备的薄片样品，结合扫描电子显微镜和透射电子显微镜等技术，可以清晰地揭示裂纹扩展的路径和模式，以及裂纹尖端的微观结构变化。这对于预测和优化材料的使用寿命具有重要意义（图 2-9、图 2-10）。

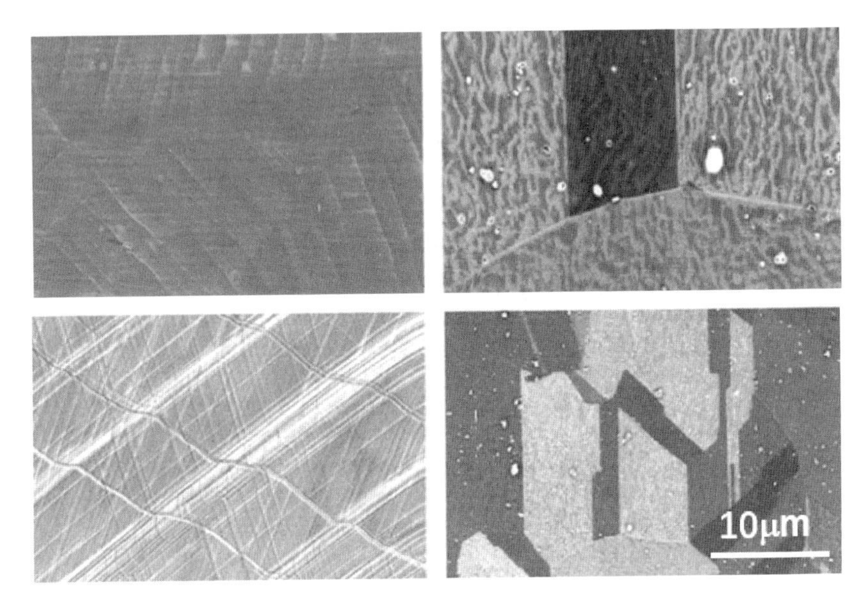

图 2-9　多晶位错及滑移

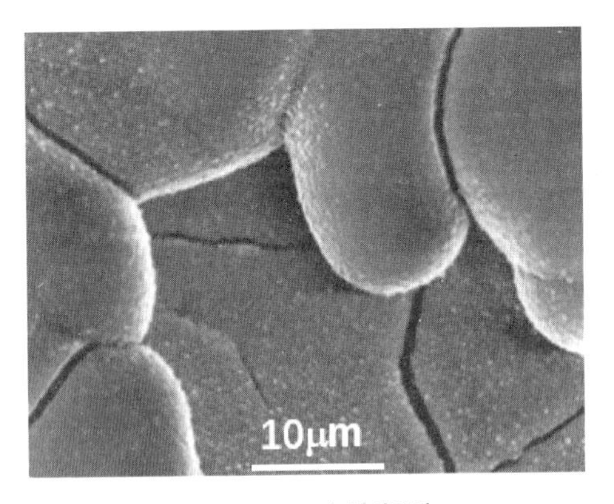

图 2-10　腐蚀断裂

3. 微观结构分析

(1) 材料成分分析

通过聚焦离子束技术制备的薄片样品，可以在透射电子显微镜或扫描透射电子显微镜下进行更深入的微观结构分析，具体包括对晶格缺陷、相变、元素分布等的分析。例如，裂纹尖端附近的晶格畸变、第二相粒子的分布，以及元素偏聚情况，都可能影响裂纹的行为。

(2) 裂纹尖端区域的分析

聚焦离子束技术制备的样品还可以用于透射电子显微镜或扫描透射电子显微镜的分析，以深入了解裂纹尖端附近材料的微观结构变化。例如，裂纹尖端可能会形成特殊的晶体取向、晶粒尺寸或相变，这些都会影响裂纹的传播特性。

4. 原位实验

一些先进的FIB-SEM系统集成了微机械加载装置，使得研究人员能够在FIB-SEM系统内直接对样品进行机械加载实验，实时观察裂纹扩展过程（图2-11、图2-12）。这种原位实验对于理解裂纹在特定载荷条件下的扩展机制非常有效。

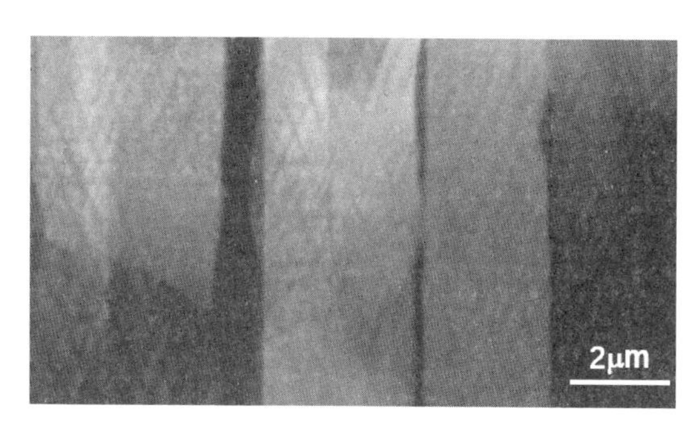

图2-11　原位观测裂纹扩展

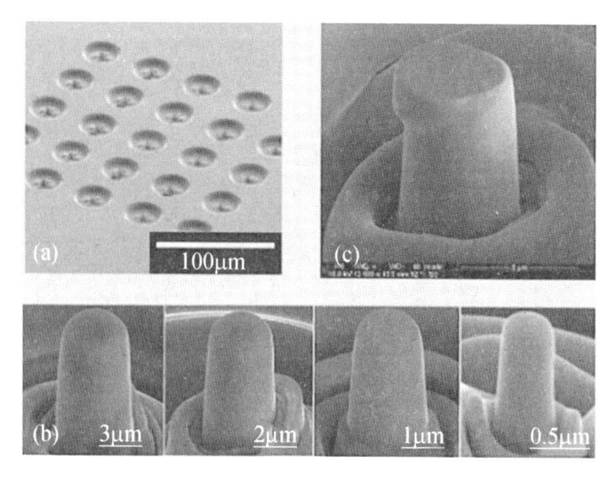

图2-12　原位样品的FIB制备和测试（赛默飞世）

此外，部分聚焦离子束设备还能够模拟不同的环境条件（如温度、湿度等），这对于研究不同环境下裂纹行为的变化尤为重要。例如，在高温条件下观察材料裂纹扩展的过程可以帮助评估材料在实际工作条件下的性能（图2-13）。

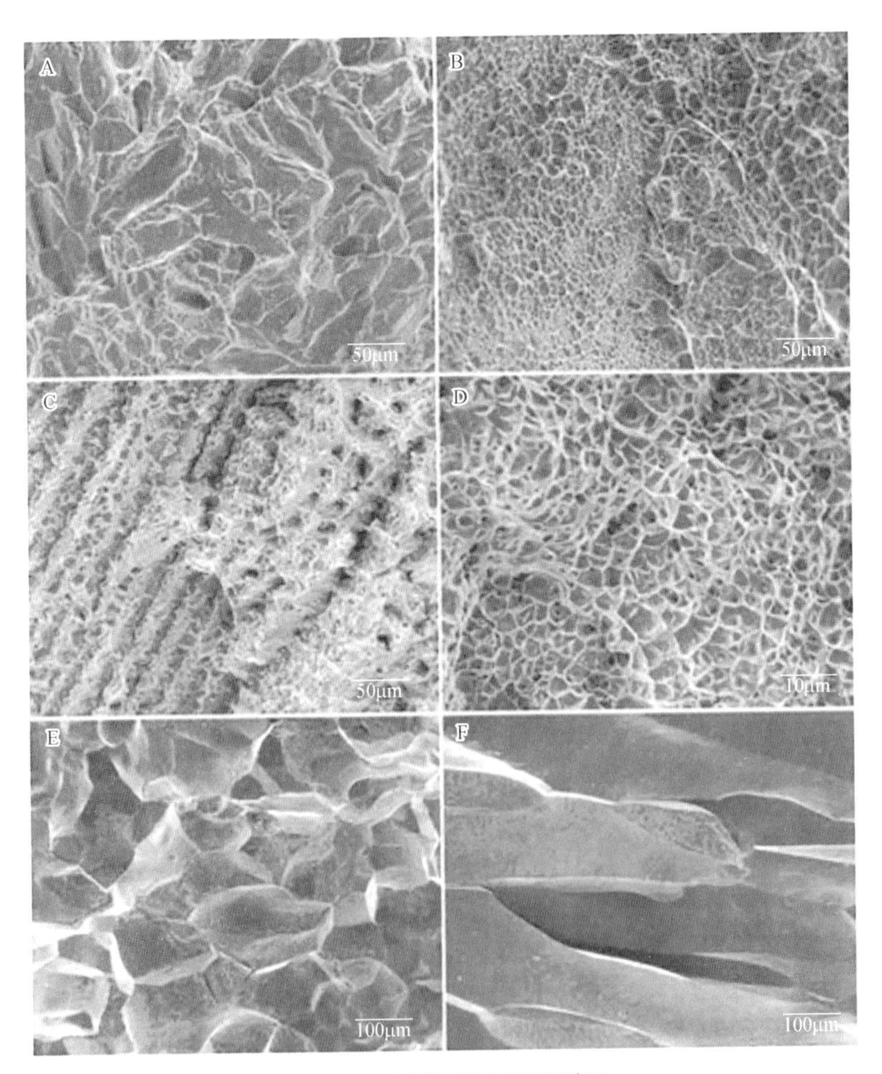

图 2-13　拉伸试验材料断裂面

5. 微纳米区加工与观测

聚焦离子束技术还可以用来对裂纹进行纳米解剖、对裂纹尖端进行微加工，比如通过离子束刻蚀改变裂纹尖端的几何形状。这种加工方式可以用来观测不同的裂纹尖端条件，进而研究裂纹的扩展行为，对于理解裂纹扩展的机制非常有帮助（图 2－14）。

图 2－14　FIB 切割、观测银合金裂纹内部深层扩展情况的操作步骤

6. 三维重构

(1) 断口内部结构的三维重建

通过一系列聚焦离子束切削和 SEM 成像，可以构建断口内部结构的三维模型。这种方法可以揭示裂纹内部的复杂结构，为理解裂纹扩展机制提供更全面的信息。三维重建技术对于分析多阶段断裂过程特别有用，可以帮助研究人员识别裂纹扩展的不同阶段及其特征（图 2-15）。

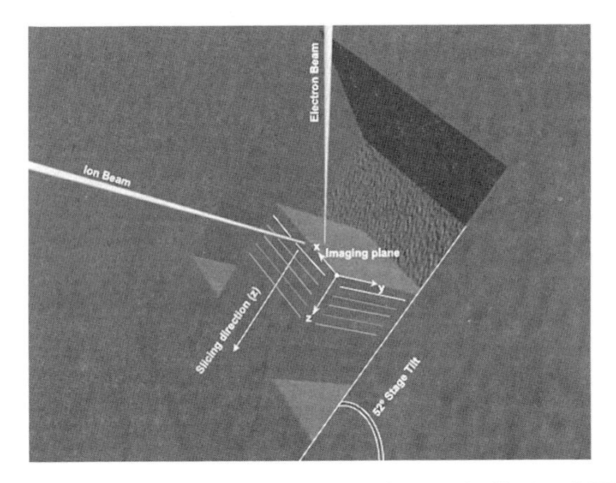

图 2-15　三维重构 FIB 逐层拍照操作几何关系示意图

(2) 三维表征技术（FIB-HIM）

在扫描电子显微镜中可以获得观察区域的表面形貌、化学成分、晶体取向等信息。三维重构允许从各个角度观察样品，尤其当样品中有一些网络结构交织在一起，利用三维表征技术可将它们内部的网络结构清晰地表征出来，甚至可以重构样品里的“小缺陷”（<100 nm）的三维形状和尺寸（图 2-16）。

聚焦离子束技术在断口裂纹分析中的应用非常广泛，不仅能够提供高精度的微观结构信息，还能辅助进行复杂的原位实验，极大地丰富了我们对材料断裂行为的理解。随着技术的不断进步和发展，聚焦离子束在未来有望成为断裂力学研究中的一个更加重要的工具。

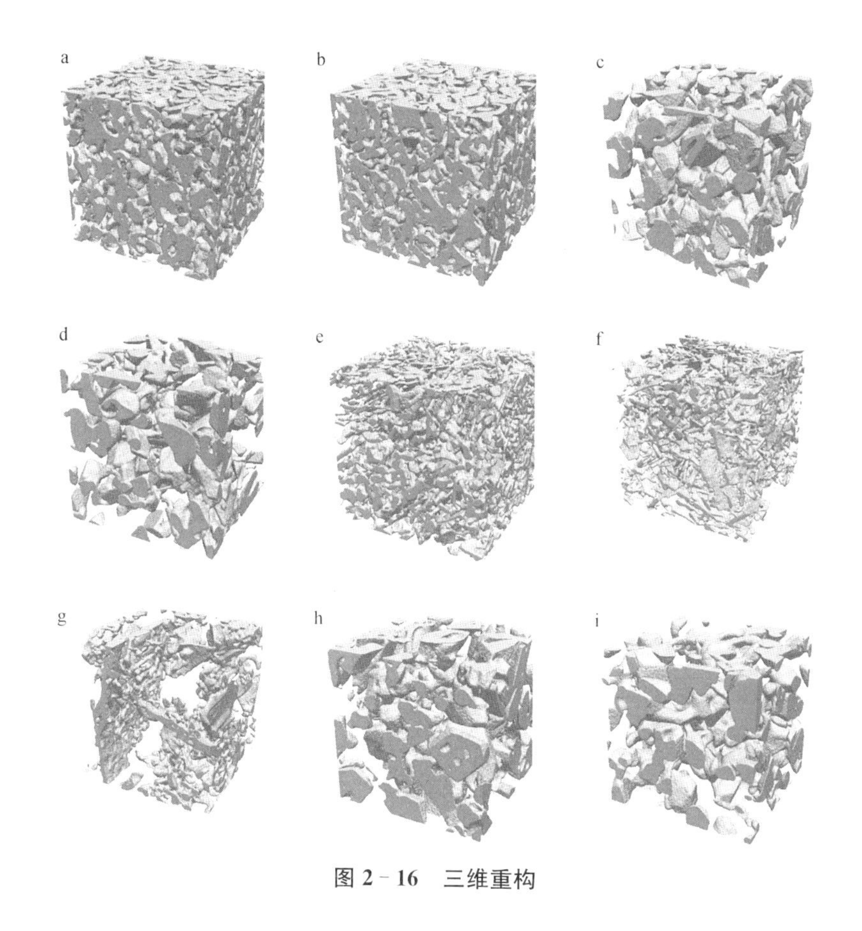

图 2－16　三维重构

2.2.2　断口聚焦离子束制样过程

1. 电子束沉积与离子束沉积

如图 2－17 所示，为了避免试样表面被离子束辐照损伤，因此在离子束加工前，需要在试样沉积 Pt 层作为保护层和用来标记位置。首先将扫描窗口的电压调整至 2 kV，电流调整至 1 nA。将待加工区域调整清楚，然后在待加工区域选择待沉积区域，插入 Pt 沉积棒，点击沉积开始按钮，然后完成保护层的沉积。接下来将电压调整至 5 kV，电流设置为 300 pA，以上参数将会应用在以后所有的操作中，用于扫描电子显微镜观察。

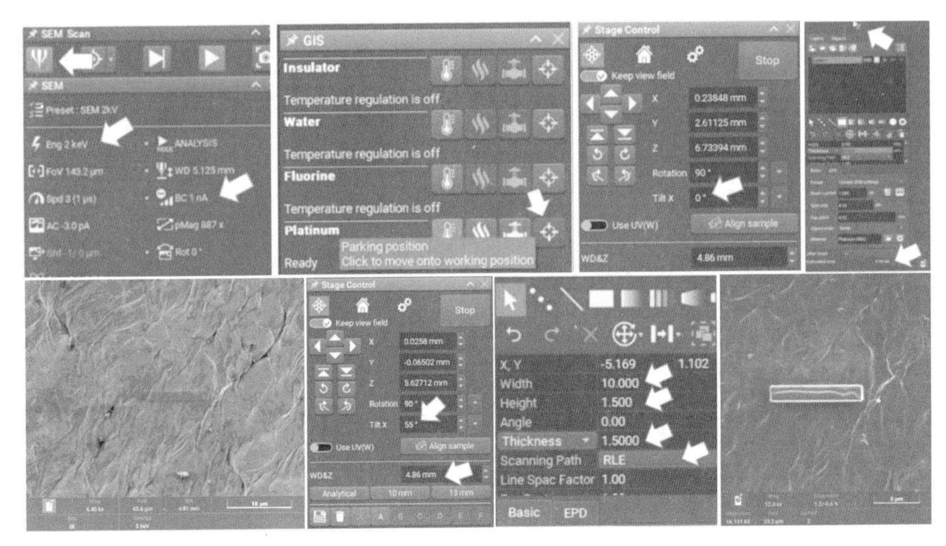

图 2-17　电子束诱导沉积（EBID）Pt 和离子束诱导沉积（IBID）Pt

完成第一步电子束沉积后，点击聚焦离子束打开按钮，完成离子束的打开，将离子束窗口电子设置为 30 kV、250 pA。然后将带有保护层的待加工位置调焦清楚，同时将样品台倾斜 55°，将样品台移动到 FIB-SEM 共焦点位置。在扫描电子显微镜窗口下，将沉积位置移动至扫描视野中心。插入 Pt 沉积棒，点击沉积按钮，等待进度条走完，在电子束沉积区域完成离子束沉积层。然后在扫描电子显微镜窗口下检查沉积层的沉积效果，沉积层应均匀、没有可见的点或线。

2. 挖坑

如图 2-18 所示，完成电子束、离子束沉积后，将离子束窗口电压调整至 30 kV，电流调整至 20 nA，同时保持样品台倾斜 55°。激活离子束窗口，将图像调清楚。此时只能进行单次扫描，以免损伤保护层和试样。然后在沉积位置两侧放置梯形加工模块，每个加工模块与沉积位置的距离保持 2 μm 左右，然后点击开始加工按钮，等待加工时间进度条走完，完成去除区域的加工。为了保证加工深度满足透射分析测试的要求，需要重复几次溅射刻蚀。

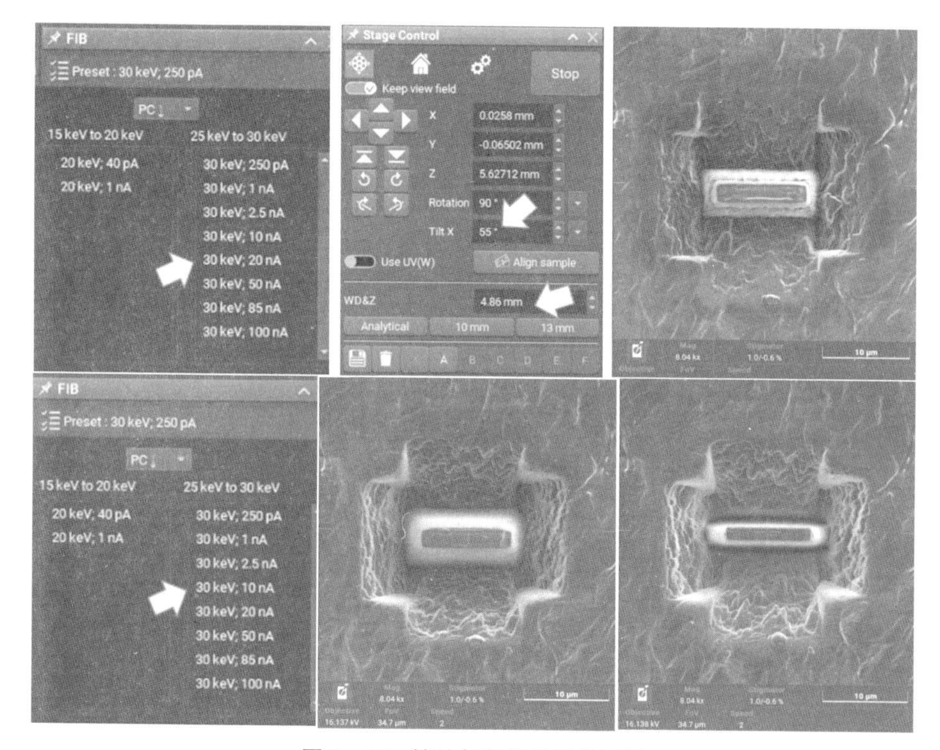

图 2 - 18　挖坑与粗抛的操作过程

3. 粗抛

完成挖坑后，将离子束窗口电压调整为 30 kV，电流调整为 10 nA，保持样品台倾斜 55°，将加工后的区域单次扫描，调清楚图像，如图 2 - 18 所示。接下来，在沉积层两侧边缘位置放置抛光模块，抛光方向从外到内，同时保持两侧抛光矩形间距为 2—3 μm。点击加工开始按钮，待加工进度条走完，完成一次抛光。重复 2—3 次后，使得薄片厚度为 1 μm 左右。保持薄片内部结构干净，没有再沉积现象。

4. 底切与机械手连接

完成粗抛加工之后，将样品台倾斜至 0°，将薄片在扫描窗口调清楚，完成单次离子束窗口扫描和调焦工作。然后离子束扫描窗口分别在薄片底部、两侧绘制三个加工矩形。底部加工参数为 width = 15 μm、height = 2 μm、thickness = 5 μm，左侧加工参数为 width = 2 μm、height = 8 μm、 thickness＝5 μm，右侧加工参数为 width＝2 μm、height＝5 μm、thickness＝5 μm。然后点击加工按钮，打开扫描窗口实时播放，观察底部和侧面底切情况，当对面沟槽壁上可清楚看到三个切口时，立即停止加工；如果没有观察到，需要重复几次，直到清楚地看到切口（图 2－19）。

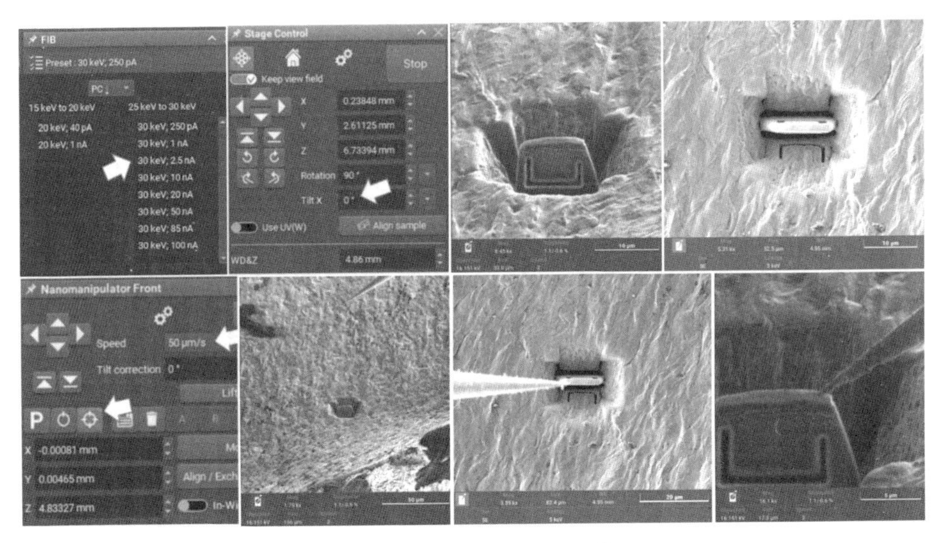

图 2－19　底切与机械手连接

图 2－19 所示的机械手与薄片的连接操作过程，保持样品台处于 0°。为了避免插入机械手时碰到样品，在扫描窗口下将样品台下降至 8 mm；待机械手插入之后，将样品升至共焦点位置。同时，将离子束电压设置为 30 kV，电流更改为 250 pA。将机械手移动速度设置为 50 μm/s，在扫描窗口和离子束窗口实时观察机械手的移动，使其慢慢靠近薄片。在快接近薄片时，将移动速度调整为 1 μm/s，同时将 Pt 沉积棒插入，需要在离子束窗口和扫描窗口同时观察到机械手与薄片已经完成接触。

5. *薄片提取*

当机械手与薄片样品表面保护层接触时，在接触位置放置参数为2 μm×2 μm 的矩形沉积框，沉积厚度设置为 0.5 μm。点击开始沉积按钮，待进度条走完，完成机械手与薄片的焊接。为了保证焊接的牢固性，可重复 2—3

次。在扫描模式下，观察到机械手与薄片已完成可靠性连接后，可随时停止沉积。完成机械手与薄片连接后，在薄片与试样连接位置设置 width = 0.5 μm、height = 2 μm、thickness = 5 μm，同时将离子束电压调整至30 kV，电流设置为 1 nA。然后点击开始加工按钮，待进度条完成，即将薄片与试样断开。操作机械手 Z 值向上移动按钮，以 1 μm/s 的速度慢慢将薄片从试样上取下来，将机械手移动至“stand by”位置，此位置位于 FIB - SEM 共焦点位置以上 300 μm（图 2 - 20）。

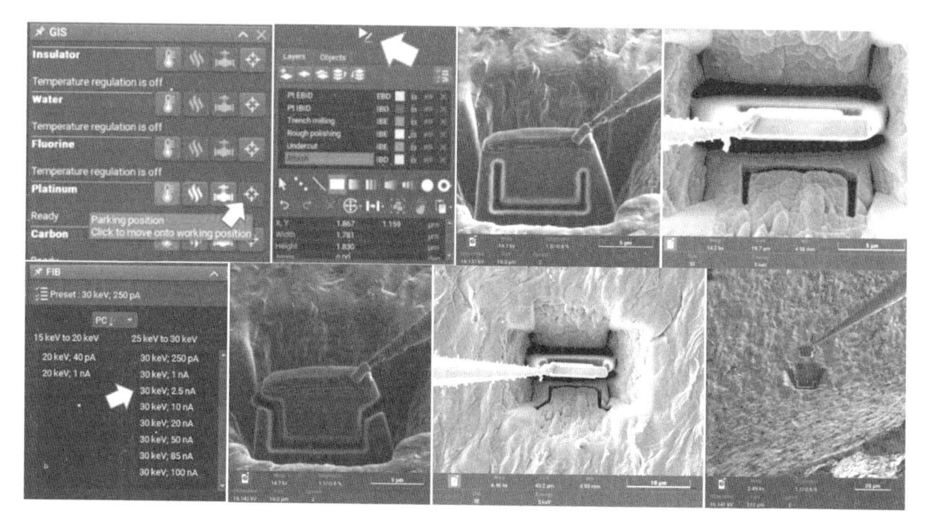

图 2 - 20　机械手提取样品过程

6. 连接铜网

图 2 - 21 所示为薄片与铜支架的连接操作。首先插入 Pt 沉积棒，同时将铜支架样品柱 V 型槽移动至扫描窗口中心位置。同时将离子束电压调整为 30 kV，电流调整为 2.5 nA，在 V 型槽中间加工一个宽 5 μm、高 10 μm 的防反沉积凹槽。然后，将纳米机械手调整至工作位置，即 FIB - SEM 共焦点位置。在扫描模式下以 1 μm/s 的速度操作机械手的 X、Y 方向，使得携带薄片的机械手在水平方向慢慢靠近铜支架的侧面位置，然后在离子束窗口操作机械手的 Z 方向，使得在 Z 方向靠近铜支架待沉积位置。当薄片与铜支架侧

面接触后，在接触区域绘制 2 μm×2 μm 矩形沉积框，厚度为 5 μm。点击开始沉积按钮，待进度条走完，完成薄片与铜支架的连接。

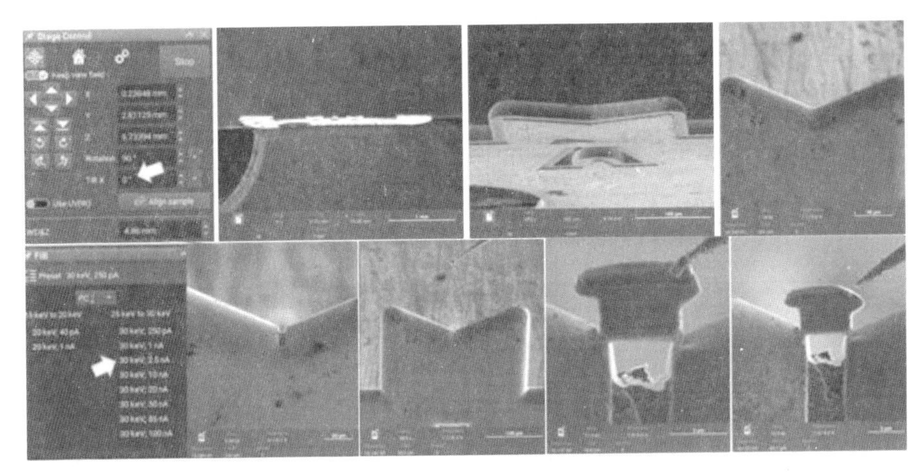

图 2-21　薄片连接铜网

接下来在机械手与薄片连接位置，绘制 2 μm×2 μm 矩形加工框，厚度为 5 μm，同时将离子束电压调整为 30 kV，电流调整为 1 nA。点击开始加工按钮，同时打开扫描窗口，实时观察，当机械手与薄片分离之后，停止加工，完成机械手与薄片的分离。操作机械手操作面板，先水平移动，然后向上移动，快速将机械手退出。

7. 薄片减薄

图 2-22 所示为薄片减薄的操作过程。完成机械手的退出之后，将铜支架倾斜 55.5°，让薄片底部多露出一些。将离子束电压调整为 30 kV，电流设置为 150 pA。在薄片的内侧绘制 width=5 μm、height=1 μm、thickness=1.5 μm 的减薄矩形，同时保证减薄矩形位于离子束沉积 Pt 层上。然后点击加工按钮，待进度条走完，完成内侧位置的减薄处理。为了保证薄片两侧均匀性，将样品台倾斜至 54.5°，将减薄矩形旋转 180°，放置在薄片外侧。确定位置后，点击加工开始按钮，完成另一侧区域的减薄。为了满足透射分析对样品厚度 100 nm 的要求，需要重复以上操作。在扫描电子显微镜 5 kV 电压下，薄区几乎呈现透明状态，停止减薄，此时薄片厚度约为 150 nm。

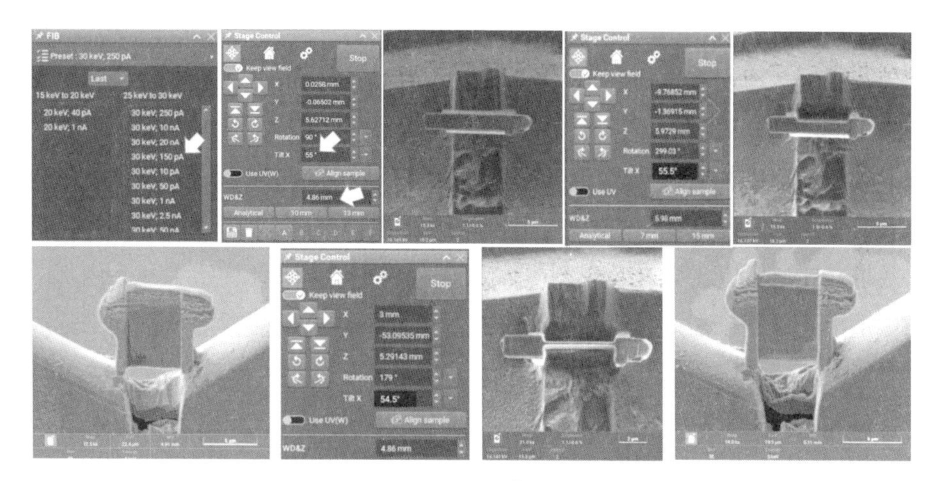

图 2－22　减薄过程

8. 低电压吹扫

为了减少薄片上的非晶层与污染物，需要对薄片进行低电压吹扫操作（图 2－23）。首先将离子束电压调整至 5 kV，电流调整为 20 pA，样品台倾斜 60°，在薄片内侧绘制 width＝3.5 μm、height＝0.4 μm、thickness＝0.1 μm 的吹扫矩形，且放置位置略低于离子束沉积 Pt 层。点击加工开始按钮，待进度条完成，完成内侧薄片的吹扫处理。此时，将样品台倾斜至 50°，将吹扫矩形旋转 180°，放置在略低于离子束沉积 Pt 层的位置，点击开始加工按钮，待时间进度条走完，完成薄片外侧的吹扫处理。根据需要，可多重复几次，保证样品干净、无非晶层。

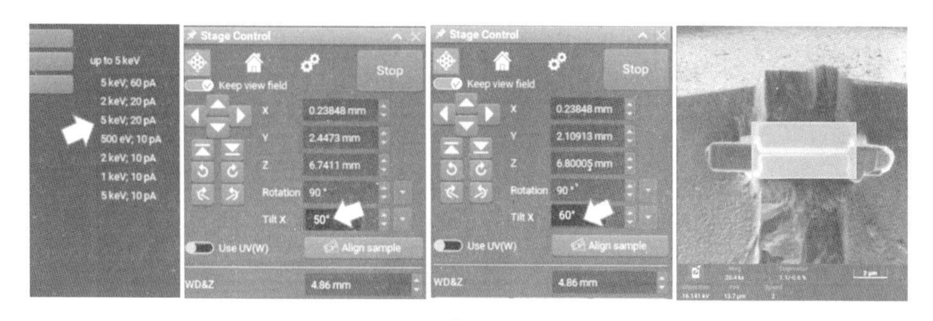

图 2－23　薄片低电压吹扫

9. TEM 效果

聚焦离子束技术成功制备了薄片样品，并在透射电子显微镜下进行了高分辨率的结构和成分分析。在制备过程中，利用加速的 Ga 离子束逐层去除样品表面的材料，最终获得了厚度均匀、表面光滑的超薄样品，确保电子束能够顺利透过。样品的厚度被精确控制在几十纳米范围内，以保证最佳的透射效果。在透射电子显微镜观测下，获得的透射电子图像展示了样品内部的细微结构和晶体排列。通过高分辨率的图像分析，可以清晰地观察到纳米尺度下的晶体缺陷、界面形貌及晶粒分布（图 2-24）。

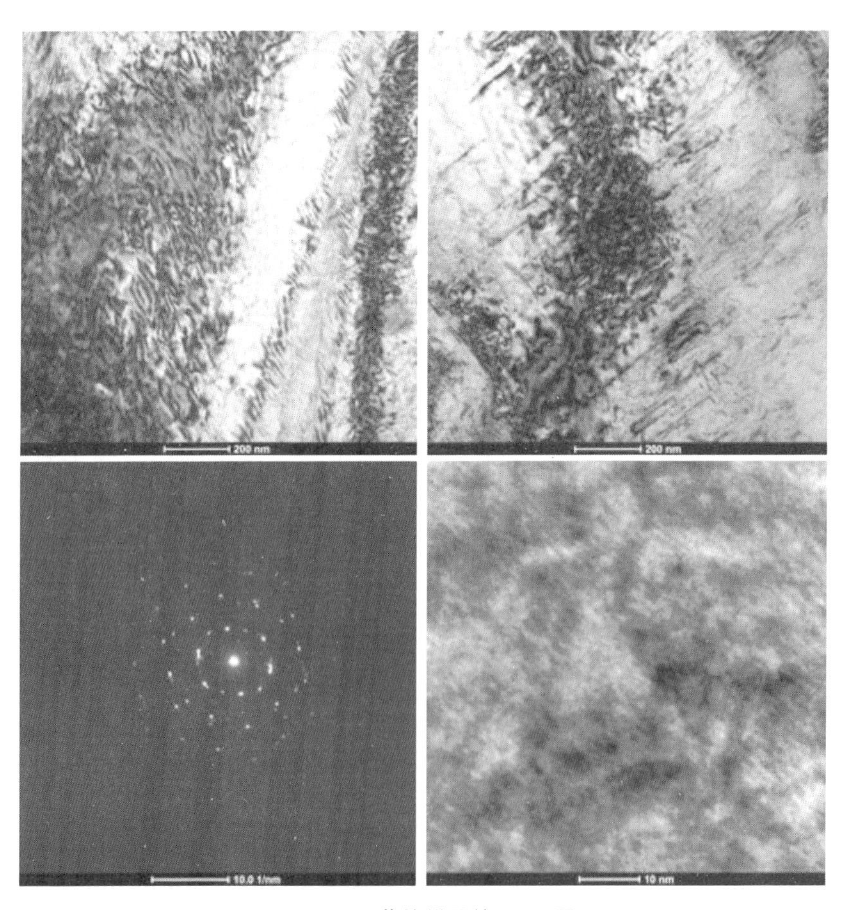

图 2-24　薄片样品的 TEM 图

2.3　板级失效分析中聚焦离子束的应用

电子产品和电子设备是由不同模块、不同功能的电路板组成，电路板是由不同的电子元器件和印制电路板组装而成，本节主要包括板级失效分析概述、板级失效机理、板级失效分析方法，以及几个实际案例的详细介绍和分析，以帮助读者了解板级失效分析相关内容。

2.3.1　板级失效分析概述

板级产品是由电子元器件和印制电路板（PCB）组装而成，其中通过焊点焊接互联是主要的组装工艺。对于板级失效分析，一般可分为三个不同层次：电子元器件失效、焊点失效，以及印制电路板失效。

1. 电子元器件失效

随着高密、高速、小型化以及低成本的市场需求，自动驾驶、车联网以及物联网等对电子元器件的要求不断提高，半导体元器件不断挑战摩尔定律，器件工艺更精细、集成度更高，因此电子元器件发生失效的概率也更高，但失效定位与根源分析却成为一大难题。对于电子元器件的失效定位，常用到激光束电阻异常侦测（OBIRCH）、微光显微镜等技术。作为电子元器件级失效点截面或平面精密加工、扫描电子显微镜高分辨率分析和表征的常用设备，双束聚焦离子束电子显微镜在失效分析中具有重要作用。

2. 焊点失效

在焊接过程中，当焊料在一定的温度下成熔融状态，在助焊剂条件下与焊接面润湿，最后焊料与母材原子相互作用形成金属间化合物（IMC），最终形成了焊点。长期以来，电子产品的焊接主要使用以铅锡合金为主的有铅焊接工艺，但由于铅对环境和人体有一定的危害，因此随着法律法规以及环保政策的更新出台，国内外对铅材料及有铅制品做出了严格的限制，电子产品无铅化成为一种必然的发展趋势。与成熟的有铅工艺相比，无铅工艺作为一种相对较新的工艺，对焊料、焊接工艺、印制电路板、元器件、设备及焊点质量，都提出了更高的要求。例如，无铅焊接工艺温度窗口小，温度曲线难以调整，焊点上锡不好、焊点空洞难以消除，对焊点质量要求高。

3. 印制电路板失效

印制电路板是由不同的材料经过不同的工艺制造而成，半导体中的电气互联和装配必须搭载在线路板上。在板级焊点的无铅工艺中，焊料熔点较有铅工艺更高，因此无铅工艺对电子元器件和印制电路板的耐热性能要求高。在电子产品使用过程中，不同的温度、湿度、机械应力等都会对印制电路板造成不同的影响，若印制电路板不能承受相关的应力而失效，则会导致电子产品的电气互联和装配失效，最终导致整个产品的失效。印制电路板作为电子元器件的载体，其性能和稳定性对电子产品至关重要。

2.3.2 板级失效机理

失效分析贯穿于产品的生命周期，在产品的设计、生产和使用等各个阶段都有发生失效的风险。需要对产品的残次品或者失效品进行检测与分析，根据分析结果找到失效原因，并提出相对应的预防措施或者产品质量改进措施。失效机理是失效分析的基础，不同的失效模式有不同的失效机理，常见的失效机理有电迁移失效机理、热应力失效机理、机械应力失效机理、内应力（锡须）失效机理等。

1. 电迁移失效机理

半导体元器件一直在向着高密度、高集成度发展，半导体元器件间的引脚/焊盘间距和印制电路板内的孔间距越来越小，对半导体元器件引脚/焊盘和印制电路板内金属化孔的可靠性要求也越来越高，半导体元器件两引脚或印制电路板的两金属化孔间是否会产生电迁移，将成为影响产品可靠性的重要因素。

电迁移指的是金属离子在电场的作用下产生迁移的现象，发生电迁移的三要素包括离子迁移通道、潮湿环境以及电位差。在半导体元器件中，当产品处于潮湿且通电的条件下，在阳极上电离形成金属离子，并向阴极移动。

随着时间的增加，阴极会形成树枝状晶体，此时阳极和阴极间的电阻就会减少。当树枝状晶体将两种导体连接时，会造成两种导体短路，最后导致半导体元器件失效（图 2-25）。

阳极

$Cu \rightarrow Cu^{1+} + 1e^-$

$Pb \rightarrow Pb^{2+} + 2e^-$

$Sn \rightarrow Sn^{2+} + 2e^-$

$Sn \rightarrow Sn^{4+} + 2e^-$

$Cu \rightarrow Cu^{2+} + 2e^-$(铜在阳极发生溶解)

$H_2O \rightarrow H^+ + OH^-$(水分子在阴极发生还原形成$OH^-$)

阴极

$2H_2O + 2e^- \rightarrow 2OH^- + H_2$

$Pb^{2+} + 2e^- \rightarrow Pb$

$Sn^{2+} + 2e^- \rightarrow Sn$

$2H^+ + 2e^- \rightarrow H_2$

$Cu^{2+} + 2OH^- \rightarrow Cu(OH)_2$($Cu^{2+}$、$OH^-$分别从两极迁移，发生中的反应形成)

$Cu(OH)_2 \rightarrow CuO + H_2O$

$CuO + H_2O \rightarrow Cu(OH)_2 \rightarrow Cu^{2+} + 2OH^-$(铜在阴极沉积)

$Cu^{2+} + 2e^- \rightarrow Cu$

图 2-25　电化学迁移发生的反应

电子产品中的助焊剂残留或其他污染会给电迁移提供相应的生长环境，使得电化学迁移在半导体元器件或印制电路板表面形成，最终导致产品失效。

如图 2-26 所示的一个板级产品上的电容，此电容在高温高湿且带电的环境下使用一段时间后，电容两端电极产生了电迁移现象，电迁移产生树枝状导电晶体，将本该绝缘的两个端电极桥接在一起，产生了短路，进而使得产品发生了失效。

图 2-26　电容两端电极的电化学迁移

板级产品上的助焊剂或其他污染，不仅会导致同一器件上不同焊点的电化学迁移，还会导致不同元器件上的相邻焊点产生迁移现象（图 2－27）。

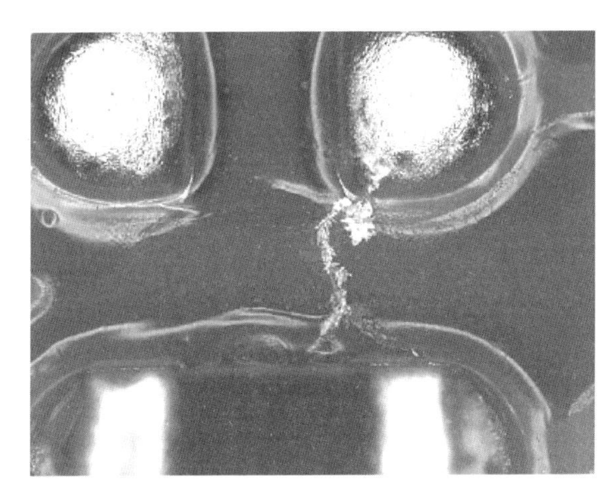

图 2－27　不同电子元器件间焊点的迁移现象

样品表面电迁移的检测方法可以采用 FIB－SEM 与光学显微镜原位测试技术（详细内容见章节 4.3.1）。

光电关联技术是一种将光学显微镜与扫描电子显微镜相结合的显微技术，不仅可以实现在大尺度的光学显微镜下观察样品，还可以实现从表面到内部、从二维到三维高分辨率的 FIB－SEM 观察。

当样品表面出现电迁移现象时，可以选择光电关联系统中的光学显微镜对样品表面进行大范围的观察，放大倍率在 100 倍以内（环形光源），对样品表面的焊点位置逐一地进行观察，当检测到样品电迁移焊点位置时，增大光学显微镜的放大倍率（500 倍以上，或者根据样品实际情况进行倍率调整，直至能够清晰看到电迁移的形貌）。

光学显微镜下观察到电迁移的焊点位置后，通过 FIB－SEM 精确定位，并调节好扫描电子显微镜的焦距、放大倍率、束电流等参数，对电迁移位置进行高分辨率的观察，判断电迁移的生长趋势与形貌，对电迁移进行分析（图 2－28）。

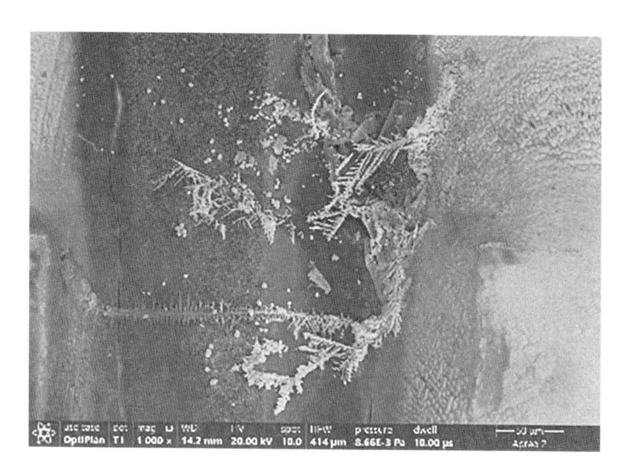

图 2－28　电子显微镜下的元器件间焊点迁移现象

除了样品表面的焊点会发生电迁移现象，在样品的印制电路板内部通孔间也会发生迁移现象。20 世纪 70 年代，贝尔实验室发现了一种新的失效机理，表现为导体间绝缘电阻突然下降，该失效模式表现为阳极向阴极的含铜丝状物生长，此含铜丝状物被称为导电阳极丝（CAF）。

导电阳极丝是印制电路板内部铜离子沿着玻纤丝间的微裂通道，从阳极（高电压）向阴极（低电压）迁移过程中发生的铜与铜盐的漏电行为（图 2－29）。在印制电路板中，集成度越高，两通孔间的间距就越小，发生导电阳极丝的风险就越大。当产品产生导电阳极丝时，两通孔间的绝缘电阻降低或漏电流增加，最终导致产品失效。产生导电阳极丝的三要素包括离子迁移通道、潮湿环境和电位差。

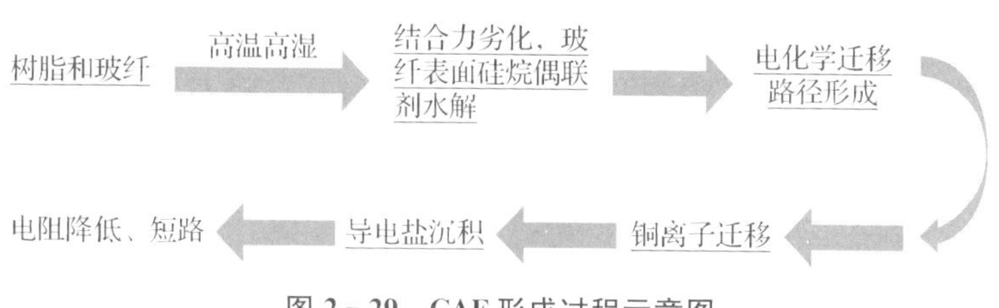

图 2－29　CAF 形成过程示意图

在半导体领域中，针对印制电路板内部的通孔间的电气性能测试有表面绝缘电阻测试、导电阳极丝（耐电迁移）测试和电阻率测试等。CAF 测试可以根据《IPC－TM－650 测试方法 2.6.25 耐导电阳极丝（CAF）及其他内部电化学迁移（ECM）测试用户指南》（IPC－9691B CN）进行。

（1）将印制电路测试板设计成直孔或者交错孔的形式（图 2－30，详细设计要求可参考“IPC－9691B CN”章节 3.3），测试板的制作工艺与实际应用板子的工艺一致。

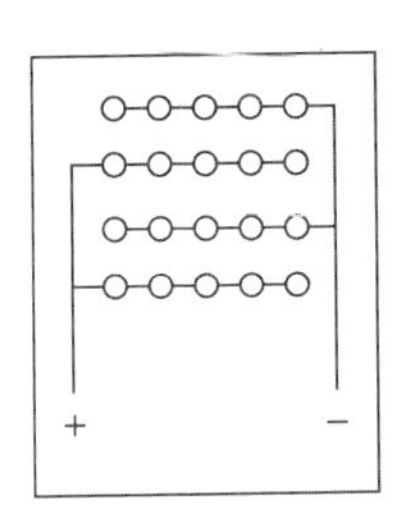

图 2－30　CAF 测试板示意图

（2）试验前，先将 CAF 测试板进行清洗，用导线靠近测试板一侧的通孔并用导线连接到每个测试电路中，接线后清洗接线并对板子进行局部冲洗。

（3）将测试板放置在温湿度箱子中烘烤，烘烤后对每个测试电路中的绝缘电阻进行测试，然后设置好温湿度箱子的参数，并对每个测试电路加一定的电压，在一定的时间间隔内（如 2 小时）监控测试电路的绝缘电阻（图 2－31）。

（4）当某一测试电路的绝缘电阻突然下降时，则可以判定次电路有可能产生导电阳极丝，针对此电路，可以对绝缘电阻异常位置进行导电阳极丝制样。

（5）由于导电阳极丝可能产生在印制电路板内部，可以选择 FIB－SEM 与光学显微镜原位测试技术对导电阳极丝进行制样。将 CAF 测试板放置在光学显微镜下，应用光学显微镜的大范围视野，找到绝缘电阻异常位置，并将样品转移到 FIB－SEM 下，精确定位异常位置，然后用聚焦离子束对样品异常位置进行切割，边切割边观察异常样品的情况，直至将导电阳极丝裸露出来（图 2－32）。

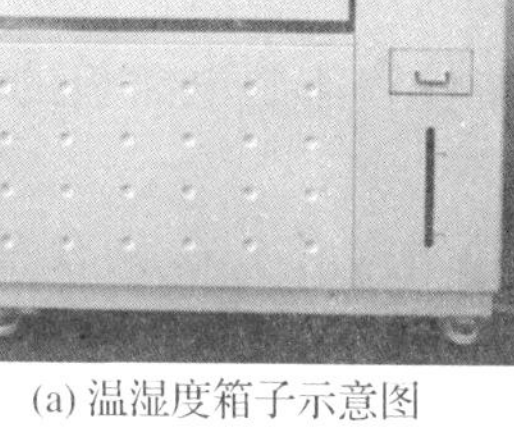

(a) 温湿度箱子示意图　　(b) 绝缘电阻测试系统

(c) CAF测试板放置在温湿度箱子中

图 2-31　CAF 测试

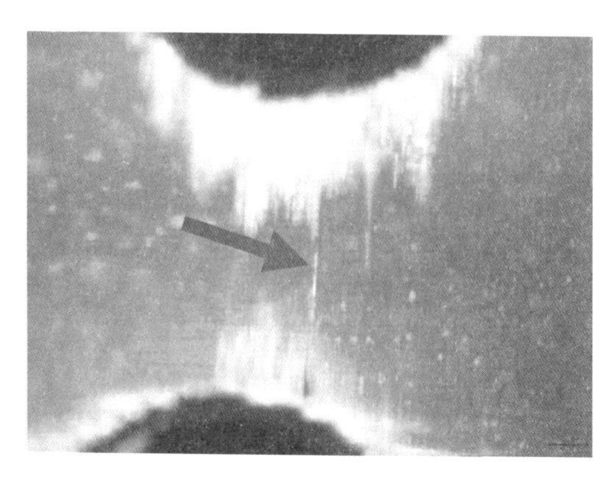

图 2-32　通孔内部的 CAF

2. 热应力失效机理

随着法律法规以及环保政策的更新出台，无铅焊接工艺成为半导体元器件焊接的主流工艺。焊料的无铅化将焊接工艺温度提高了将近 40 摄氏度，对焊料、焊接工艺及焊点的质量要求更高。同时，电子产品组装的复杂化使得产品在焊接过程中需要经过两次甚至多次热冲击，为保证电子产品组装和使用的可靠性，对半导体元器件和印制电路板的耐热性能有了更高的要求。

热应力又被称为温度应力，指在物体内部温度变化时，各部分的膨胀系数或收缩形变不一致，不能自由伸缩或彼此约束而产生的内部应力。

印制电路板是由基体材料、铜箔、化学铜层以及电镀层组成，材料在产品的焊接或者使用过程中，会处于温度变化的环境中，不同的材料会产生内部热应力。热应力试验能够反映印制电路板中的金属化孔或金属与基材之间的相互协调性。在温度类失效模式中，印制电路板基材受热，在 X/Y/Z 方向均会发生热膨胀，由于板材中玻璃纤维的牵制作用，在 X 方向和 Y 方向的膨胀很小，主要的膨胀发生在 Z 方向。印制电路板中的金属化孔或金属受热也会发生膨胀，但金属的膨胀系数远小于印制电路板基材，因此印制电路板中的金属化孔或金属受到张应力。张应力主要集中在孔角或孔壁凹陷处，在温度下降时受到收缩应力，在往复的温度循环中，应力集中部位易发生金属疲劳进而导致金属层断裂，使产品失效（图 2－33、图 2－34）。

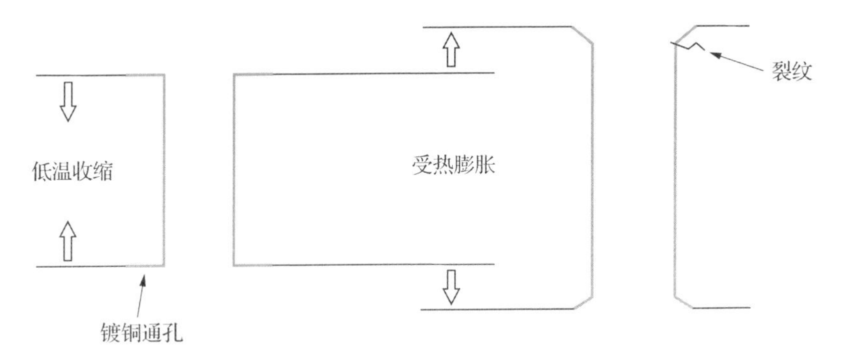

图 2－33　印制电路板受热应力示意图

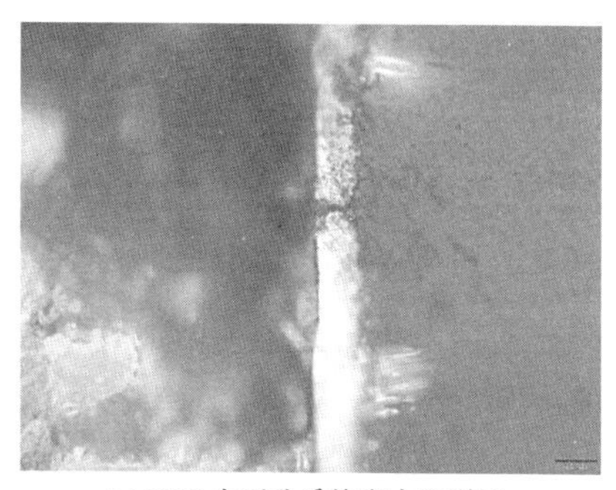

(a) PCB 内通孔受热应力断裂图

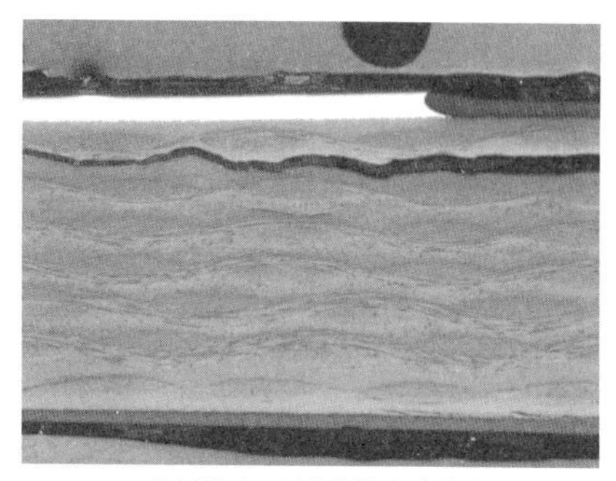
(b) PCB 内树脂和玻纤受热应力发生断裂图

图 2-34　印制电路板受热应力失效

3. 机械应力失效机理

产品在生产、运输与使用过程中，都会存在机械应力，当组件产品的焊点结合强度小于机械应力时，焊点就容易开裂导致组件失效。焊点结合强度取决于焊接面积、焊点润湿情况、内部微观结构以及焊点与焊盘、焊点与半导体元器件界面的金属间化合物，其中，焊接过程中产生的金属间化合物对焊点强度影响最大。

当两种金属相互接触时，接触界面间会发生原子迁移，从而产生一层类似合金的化合物，在焊接领域中将这层化合物叫作金属间化合物（IMC）。金属间化合物与焊料合金、印制电路板基底金属类型、焊接的温度与时间，以及焊料的流动状态有关。

金属间化合物对焊接界面的可靠性有重要影响，一方面，金属间化合物能够提高界面的结合强度和耐腐蚀性；另一方面，金属间化合物也会增加界面的脆性并导致应力集中，且随着时间、温度、压力等因素的变化而生长、转变或开裂。因此，在设计和制作无铅锡基焊接体系时，需要考虑金属间化合物的生成、分布、形态、厚度、组成等特征，并采取适当的措施控制其数量和质量。在组件产品的焊点中，金属间化合物是整个焊锡中最脆弱的地方，当组件产品受到机械应力作用时（如生产、运输过程中的机械应力，印制电路板在焊接过程中受到热应力后产生的形变或载板变形应力等），焊点最脆弱的地方承受不住相应的机械应力产生开裂，最后导致组件失效。

在半导体领域中，对焊点键合强度评估的方法有键合推力试验、键合拉力试验，以及观察和分析金属间化合物的生长形貌、厚度、分布等。

(1) 键合推拉力试验

焊点的推拉力试验，主要是为了测试焊点的结合强度，当焊点的键合强度力值大于规定的最小力值时，说明焊点的结合强度满足要求，焊点质量相对较好。具体的试验操作为：先将样品放置在剪切力拉力测试仪或万能材料试验机的载物台上，打开剪切力拉力测试仪的电源与测试软件，选择合适的测试探头。用夹具固定住样品，设置好试验参数（包括测试速度、测试刀头、测试钩子的位置等），开始测试，测试结束后记录测试力值（图 2 - 35、图 2 - 36）。

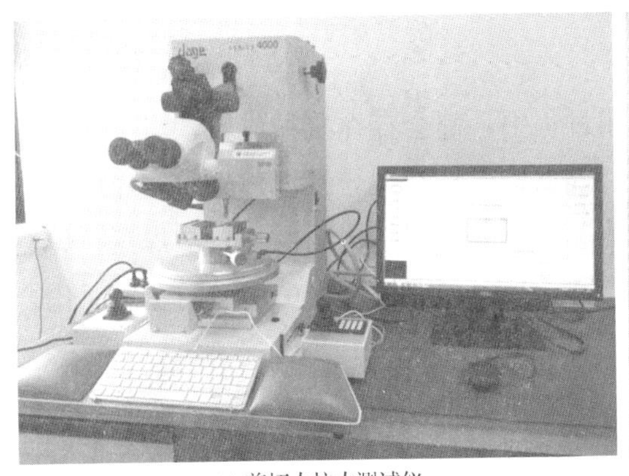

(a) 剪切力拉力测试仪

(b) 万能材料试验机

图 2 - 35　键合推拉力设备

(a) 推力试验

(b) 拉力试验

图 2 - 36　键合推拉力试验

(2) 金属间化合物观察与分析

金属间化合物的分布、形态、厚度以及组成对焊点质量的影响比较大，因此对金属间化合物的观察与研究可以分析焊点可靠性情况，进而判断电子产品的可靠性。金属间化合物通常生长在两个金属界面间，通常从正面观察金属间化合物的分布和形貌，从截面观察金属间化合物的厚度和组成成分。

对于键合线类型的芯片，金属间化合物正面形貌制样通常先将芯片的塑封料（用来塑封包裹晶圆的材料）用激光开封机进行减薄，激光减薄到键合线露出来之后（激光减薄不能直接减薄到晶圆表面，以免激光能量损坏晶圆），用化学药水将剩余的塑封料进行腐蚀，将芯片的键合线裸露出来。对于铜键合线的芯片，通常用化学试剂腐蚀铜键合线（金属间化合物的防腐蚀性比铜的防腐蚀性能更好），将金属间化合物裸露出来后用光学显微镜进行观察（图 2 - 37a）。对于金键合线的芯片，通常用化学试剂腐蚀后，用挑线的方法，将金球朝上（金属间化合物跟随着金球），用扫描电子显微镜观察金属间化合物的形貌（图 2 - 37b）。

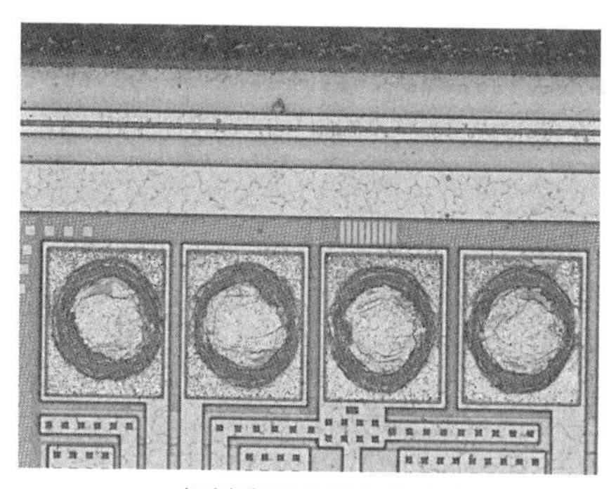
(a) 铜键合线金属间化合物

(b) 金键合线金属间化合物

图 2 - 37 芯片键合线金属间化合物

金属间化合物截面形貌制样通常采用手动研磨切片的方法和聚焦离子束截面切割的方法。对于电子元器件与印制电路板焊盘间的金属间化合物，一般采用手动研磨切片方法制样。当金属间化合物裸露出来后，使用光学显微镜或扫描电子显微镜进行观察。

对于芯片键合线与晶圆焊盘的金属间化合物，一般采用手动研磨切片法或双束聚焦离子束截面切割法进行制样。采用双束聚焦离子束截面切割法制样时，先定位到键合线与晶圆焊盘接触位置，然后开始离子束截面切割，待切割到指定位置后，对金属间化合物进行观察（图 2－38）。

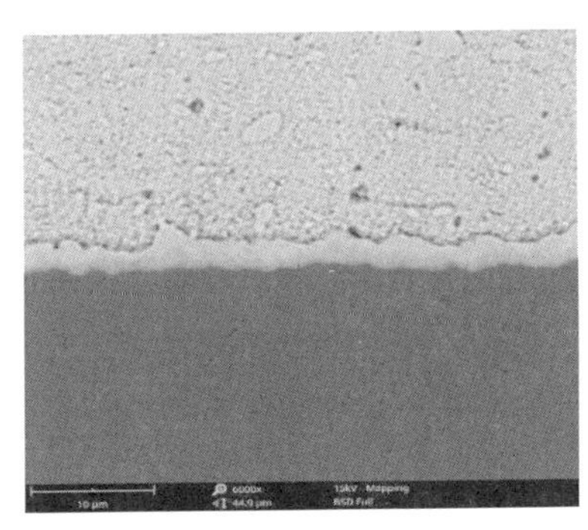

(a) 电子元器件与印制电路板焊盘金属间化合物

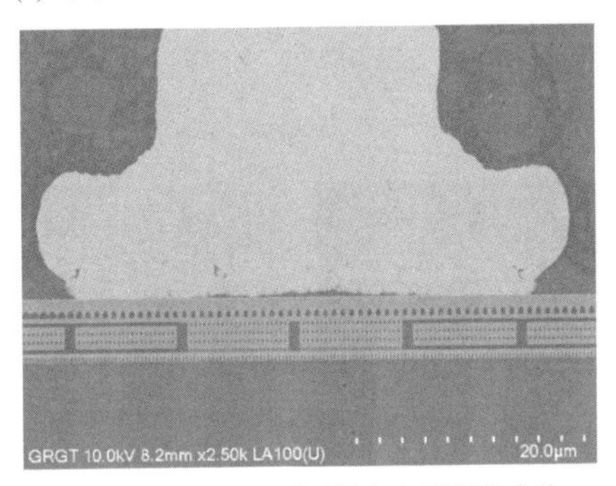

(b) 芯片键合线与晶圆焊盘金属间化合物

图 2－38　电子元器件、芯片键合线与焊盘金属间化合物

4. 内应力（锡须）失效机理

在许多金属上有一种从固体表面自然生长出来的头发丝状晶体，即晶须，也被称为固有晶须。晶须在很多金属上都会生长，最常见的是在锡、镉、锌、锑、铟等金属上生长，一般来说，晶须容易出现在软且延展性好的材料上，特别是熔点比较低的金属。电子组件产品焊接的原料主要是锡，锡的晶须简称锡须，是从纯锡或者锡合金镀层表面自然生长出来的头发丝状单晶体结构导电结晶。晶须直径 0.3—10 μm，长 1—1000 μm。锡须有不同的形状，如针状、小丘状、柱状等。

焊锡的内应力来源于印制电路板基材金属扩散至锡而引起的内应力、锡氧化而产生的内应力，以及电镀后镀层的残余应力等，锡层为了释放这些内应力，促使锡的晶格重组或锡晶粒生长，从而产生锡须。内部应力、外部机械应力、晶格结构、镀层类型和厚度、印制电路板基材、工艺处理、环境温湿度等，都会影响锡须的生长。

锡须的生长速率每年几十到几百微米不等，在一定条件下，生长速率可加速几十甚至上百倍。在现实应用中，环境更加复杂，锡须生长的加速机制未完全确定。随着半导体元器件小型化、组件产品高密度化，焊点或半导体元器件间的引脚间距越来越小，当两个间距很小的焊点或引脚间产生锡须时，锡须作为一种导电的金属，会给产品带来电性损伤，最终导致产品失效。

对于产品晶须的检测与验证，通常包括晶须培养和晶须观察两个方面。

（1）晶须培养

通常根据晶须的产生机理，让检测产品处于不同的温度和湿度中，加速晶须的生长。在电子行业中，电子装置工程理事会（JEDEC）制定了晶须生长条件与晶须观察与测量标准，根据《锡和锡合金表面磨光的锡晶须磁化率环境验收要求》（JEDEC JESD201A - 2008），晶须培养需满足恒温恒湿条件、温度和湿度循环条件，以及温度冲击条件。样品在不同的环境条件下保存一定时间后取出，做晶须观察与分析。

（2）晶须的观察与测量

对于晶须的观察与测量，通常选择 FIB - SEM 与光学显微镜原位测试技术先对产品表面进行宏观观察，找到晶须生长的位置后采用 FIB - SEM 对晶须的形貌和长度进行测量，晶须的测量方法可以参考《测量锡和锡合金表面光洁度上晶须生长的试验方法》（JEDEC JESD22 - A121A - 2008）。对于晶须的晶粒或晶格结构，可以采用 DB - FIB 对晶须进行制样，然后利用透射电子显微镜进行分析与观察（图 2 - 39）。

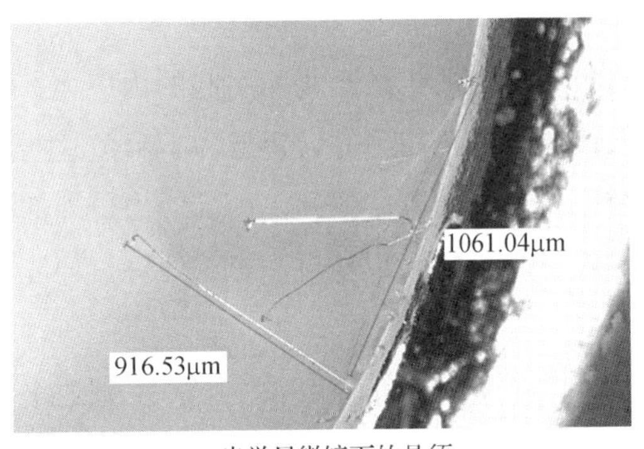

(a) 光学显微镜下的晶须

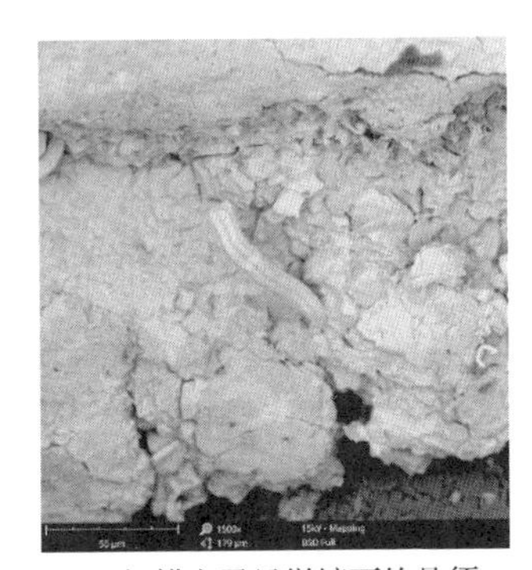

(b) 扫描电子显微镜下的晶须

图 2-39　晶须

2.3.3　板级失效分析方法

板级组件产品的失效模式和失效机理各式各样，失效分析是一门综合性的分析技术，涉及了无损检测技术、样品制样技术、电性分析技术以及电路修改技术等。

1. 无损检测技术

无损检测技术是一种不会损坏样品的分析技术，无损检测之后，样品能够保持完整性。失效分析常用的无损检测技术包括光学显微镜、超声波显微镜，以及 X 射线透射技术和 CT 扫描技术等。

（1）光学显微镜观察

光学显微镜主要应用光学原理将微小物体放大成像，在失效分析中可用光学显微镜检查样品整体或局部外观、半导体元器件的结构，以及密封、镀涂或玻璃填料工艺中的各种缺陷，确认电子组装产品的外观可接受性或筛查各种外观异常点（图 2-40）。

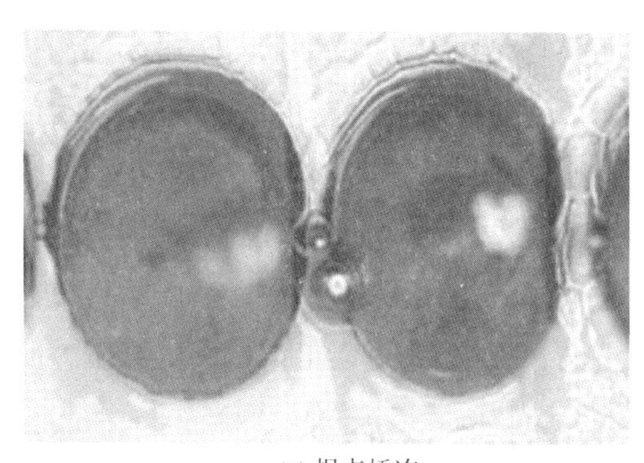

(a) 焊点桥连

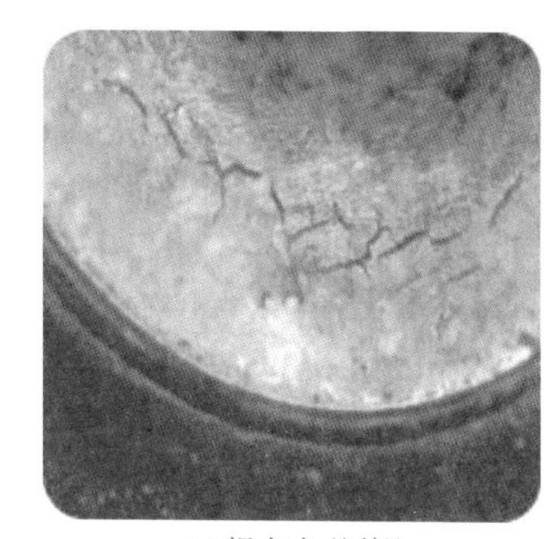

(b) 焊点宏观裂纹

图 2－40　光学显微镜观察

（2）超声波显微镜

当超声波在纯水中传递时，在经过不同阻抗、不同材料时会发生折射、反射或透射等现象，超声波的波形相位、能量都会发生变化，超声波显微镜利用这种脉冲回波性质，经过一系列数据采集后最终形成灰度值图片（图 2－41）。超声波显微镜通常用于检测半导体电子元器件、材料及印制电路板内部的各种缺陷（如裂纹、分层、夹杂物、附着物及空洞等），以及半导体器件芯片粘接材料中未粘附区域和空洞。

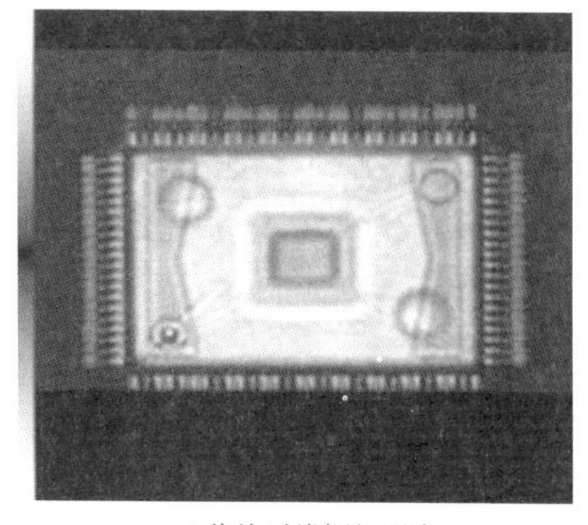

(a) 芯片引线框架观察

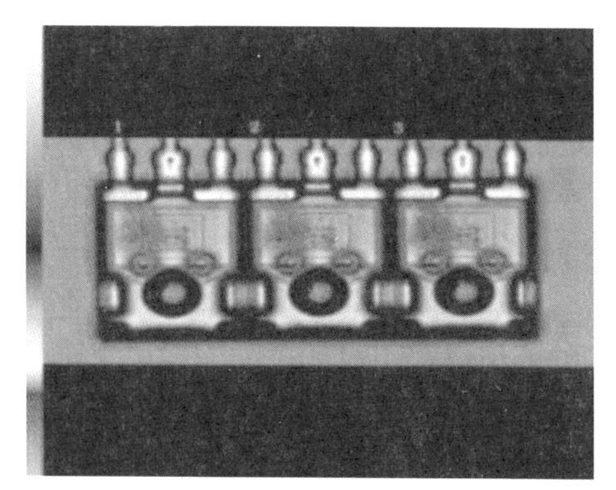

(b) 芯片基板观察

图 2－41　超声波显微镜观察

(3) X 射线透射技术和 CT 扫描技术

X 射线是一种高能电磁波，它能够穿透物质，并通过其在物质内部的衰减程度来形成影像。当 X 射线穿透某个物质时，不同密度的材料对 X 射线的吸收情况不同，经过处理后形成黑白衬度不同的影像（图 2－42）。密度比较低的物质吸收较少的 X 射线，成像颜色比较浅，密度比较高的物质吸收比较多的 X 射线，成像颜色比较深。在半导体领域，通过 X 射线技术可以检测半导体元器件/焊点内部的缺陷（空洞、裂纹）、封装工艺引起的缺陷（多余物、错误的内引线连接）、焊球器件开路缺陷、电镀孔填充率等。

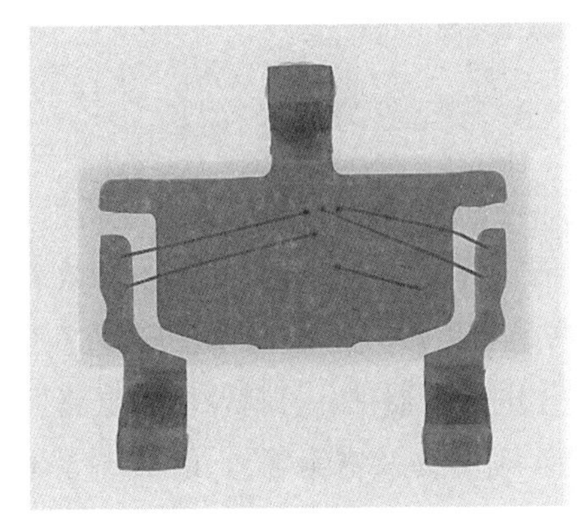
(a) 芯片内部结构观察

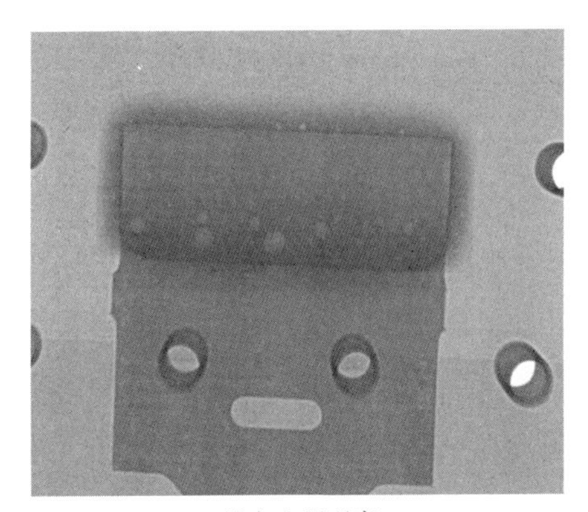
(b) 焊点空洞观察

图 2－42　X 射线观察

CT 扫描技术，即计算机断层扫描技术，它由 X 射线检查技术和计算机结合而成，当 X 射线穿透物质时，部分光子被吸收，X 射线强度因而减弱，未被吸收的 X 射线光子穿透物质后，被检测器接收，经过一系列的数据处理，传入计算机进行处理和运算，最后重建成图像（图 2－43）。采用 CT 扫描计算可以在不破坏产品的情况下重建产品的图像，易于识别微观的情况或异常，如 BGA（球状引脚栅格阵列封装技术）封装半导体元器件的空洞和裂纹、芯片内部的金线/铜线键合，也可以取代破坏性的微观切片，用来识别微细切片的位置。

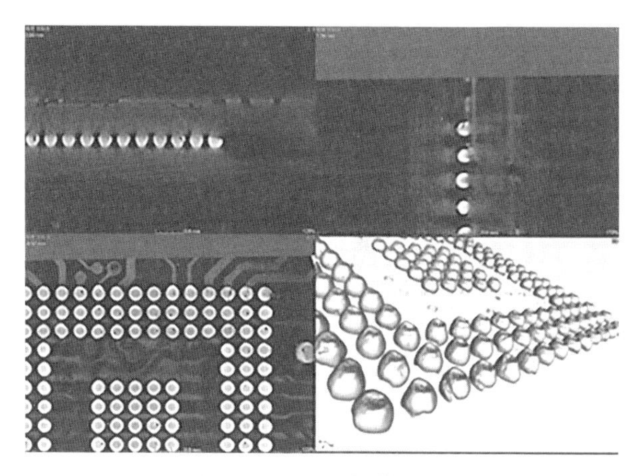

图 2-43　CT 扫描观察

2. 样品制样技术

当发现失效位置时，如果需要将失效位置的物理形貌展示出来，就必须对失效位置进行处理或制样，以将失效位置的物理现象裸露出来。不同的样品有不同的制样技术，半导体领域常见的制样技术有化学或物理开封、截面制样（手工切片研磨和双束聚焦离子束显微镜截面制样）、平面去层或研磨等。

（1）化学或物理开封

样品的开封指的是利用物理或者化学的方法将半导体器件内部的芯片、键合线及组件产品里被不同材料包裹的元器件或焊点完整无损地裸露出来，以便对样品进行分析。常用的开封方法有激光开封、化学开封以及机械开封，激光开封是利用激光能量刻蚀芯片或电子元器件的塑料外壳，去除被加工样品表面的封装材料；化学开封是利用酸性或碱性试剂对塑封材料进行分解，去除被加工样品表面的封装材料；机械开封是利用不同的工具，采用物理方法将产品外围包裹的材料去除。开封后的样品，可以观察到样品内部的结构、形貌、键合工艺、芯片晶圆切割工艺等（图 2-44）。

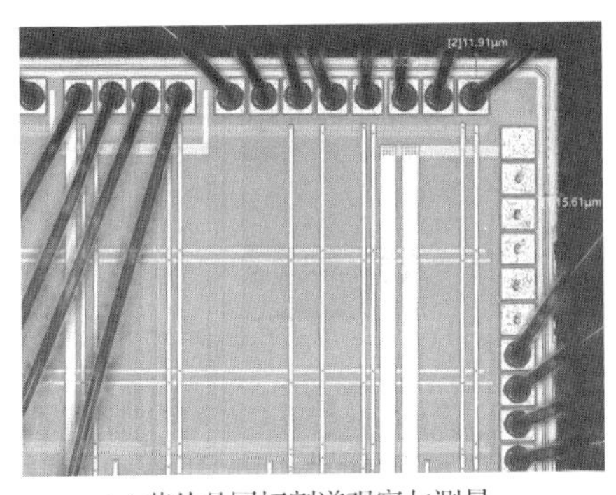

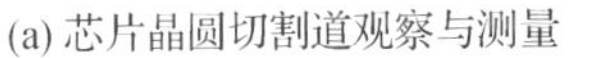
(a) 芯片晶圆切割道观察与测量

(b) 芯片内部打线观察

图 2-44　芯片内部观察

(2) 截面制样

① 手工切片研磨制样

制样镜检是通过物理方法、化学方法等制备样品，将样品所要观察部分裸露出来，再用显微镜进行检查（图 2-45）。常用的制样镜检的方法是手工切片（即手工截面研磨）和手工平面去层/研磨（图 2-46）。切片（cross-section 或 x-section）是一种观察样品截面组织结构情况的常用制样手段，用不同的材料（如环氧树脂、光固胶或 AB 胶等）将样品包裹固封，然后对样品进行研磨、抛光，直至将样品需要观察的部分裸露出来。切片分析流程包括取样、固封、研磨、抛光、微蚀等，最后提供形貌照片。采用切片方法，可以对样品进行结构分析，观察样品截面各个层，判断样品开裂分层大小，进行焊料垂直填充、焊点分离，以及热撕裂/缩孔等。

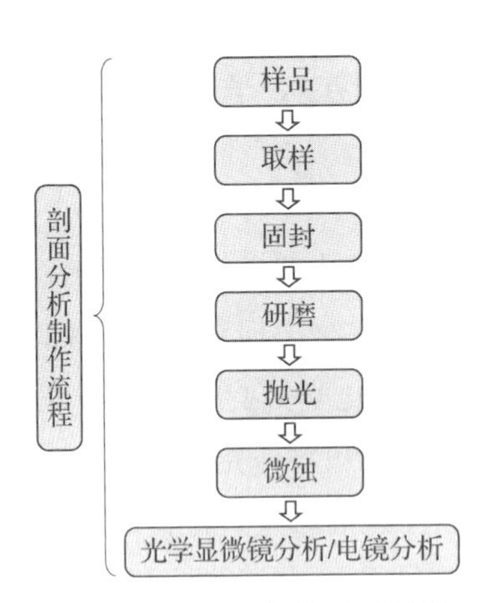

图 2-45　手工切片研磨制样流程示意图

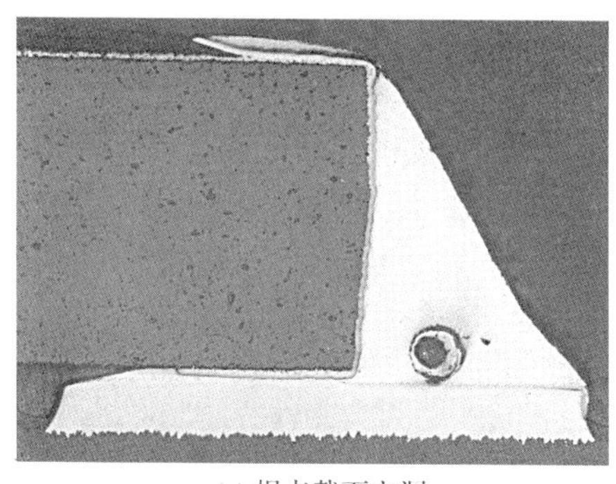

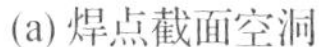

(a) 焊点截面空洞

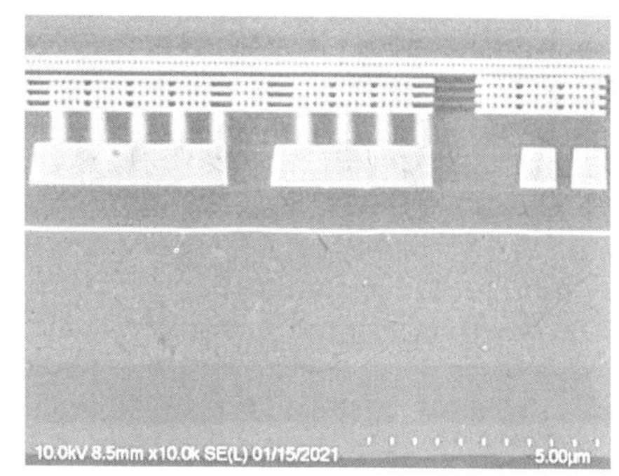

(b) 芯片截面电路层

图 2－46　手工切片研磨

② 双束聚焦离子束显微镜制样

双束聚焦离子束显微镜是由电子束和离子束构成的双束设备，其高能离子束入射到固体材料表面，通过荷能离子轰击样品表面原子，原子发生碰撞使表层原子溅射，从而对材料进行微加工。离子束用来实现微观的实时成像与观察。

(3) 平面去层或研磨

平面去层/研磨是一种观察印制电路板平面电路层或芯片平面电路层的制样方法，与前述手工切片研磨制样相比，精度大大提高。平面去层通常采用物理方法和化学方法相结合，其中，半导体芯片去层一般先经过离子刻蚀或轰击，然后手动研磨或利用化学试剂腐蚀，将芯片表面某一层物质去除（去层）。

半导体芯片去层后，可以看到芯片金属化层、介质层、玻璃钝化层、氧化层等的结构质量和缺陷。对于印制电路板平面电路层的制样，通常采取平面研磨的方法，先粗糙研磨再精细研磨，最后进行平面抛光处理，将印制电路板平面电路层或介质层裸露出来（图 2－47）。

离子刻蚀或轰击过程先将样品放置在真空腔体内，然后往腔体里通一定的气体（如氩气、氢气或者四氟化氢气体等），腔体内部的气体在电场作用下电离成等离子态或带电离子态，并在磁场下轰击芯片表面，与芯片表面的物质发生化学反应或与芯片表面的物质进行物理碰撞，以达到去除芯片表面物质的效果。

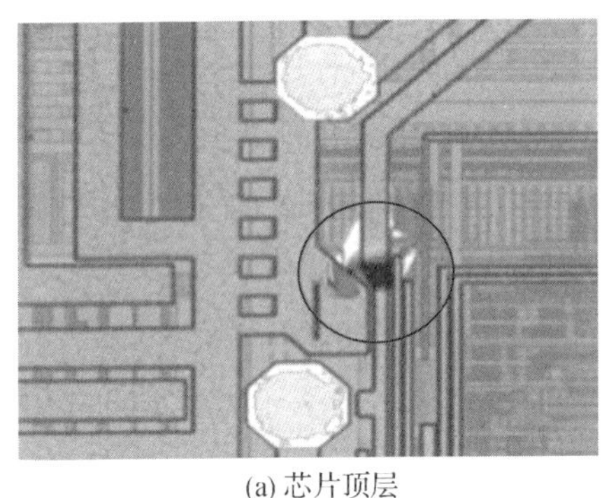

(a) 芯片顶层

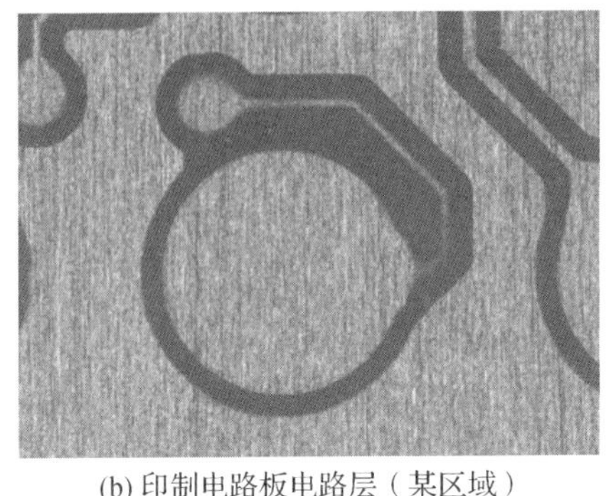

(b) 印制电路板电路层（某区域）

图 2-47　平面去层或研磨

3. 电性分析技术

半导体失效分析中的电性分析技术主要是对样品通一定的电流或电压，然后利用不同的源表、半导体参数测试仪或热红外相机进行分析。根据样品规格书对样品某个电路（ESD 保护线路或其他异常电路）通一定的电流或电压，利用半导体参数测试仪或相应的源表测量样品的 I/V 或 C/V 特性曲线，以确认样品后续分析的电性条件，或通过与合格品的特性曲线进行比对，初步判断该电路的电性情况，如是否短路、断路或漏电等（图 2-48）。

热红外相机主要是通过高灵敏度的探头侦测样品在通电条件下产生的热辐射分布，寻找出热辐射异常（即缺陷位置）。热红外相机一般用于侦测晶圆、封装级芯片或印制电路板的失效情况。

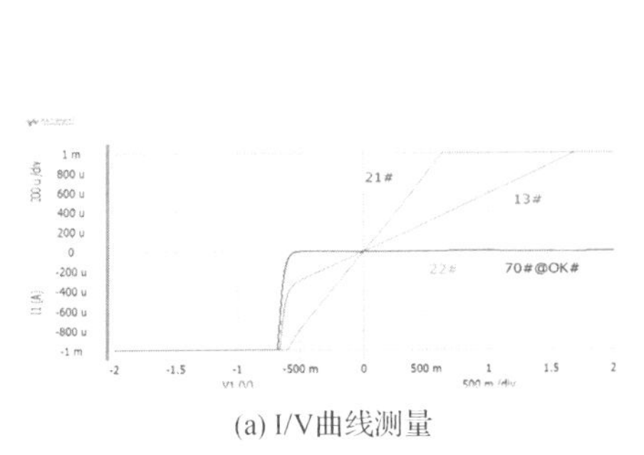

(a) I/V曲线测量

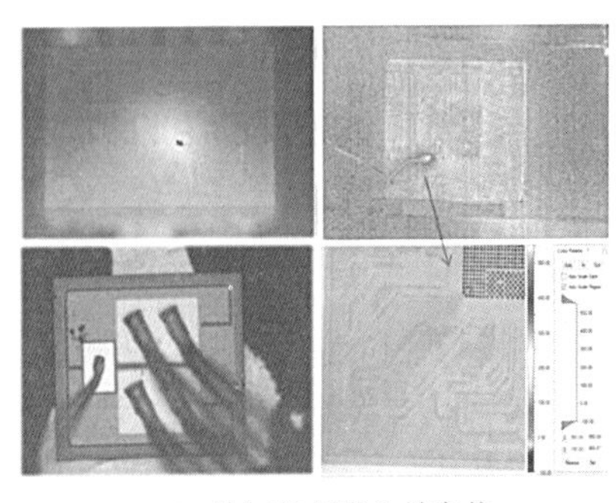

(b) 热红外相机失效定位

图 2-48　电性分析结果

电子元器件是装备的关键原材料，从国之重器到家用电子产品，从新能源到信息通信设备等领域，都有着重要的应用。随着国际半导体市场的竞争与外国对我国半导体的封锁等，电子元器件应用面临着质量问题和适应性问题，如元器件选型、国产化带来的适应性和兼容性问题，同时本土芯片的设计和制造面临国外芯片方案的制裁，举步艰难。

当电子元器件/组件出现失效时，找出失效原因并提出改进措施或方向，对我国半导体产业发展意义重大。应用无损检测技术、电性分析技术、样品制样技术以及电路修改技术等对电子元器件/组件进行失效分析，找出电子元器件/组件的失效机理，从而得到产品的失效根因，从产品的设计、制造、存储、运输、应用等方面对电子元器件/组件提出相关改进措施或方向，从而提高电子元器件/组件的使用可靠性。

失效分析是一个综合又复杂的过程，涉及的分析技术和失效机理各式各样，典型的失效分析流程如图 2－49 所示。

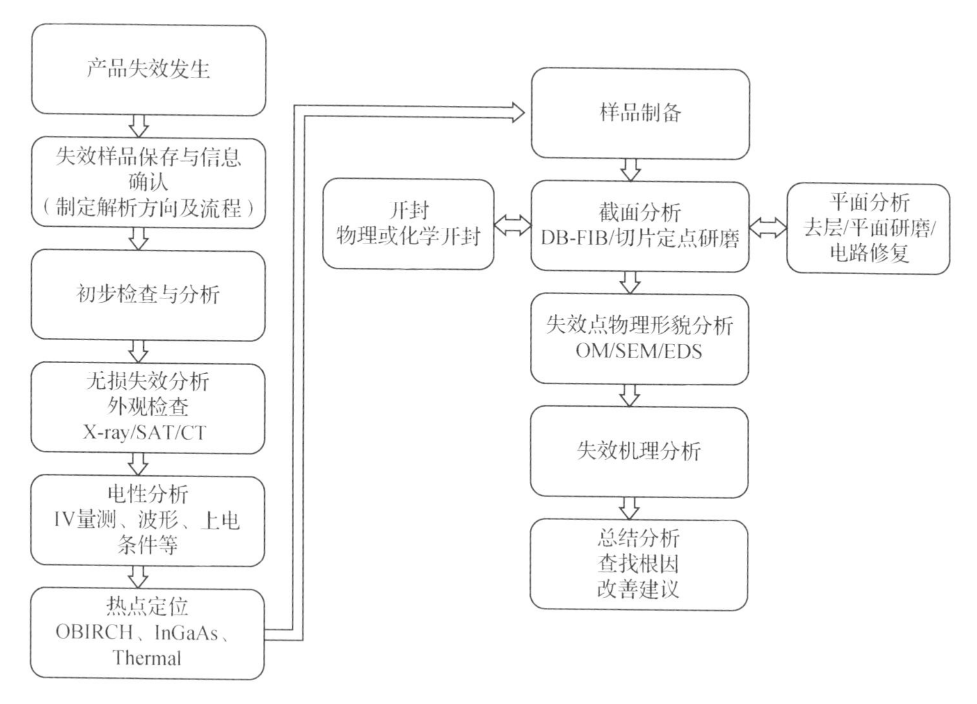

图 2－49　典型失效分析流程图

当产品出现失效现象时，首先要保存失效样品，收集与失效样品相关的信息，然后对样品进行初步检查与分析，推测可能发生失效的方向，制定解析方向和分析流程。

采用无损分析技术对样品进行非破坏性分析，如用光学显微镜对样品的外观进行观察，检查样品的整体或局部的器件结构、划痕、异物、宏观裂纹、腐蚀等情况。对于产品内部的情况，则可采用X射线透射技术或CT扫描技术对样品的内部结构、样品的焊点进行观察，观察样品内部是否有空洞、裂纹，电子元器件封装工艺是否有多余物或错误的内引线连接，焊球器件是否存在开路缺陷等。通过超声波显微镜可以判断不用材料界面之间是否存在空洞或缝隙。

对产品进行电性分析，在确认产品的上电条件（电流或电压）后，采用不同的源表或半导体参数测试仪，对产品的I/V特性曲线或其他异常电路进行测量，初步判断产品电性失效情况，然后用热点定位设备（如热红外相机等）找到失效位置。

根据失效位置和失效现象选择合适的方法进行样品制备，以便于将样品失效位置的物理形貌展现出来。当需要对样品的芯片内部进行观察时，可以采用物理或化学开封的方法，去除样品外部的封装材料，将样品内部结构和形貌裸露出来，进而对样品进行内部观察与分析。当需要对样品的截面进行分析与观察时，可以采用切片研磨或双束聚焦离子束显微镜将样品失效位置的截面呈现出来，然后对样品截面进行观察与分析。当需要对样品的某个平面或者某个电路层进行分析时，可以采用平面研磨或去层的方法，将样品的某一个平面或电路层裸露出来进行分析。

采用光学显微镜、扫描电子显微镜等设备对制备好的样品进行物理形貌分析，根据物理形貌和失效模式找到样品的失效机理，并根据失效背景信息分析出样品失效原因，最后根据失效原因提出相对应的改善建议。

2.3.4　板级失效分析案例

案例一　印制电路板分层爆板案例

1. 失效信息

样品为印制电路板，双面板厚度 1.6 mm，铜厚 3 oz。此板先贴了元器件过回流焊，再插件过波峰焊（260℃），然后发现起泡，不良比例占 1%。起泡位置有两处，均在波峰焊焊接面。失效模式是波峰焊后印制电路板上出现白色斑点。

2. 分析过程

对样品外观进行检查，发现起泡位置为板的波峰焊焊接面，起泡位置有两处，起泡位置的具体形貌如图 2－50 所示。对样品的两处起泡位置进行切片分析，使用金相显微镜对切片进行观察，明显可见起泡位置的裂纹在基材内部靠近波峰焊焊接面处，沿着树脂和玻纤的交界面裂开，一处起泡失效处有铜箔覆盖（1＃，图 2－51a），一处起泡失效处无铜箔覆盖（2＃，图 2－51b）。

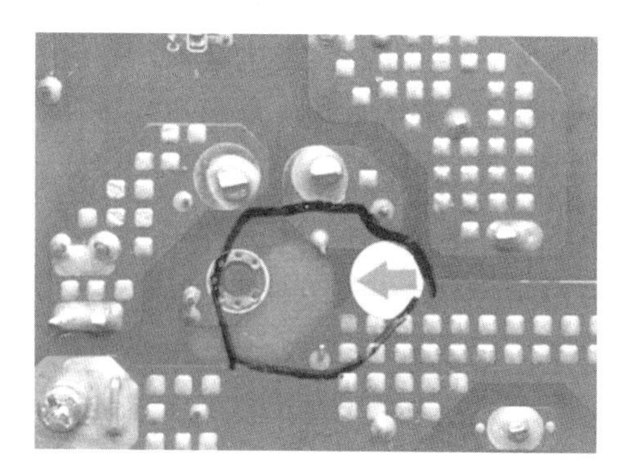

图 2－50　样品外观检查图

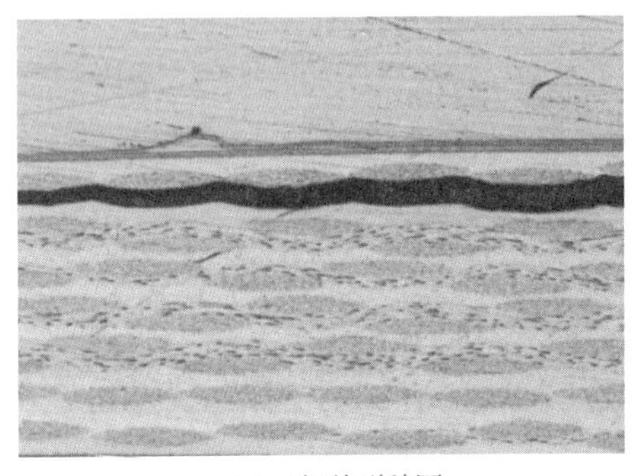
(a) 1#切片形貌图

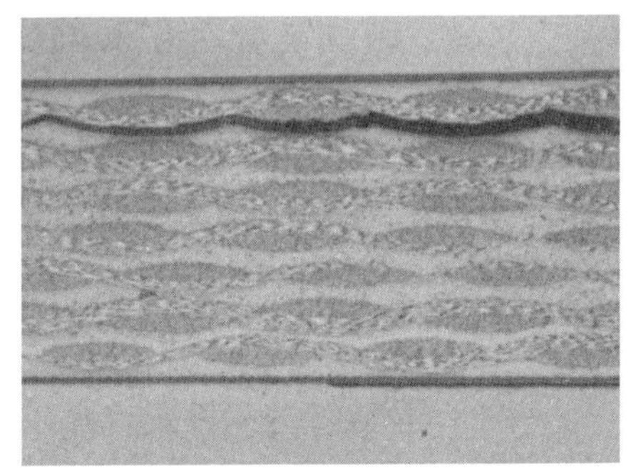
(b) 2#切片形貌图

图 2－51　样品切片分析图（一）

按照《刚性印制电路板的鉴定及性能规范》（IPC－6012C－2010）中“3.6.1 热应力测试，测试方法”对印制电路板进行热应力测试试验，模拟复现样品爆板的失效现象。

（1）对样品上未起泡的位置取样，将试样整体浸入 288℃锡炉中 10 秒后取出，冷却至室温对其进行切片检验，在与样品起泡失效位置的焊接面出现两处相同的爆板现象，裂纹在基材内部沿着树脂和玻纤的交界面裂开（3＃，图 2－52a）。

（2）对样品上未起泡的位置取样，将试样整体浸入 260℃锡炉中 10 秒后取出，冷却至室温对其进行切片检验，在与样品起泡失效位置的焊接面出现一处相同的爆板现象，裂纹在基材内部沿着树脂和玻纤的交界面裂开（4＃，图 2－52b）。

（3）对样品上未起泡的位置取样，将试样在 125℃的条件下烘烤 24 小时后，将其整体浸入 288℃锡炉中 10 秒后取出，冷却至室温对其可疑起泡位置进行切片检验，未发现起泡异常（5＃，图 2－52c）。

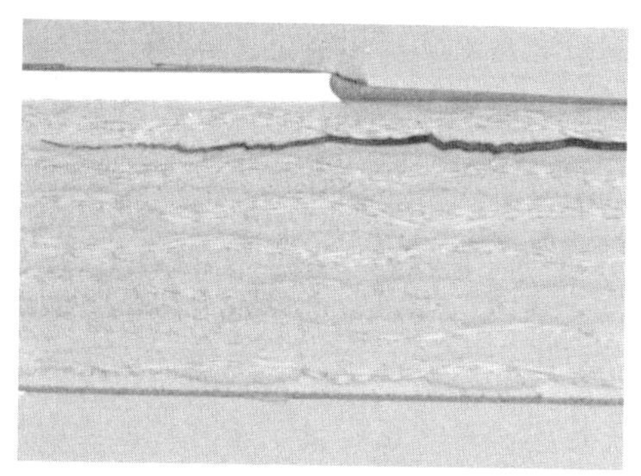
(a) 3#切片形貌图

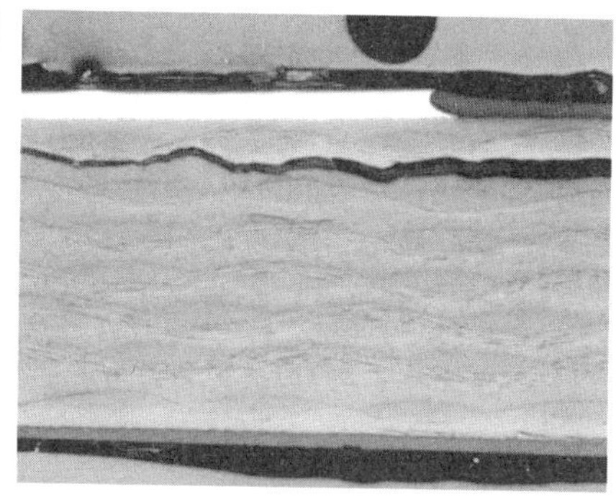
(b) 4#切片形貌图

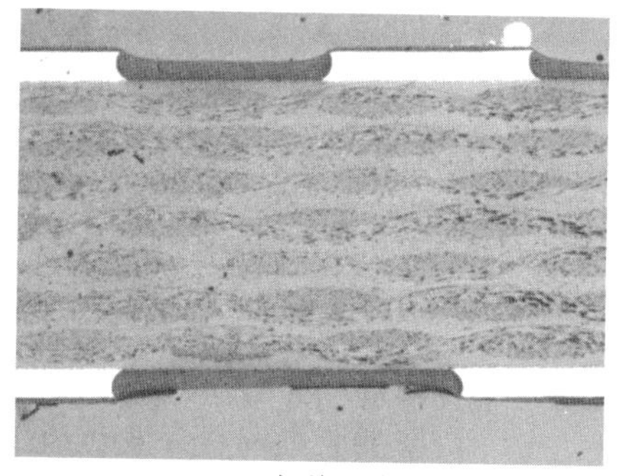
(c) 5#切片形貌图

图 2－52　样品切片分析图（二）

3. 失效机理分析

根据切片分析，可见起泡非杂质引起，起泡为基材内部裂纹沿着树脂和玻纤的交界面裂开引起，并且裂纹发生在靠近波峰焊焊接面处。通过烘烤前后的热应力测试及切片分析，可以推测样品起泡是由板内受潮引起。在印制电路板的树脂分子、内部的空隙缺陷以及微裂纹缺陷中会聚集一定的水分，当进行无铅焊接时温度升高，印制电路板内部的水分获得足够的能量在树脂内做扩散运动，并在空隙或微裂纹处聚集；树脂和玻璃纤维界面处亦容易藏水，随着焊接温度升高，水饱和蒸气压也同时升高。当焊接温度升到 260℃，且基材内部的粘合力小于水汽产生的饱和气压时，即发生爆板现象。

印制电路板受潮引起的爆板（起泡）现象主要是由于板材内部的水分子

在印制电路板制程中，受热蒸发形成的蒸气压大于板材内部结合力。板材中的蒸汽压力主要受焊接温度和板材吸水程度影响，焊接的温度越高，板材的含水量越高，板材在受热过程中的蒸汽压力就越大。另，当部分板材存在较大的铜箔时，由于大的铜箔阻挡了受热蒸发的水蒸气向外逸出，使得板材中的水汽压力增加，这也会增加板材的爆板概率。

综上所述，样品起泡失效的原因为受潮问题，印制电路板内部靠近波峰焊焊接面的水汽含量偏高，在回流焊、波峰焊的过程中，水汽在焊接升温时于树脂和玻纤的交界面处聚集，水蒸气的饱和蒸气压超过了基材内部树脂和玻纤的结合力，引起印制电路板起泡爆板。

4. 改善措施

板材的吸水程度主要受环境、存储时间、基板材质（玻璃纤维、填充树脂、固化剂等）、印制电路板厚度等影响，其主要的影响因素是材料固化体系和水分子作用。板材的玻纤树脂间，存在水分子物理吸附和化学吸附，使得树脂分子间的结交联减弱，从而导致印制电路板的结合力下降。为了改善印制电路板起泡爆板的失效情况，可以严格控制基材的存储条件（温度），保持基材的原有性能。另外，印制电路板的存放时间不宜过长，且需严格控制印制电路板成品的存放条件。上线前的烘烤时长可以适当加长，以保证水汽的充分清除，还可以在印制电路板出厂前按照标准进行热应力测试，减少不良品出厂，改善印制电路板的质量。

案例二　电迁移案例

1. 失效信息

样品为水泵控制器，样品上面有 7 个 MOS 管，其中有 4 个 MOS 管印制电路板下面嵌入了直径为 3 mm 的铜柱。样品在高温环境下进行通电带载试验，经过 168 小时的试验后，发现其中一个 MOS 管的栅极和源极有短路现象。

2. 分析过程

对样品进行外观检查，未发现样品表面有明显的异常情况。因为失效 MOS 管为 SMT 表面贴装器件，因此选择采用 X 射线透视仪对样品内部和焊点进行观察。经过X射线透视后发现，样品上的7个MOS管中有2个（位置2和位置5）的某两引脚间、1个MOS管（位置3）的正下方印制电路板内部有疑似电迁移现象（图2-53）。

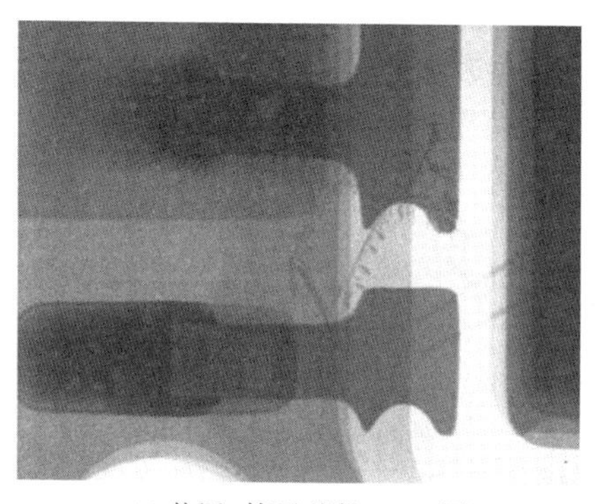

(a) 位置2某两引脚X-Ray图

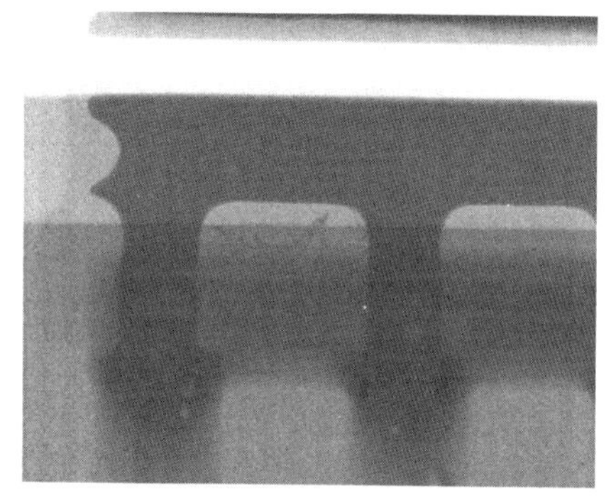

(b) 位置5某两引脚X-Ray图

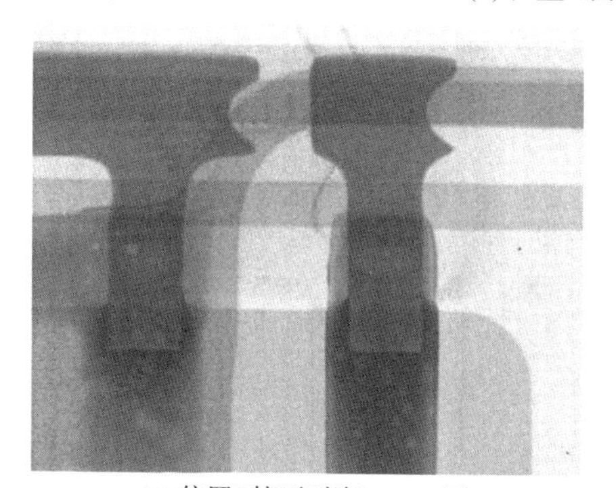

(c) 位置3某两引脚X-Ray图

图2-53 样品分析图（一）

进一步将位置2和位置5MOS管“疑似电迁移”部分进行切片形貌分析和元素分析后发现，MOS管焊接倾斜，有疑似助焊剂或可焊性涂层材料残留，疑似迁移物质为锡（图2-54）。

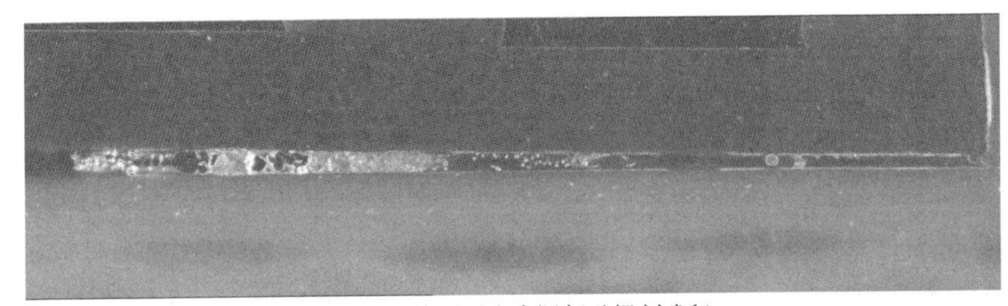

(a) MOS管两引脚有疑似助焊剂残留

(b) MOS管两引脚间有迁移物

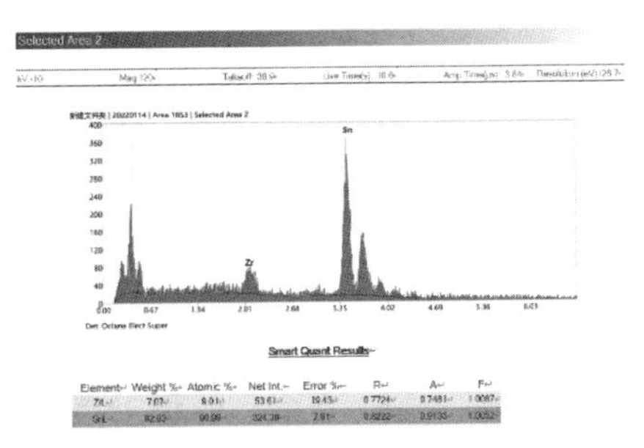

(c) MOS管两引脚间迁移物元素为锡

图 2-54　样品分析图（二）

3. 失效机理分析

样品处于温度、湿度和电势差的环境下，且 MOS 管引脚间有助焊剂或可焊性涂层材料残留，助焊剂一般为带有腐蚀性成分的活性材料，在潮湿带电的环境下，助焊剂中的酸性物质或卤素离子容易腐蚀焊点或焊盘与元器件的引脚上的金属涂层，由此增加焊点腐蚀与迁移的风险，加大短路风险。如果线路板与元器件的可焊性涂层中有含银以及高锡材料，这些材料腐蚀后产生的阳离子也容易发生迁移。

4. 改善措施

MOS管焊接倾斜，有可能导致元器件底面与板面/盘之间的距离不够，最后导致焊料的填充厚度不足、浸润不足，建议改善焊接工艺。针对助焊剂残留导致电迁移，建议调整助焊剂的化学配方，尽量使用在常温下没有活性或腐蚀性但在焊接工艺过程中有活性的活性剂，适当增加树脂的比例，使得助焊剂在焊接后的残留物最少且没有活性。选用助焊剂或焊锡膏时应按照有关标准进行电迁移评估。线路设计时，考虑焊点与电场的分布，减少易积累残留物的焊点分布及相邻焊点之间产生电场的电位差。

参考文献

[1] 韩伟，肖思群. 聚焦离子束（FIB）及其应用［J］. 中国材料进展，2013，32（12）：716－727＋751.

[2] 卢苇萍，余双平. 现代材料分析方法在汽车材料失效分析中的应用［J］. 质量与认证，2021（S1）：277－282.

[3] 翟青霞，姜雪飞，李学明，等. 解析 CAF 失效机理及分析方法［J］. 印制电路信息，2013（5）：21－24.

[4] 陈滔，周国云，李玖娟，等. 航天器高电压、大电流柔性线路传输模型建立及分析［J］. 集成技术，2021，10（1）：74－83.

[5] 刁敬伟. 用于高密度互连的印制电路板的埋铜块技术研究［D］. 成都：电子科技大学，2021.

[6] 王泽坤. 海洋电子元器件晶须机理及缓解策略［J］. 船舶工程，2021，43（8）：102－113.

[7] 顾永莲，杨邦朝. 无铅焊点的可靠性问题［J］. 电子与封装，2005（5）：12－16.

[8] IEC相关 TC 及 SC 批准立项的新工作项目（2012 年 4～6 月）［J］. 信息技术与标准化，2012（7）：75－77.

[9] 钟广顺. 基于磁流变脂的发动机扭振减振器设计及可控性研究［D］. 芜湖：安徽工程大学，2020.

[10] 邱华盛，曾福林，樊融融. HDI 多层印制电路板无铅再流焊爆板问题研究［J］. 电子工艺技术，2010，31（5）：261－266.

[11] 袁晓风. 胎压传感器制造工艺优化研究［D］. 上海：上海交通大学，2014.

第三章　芯片失效分析中聚焦离子束的应用

3.1　芯片失效分析流程

电子元器件失效分析是对已发生故障的部件进行事后检查。这一过程可能涉及电性能测试以及必要的物理、化学分析手段，旨在验证报告中的问题，并确定其具体的失效模式与背后的原因。通过明确失效机制、查明导致失效的因素并提出相应的改进措施，可以有效地提高产品的可靠性。这项工作的本质是失效分析专家结合自身的专业知识和实践经验，利用多种检测技术和分析方法，遵循一定的分析流程，推断失效的具体情况。电子元器件可能出现的问题不仅局限于完全失去功能，还包括那些虽然还能运作但其物理或电气特性下降到无法满足预定标准的情况，比如短路、断路、性能退化及参数不稳定等，这些都属于“失效模式”。失效分析始于识别这些特定的失效模式，然后通过收集有关背景资料，采用声学、光学、热学等多种物理、化学技术，深入探究其根本原因。常见的失效原因包括但不限于电迁移作用、金属层腐蚀、静电破坏、二次击穿效应、过电流造成的损坏、辐射影响、焊接点或连接处断裂、机械应力损害、爆米花效应以及制造工艺上的缺陷等，具体随组件类型的不同而变化（图 3-1）。

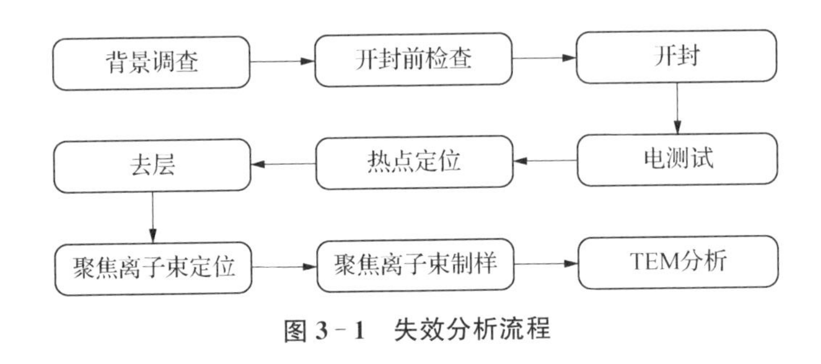

图 3-1 失效分析流程

3.1.1 失效器件背景调查

在处理失效器件时，首要步骤是对该器件的失效背景展开调查，此过程对于后续进行详细的失效分析至关重要。对失效背景的理解构成了方案规划、流程分析及故障机理识别的基础，此类调查应当涵盖但不限于以下方面：

(1) 基础资料，涵盖样本的操作机制、构造特征、组成材料、制造技术及其主要失效模式。

(2) 技术信息，作为评估潜在失效机制及设计失效分析方案的关键依据，涵盖了特定的应用背景信息，例如整机出现的故障特征、运行时遇到的异常条件、设备在系统中的实际状态、相关的应用电路配置、二次筛选过程中施加的压力条件、以往发生的失效案例记录、失效部件的比例、失效率及其随时间变化的趋势等。此外，还包括具体的制造工艺细节，比如生产过程中的具体环境条件与方法。对于特殊类型的组件，则建议首先开启质量合格的产品，深入研究其内部结构特性后再进行失效分析。

3.1.2 开封前检查

当集成电路芯片送达分析人员手中时，首先需要执行的是封装状况的评估。这一过程旨在识别在封装过程中可能发生的物理损伤，例如引线断裂、封装内部芯片与框架之间分层等。这些问题均可在封装检查阶段被发现，该阶段涵盖了外观检测、X射线透视以及扫描声学显微镜等技术手段的应用。

对失效的电子元件进行光学显微镜检查是极其重要的，这一步骤能够为后续深入分析提供宝贵的信息。在执行此类观察时，需要特别注意元件表面存在的灰尘、污染物，绝缘材料上的裂痕、管壳或引脚的颜色变化、机械性损伤、封装材料中的裂缝以及金属成分的迁移现象等细节。

X射线显微透视技术能够实现对电子元件及多层印刷电路板内部构造无损检测，适用于识别诸如内部连线断开或短路、粘接问题、焊接不良、封装裂缝以及桥接异常等多种缺陷。随着分层扫描与计算机辅助设计等方法的应用，这项技术已从平面二维成像扩展至立体三维呈现，图3-2所示即为一张通过该技术获取的芯片内部结构图像。

利用扫描声学显微技术能够有效地检测电子元件内部的缺陷，包括但不限于材料间的分层及空洞等问题，该技术在识别塑封元件内的分层状况方面表现尤其突出。图3-3展示了通过该技术观察到的器件内部分层情况。

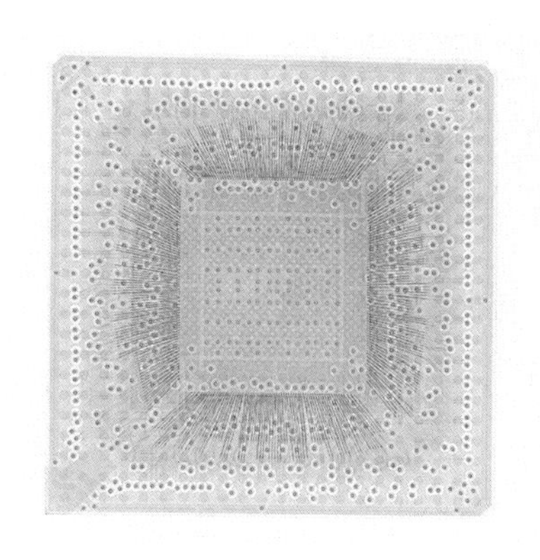

图3-2　芯片内部的X-Ray图像

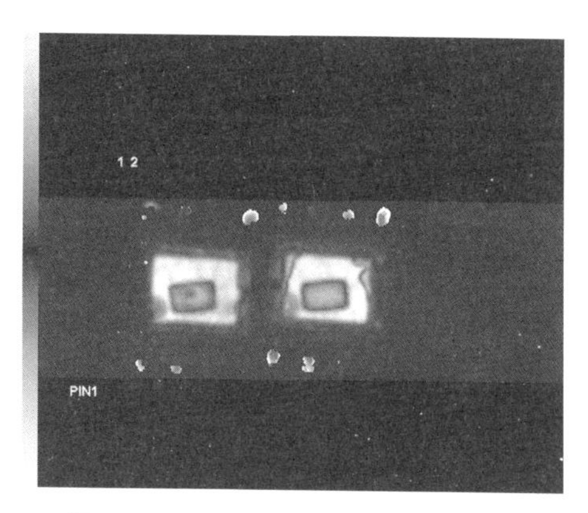

图3-3　器件SUB分层的SAT照片

3.1.3　开封

首先，对集成电路进行开封处理，目的是在保证其内部芯片功能不受损害的前提下，使其能够被充分暴露出来，为后续的失效分析实验做好准备，同时也便于直接观察或执行其他相关测试。常用的开封方法主要有激光开封与化学开封两种，激光开封技术是通过精确控制的激光束蒸发掉覆盖在器件表面的塑料封装材料，这种方法以操作简便、速度快且安全性高而著称。化学开封则通常会选择那些对塑料具有较强溶解能力的试剂，如发烟硝酸和浓硫酸等。化学开封的具体步骤是先将待处理的芯片置入预热后的特定化学溶液中浸泡一段时间，使得原本包裹在外层的聚合物材料逐渐分解成更小分子量的形式，之后再利用镊子小心地将芯片取出并置于含有酒精的容器内清洗，去除残留的小分子化合物，从而达到清晰展示芯片表面的目的。图 3-4 展示了经过上述处理过程的芯片表面状态。

图 3-4　开封后的芯片

3.1.4　电测试

在失效分析过程中实施电测试的主要目的是明确失效模式，确定具体的失效引脚，并识别出部分失效原因。电测手段包括功能参数检验、直流属性检测（即 I/V 特性）以及失效状况模拟测试等。其中，功能参数检验通常依据产品标准来进行。如果能够与状态良好的样本进行对比测试，则往往能够更加高效地完成分析工作。通过电测试可能获取的结果包括但不限于参数偏移、不符合规格的参数值、开路或短路，以及与实际失效情况不符的情况。

如图 3－5 所示，在对某一特定芯片进行 I/V 曲线测量时发现，该芯片存在泄漏电流的问题。

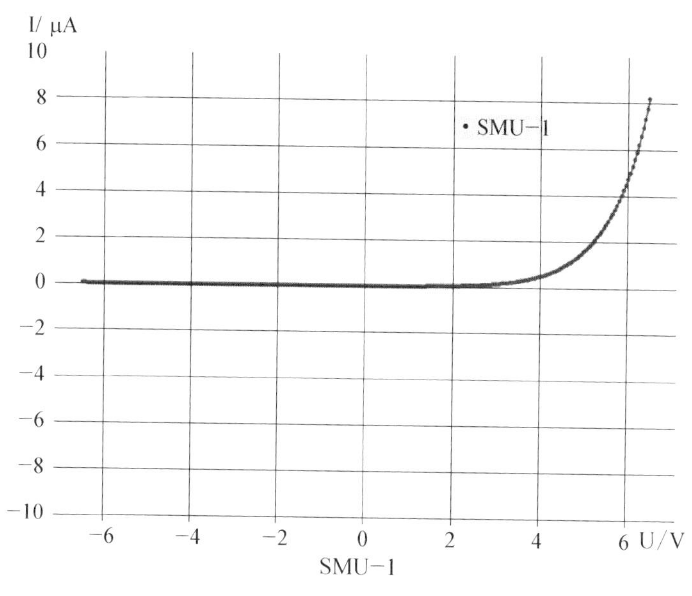

图 3－5　芯片的 I/V 曲线

3.1.5　热点定位

激光束电阻异常侦测技术能够高效且精准地识别集成电路中诸如短路、布线问题及通孔连接中的空洞等缺陷，以及金属层内的硅沉积异常。当在器件表面施加恒定电压时，使用激光束进行扫描，此过程中部分激光能量转化为热能。如果金属连线存在任何瑕疵或损伤，热量将无法像在正常区域那样快速传导并分散开，会在这些位置积聚。这种局部温度的上升会导致相关部位的电阻值及其通过电流发生变化。通过监测这些变化与激光照射点之间的关联性，可以精确定位故障的具体位置。整个过程分为两个主要阶段：首先是利用激光对样品进行加热处理，其次是测量由温度升高引起的电阻变化。启动检测时，首先需要对半导体元件加载外部偏置电压，随后让激光沿着其表面移动。此时，若金属导电路径中有不连续处或其他形式的损伤，那么由此产生的额外热量将集中在这些特定区域，进而引发该段导线电阻发生显著改变。图 3－6 展示了一个具体案例，其利用激光束电阻异常侦测技术，在某芯片的核心区域内发现了一个异常高温点。

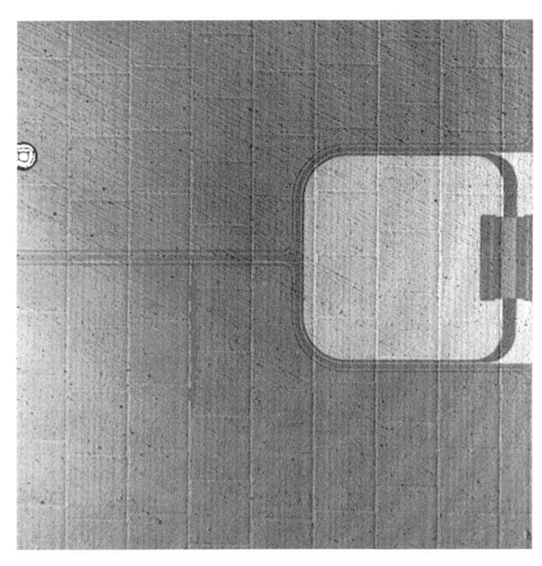

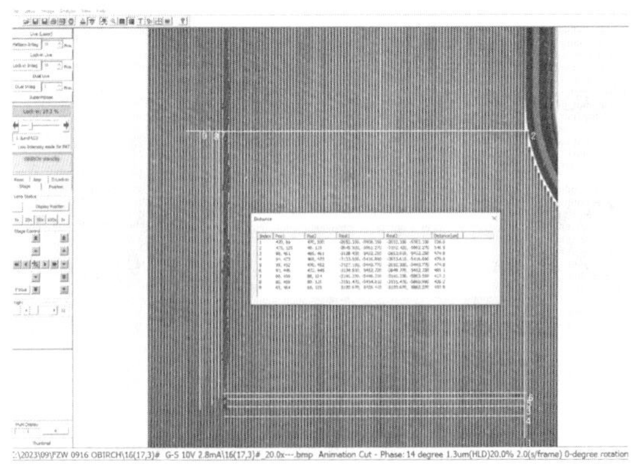

图 3－6　利用 OBIRCH 测得的器件管芯区域异常热点

在半导体材料中，载流子跃迁形式多样，包括从价带到导带的直接跃迁、带隙内的间接跃迁，以及通过缺陷能级进行的跃迁等。除了少数几种不产生光辐射的过程（例如俄歇复合、表面复合及多声子跃迁），大多数跃迁都会伴随着光子的发射，这类现象被称为辐射跃迁。微光显微技术利用外部施加的电场来捕获由样品内部发生的此类辐射跃迁所释放出的光子，以此定位其中存在的缺陷位置。当对故障样本施加偏置电压时，如果芯片内部出现了诸如漏电流或击穿等异常状况，则被激发的热电子与晶格之间发生碰撞会产生额外的电子—空穴对，并伴随有光子发射。这些光子能够被红外扫描显微镜捕捉到，在器件表面图像上形成明显的亮点，即所谓的“热点”。通过对正常样本与故障样本之间的图像差异进行比较分析，可以准确地识别出后者在实际运行过程中具体哪些部位存在缺陷。图 3-7 展示了使用 InGaAs 微光显微镜观测到的设备核心区域内的热点分布情况。

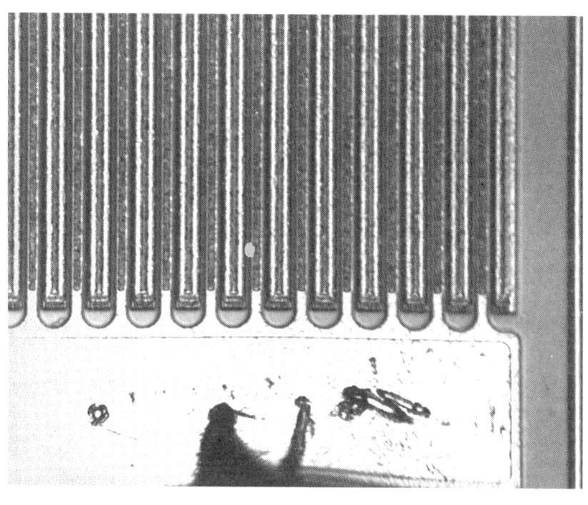

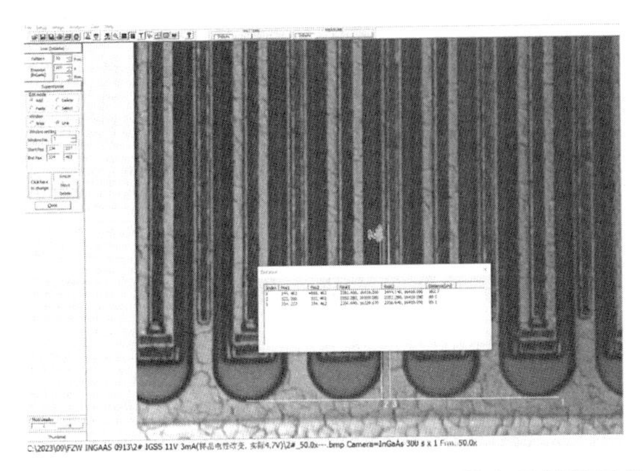

图 3-7　器件管芯区域热点的 InGaAs 微光显微镜图像

3.1.6　去层

电气特性分析通常仅能确定缺陷的大致位置，为了进一步明确缺陷的具体物理位置，需要对芯片介质进行逐层剥离处理。完成芯片开封后，可以利用光学显微镜检查芯片表面是否存在损伤，并初步判断芯片的层数及所用金属材料的类型（如铝或铜）。只要确认芯片未受损或者其损伤不影响后续去层操作，即可继续执行去层步骤。在半导体制造过程中，为保护内部结构不受外界环境影响，会在芯片表面覆盖一层厚且致密的氮化硅，去层过程的第一步便是移除此钝化层。这一步骤一般采用干法刻蚀技术实现。在集成电路制作中，金属层用于连接各个半导体元件，常用的金属材料包括铝和铜。对于铝制层的去除，通常采取湿法工艺，使用稀释后的硝酸或硫酸等化学溶剂；而铜制层则既可以通过干法刻蚀也可以通过湿法化学反应去除。此外，在各层金属之间存在的绝缘介质层（IMD），主要成分是二氧化硅（SiO_2）或含有硼、磷、氟等掺杂物的二氧化硅。在移除一层金属之后，还需相应地清除一层绝缘层。此步骤可通过机械研磨或干法刻蚀两种方法完成。图 3-8 为局部铝层被去除后的芯片在光学显微镜下的图像展示。

图 3-8　芯片局部去铝后的 OM 图片

在去除芯片表面层之后，可以通过显微技术对其表面形态进行详细观察。这种显微形貌分析是识别内部缺陷及确定失效位置的基础手段之一。除了常规的光学显微镜检查，扫描电子显微镜也被广泛应用于此类研究中。利用二次电子成像技术，可以实现对样品表面结构特征的高分辨率观测；而背散射电子则可以帮助对材料组成进行初步定性分析，例如检测金属间化合物的存在情况。此外，能谱仪与扫描电子显微镜联用，能够进一步对样品特定区域内的化学成分做出精确测定。

3.1.7　聚焦离子束定位

在确定了失效器件中的缺陷热点后，采用双束电子显微镜聚焦离子束技术，在缺陷附近精确切割出截面，从而定位到具体的失效点。随后，使用该设备的电子束对这些截面（如空洞、裂纹等）进行详细的微观观察。聚焦离子束技术作为一种强大的工具，在半导体器件表面微米至纳米级别的制样过程中发挥着关键作用，它不仅能够实现微观区域的剖切，还支持金属材料的精细加工和连接操作，这对于芯片级失效分析而言至关重要。通过聚焦离子束的刻蚀能力，我们可以高效地准备集成电路的横截面样本，以便于深入探讨设计或制造过程中的潜在问题，并探索影响成品率的因素。

根据具体失效位置的特点，首先会在较大电流条件下刻蚀出一个阶梯状剖面，其尺寸依据实际需要调整。完成初步操作后，继续逐步推进并密切监控变化情况。一旦发现异常特征，则立即切换至低电流模式以执行更精细的操作，清除表面残留物并进一步进行抛光处理，便于开展后续的形态学及元素组成研究。图 3－9 展示了利用 FIB 技术逐步揭露芯片内部缺陷的过程。

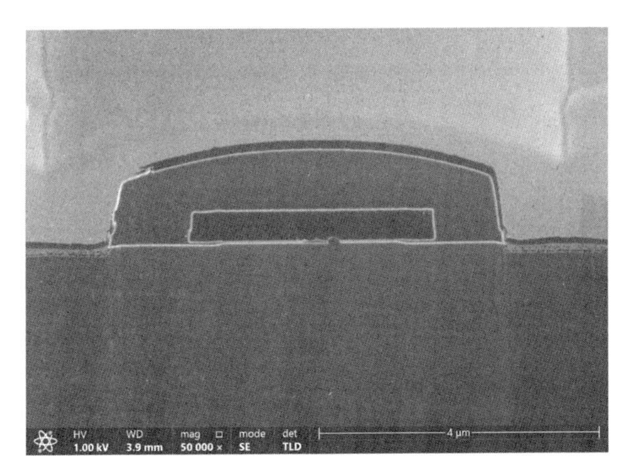

图 3－9　芯片截面缺陷的二次电子像

3.1.8　聚焦离子束制备透射电子显微镜样品

当需要对芯片的失效位置进行更深入的透射电子显微镜分析时，通常会利用聚焦离子束技术精确制备和提取样品。此过程涉及从含有故障点的电子组件中沿特定方向切割出厚度约为 100 nm 的薄片，并将其置于透射电子显微镜下以获得更为详细的微观结构信息。成功制作缺陷区域的透射电子显微镜样本对于获取准确无误的失效分析结果至关重要。采用聚焦离子束方法制备透射电子显微镜样品的最大优势在于其能够实现极高精度（当前最佳设备可达到 5 nm 级别）下的材料去除操作。除此之外，该技术还具有制样效率高、成功率高的特点。传统的透射电子显微镜样品准备流程通常在目标观察区两侧使用离子束刻蚀形成两个相对立的斜面，从而在中心部位留下一片极其纤薄的部分作为最终测试用样本。图 3－10 所示即为通过上述手段在某芯片故障部位所获取的一个典型透射电子显微镜样本实例。

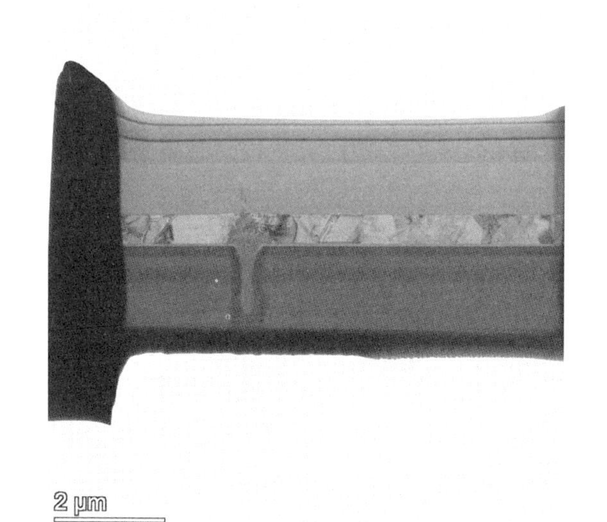

图 3－10　在芯片失效位置处制备的 TEM 样品明场像

3.1.9　透射电子显微镜分析

借助透射电子显微镜的荧光屏，我们能够即时监控材料失效部位的具体形态，并对关注的特定区域实施形貌、衍射及元素组成的研究。在观察过程中，可以灵活调整样品的空间方位，以便发现具有研究价值的角度。利用明场成像技术进行常规形态学检查，可以获取失效位置的关键尺寸信息；运用包括常规电子衍射、纳米束电子衍射以及会聚束电子衍射在内的多种方法，可以探究失效样本及其周围区域的晶体结构特征，判断是否存在物相转变现象；通过与透射电子显微镜系统集成的能谱仪，可以针对失效点邻近区域执行详细的元素分布分析，识别可能存在的元素偏析情况；利用高分辨率透射电子显微术镜，可以检测失效区附近的晶体内部是否存在位错或层错等微观缺陷。

3.2 聚焦离子束缺陷定位分析

随着半导体技术的进步，在集成电路密度不断增加和工艺节点持续缩小的趋势下，聚焦离子束技术在确定故障位置、制备缺陷剖面以及透射电子显微镜样品准备等方面，已经成为不可或缺甚至首选的方法。完成一项失效分析工作的关键，在于能否准确识别出器件结构中存在的问题。当这些缺陷位于芯片内部或是表面难以直接观察的位置时，就需要通过切片来获取更清晰的视角。比如，多层结构中的瑕疵、PN 结处的问题、电迁移或腐蚀导致的金属层厚度变化等。利用聚焦离子束技术特有的溅射刻蚀能力，可以精确地切割目标区域，以展示横截面的具体形态与尺寸；结合双束系统上的能谱仪，可以进一步分析材料的组成。对于在 IC 制造过程中遇到的各种难题，聚焦离子束提供了一种快速有效的途径来锁定问题根源，从而促进生产工艺的改进。

在实施聚焦离子束技术定位缺陷之前，通常会先利用微光显微镜或 X 射线显微镜大致确定缺陷的位置，并做好相应的标记。随后，将芯片转移至聚焦离子束设备下，实现对缺陷位置的精确识别。现代聚焦离子束设备多采用双束设计。在进行离子束切割前，首先运用电子束来确认先前标记的具体位置。接着，在接近缺陷（但不直接作用于其上）的区域使用离子束进行样品切割，初期阶段采用较大束流（0.5—2 nA）条件创建阶梯状剖面，此过程耗时 10—15 分钟。为了有效缩短整体切割时间，在刻蚀过程中可引入辅助气体增强刻蚀效果。在整个切割过程中，通过电子束持续监控截面形态变化，一旦发现目标缺陷，则转而使用中等强度的电子束流（250—500 pA）对剖面进行细致处理，确保表面清洁无杂质。之后，进一步应用较小束流

（28 pA）完成剖面的最终抛光工作。经过上述步骤后，可在聚焦离子束显微镜内对处理过的剖面进行详细的形貌及成分分析。如果需要获得更深入的信息，还可以将该剖面制备成适合透射电子显微镜观察的薄片样本。图 3－11 展示了聚焦离子束切割过程中 SiC MOS 结构失效点的剖面特征。

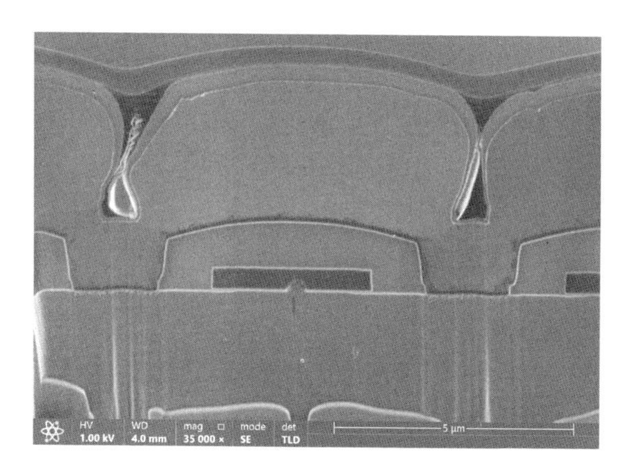

图 3－11　SiC MOS 结构失效点剖面形貌图

3.3　聚焦离子束去层

采用高精度的聚焦离子束技术，能够实现对芯片失效问题的精确分析。该技术允许工程师以高效且有针对性的方式去除绝缘层或金属层，进而深入研究集成电路内部结构。随着半导体制造工艺的不断进步，现代芯片中的金属层数量显著增加，有时甚至达到数十层。当需要对特定中间层进行检查时，聚焦离子束的刻蚀能力变得尤为重要，它能够移除目标层之上的所有金属层而不影响下方结构。在执行去层操作时，首先调整样品台的角度使样品表面与离子束平行，接着利用离子束对表面材料进行铣削处理。在此过程中，电子束被用来实时监控铣削进度，判断是否暴露出需要的层面。一旦到达指定层，立即停止加工，并对该层实施形貌及能谱仪分析。聚焦离子束的能量和电流密度均可调节，在实际应用中可以从粗略去除过渡到精细抛光，非常适合细小特征尺寸器件的分层研究。图 3－12 展示了经过聚焦离子束处理后的芯片表面的状态，可以看出，这种方法极大地简化了对选定金属层的微观结构和元素组成的探测过程。

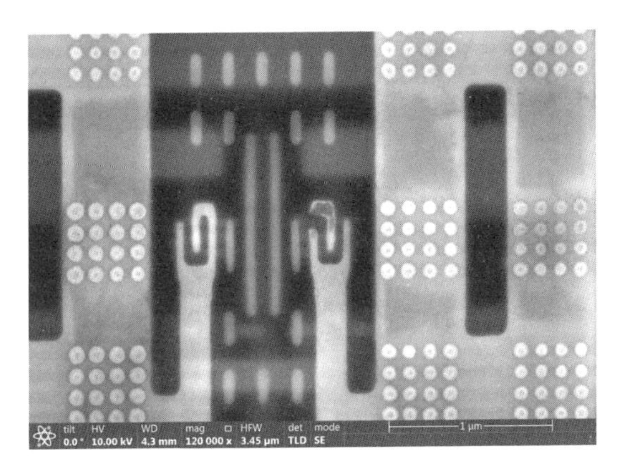

图 3－12　FIB 去层后的芯片表面形貌图

3.4　聚焦离子束电子显微镜制样

在制备用于透射电子显微镜观察的样品时，要求将目标区域减薄至 0.1 μm 及以下。传统方法主要依赖手工研磨与离子溅射技术，但这种方法不仅耗时长、效率低下，而且难以精确控制样品位置，仅适用于块状材料的处理。相比之下，聚焦离子束技术提供了更为精准的手段，能够有效定位并准备适合透射电子显微镜分析的样品。接下来将详细阐述利用聚焦离子束准备常规透射电子显微镜样品的过程，以及生产验证（PV）样品的具体制备流程。

1. 利用聚焦离子束制备常规透射电子显微镜样品

(1) 在样品上确定待制备的特定区域。接着，利用电子束与离子束分别沉积一层保护膜，材料可选 C、W 或 Pt，具体选择应视样品表面材质而定，以确保所沉积的保护层在透射电子显微镜下不会与样品表面产生相似的衬度，从而干扰观察结果（图 3－13）。

图 3－13　在样品表面沉积的电子束和离子束

（2）利用离子束刻蚀技术在沉积层的上部和下部分别制造凹槽。这些凹槽的深度应当依据待分析样品的最大厚度来设定，并且必须超过该最大厚度（图 3－14）。

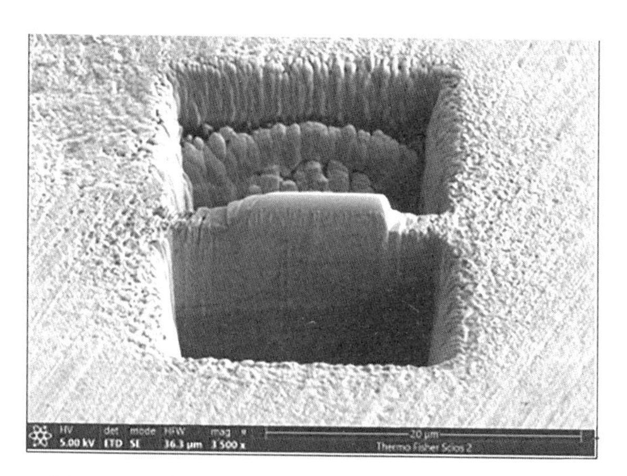

图 3－14　在样品保护层的上端和下端各挖一个坑

(3) 利用离子束技术对样品的右侧、底部以及左下区域实施 U 形切削处理，最终制备出仅一端相连的样品结构（图 3－15）。

图 3－15　U 形切割后的样品薄片

(4) 将机械臂探针（Easylift 针）置入，借助离子束的沉积作用使样品的一端与探针相连接。之后，再运用离子束技术切断薄片样品的左上角部分，具体操作如图 3－16 所示。

图 3－16　利用 Easylift 针提取薄片样品

(5) 利用离子束技术将薄片样本固定于铜制网格之上，并通过同样的技术手段去除样本与机械臂探针相连的部分，具体操作示意见图 3－17。

图 3－17　将薄片样品焊接至铜网上

(6) 通过高电流离子束进一步减薄样品片。之后，采用低电流离子束去除表面的非晶层，从而制备出适合透射电子显微镜观察的样本。

2. 利用聚焦离子束制备 PV 样品

(1) 确定样品表面的目标区域，然后分别采用电子束与离子束技术在其之上沉积保护层。

(2) 利用离子束的刻蚀能力在样品沉积层的四周分别开凿凹槽，但需注意右侧的凹槽不应彻底穿透，以便后续使用机械臂探针进行样品固定。之后，采用离子束技术切断样品基底部分，具体操作示意如图 3－18 所示。

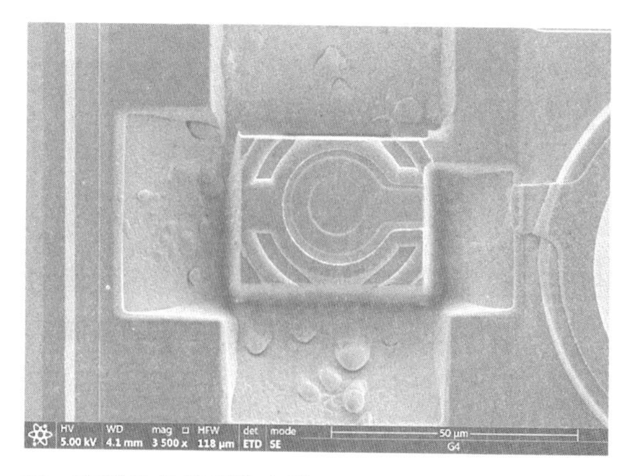

图 3－18　在样品保护层的上端、下端、左端和右端各挖一个坑

(3) 将机械臂探针置入，利用离子束沉积技术使样品的一端与机械臂探针牢固结合，具体操作过程如图 3－19 所示。

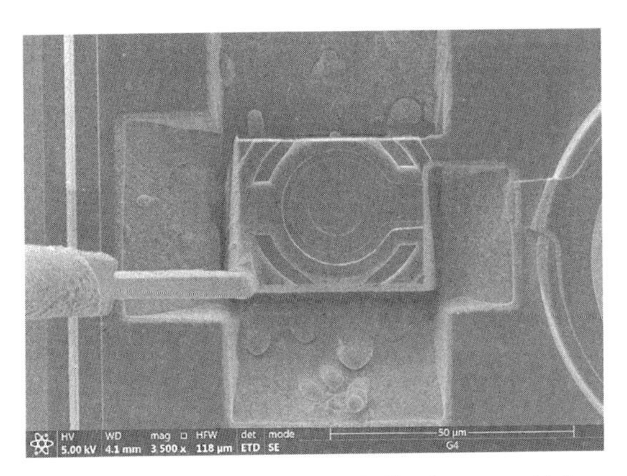

图 3－19　将样品的一个角焊接到 Easylift 针上

(4) 采用离子束技术分离样品右上角相连部分，随后利用机械臂探针将样品固定于铜网上，具体操作如图 3－20 所示。

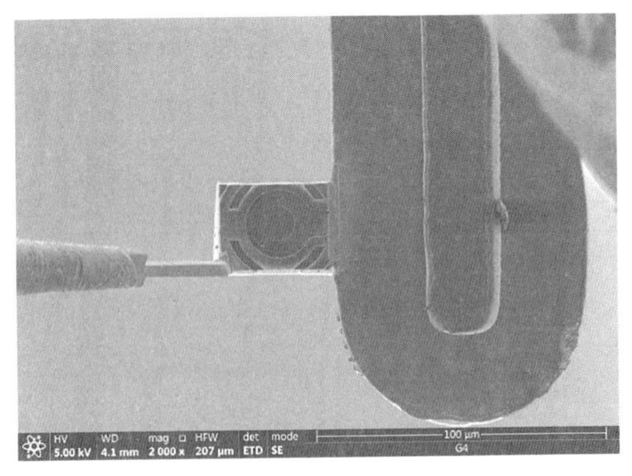

图 3－20　利用 Easylift 针将样品的右端焊接到铜网上

(5) 利用离子束的刻蚀特性将样品与机械臂探针相连的部分分离（图 3－21）。

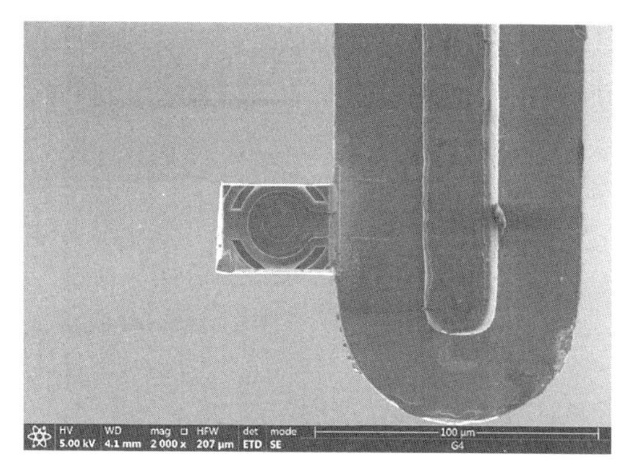

图 3－21　将样品与 Easylift 针连接的部分切断

（6）利用高电流离子束进一步减薄样品片，之后采用低电流离子束去除表面的非晶层，最终制备出 PV 样品。

将离子注入单晶半导体材料的表层，穿透至数个乃至数十个原子层深处，与单晶原子发生碰撞。这种碰撞会导致原本处于晶格位置上的原子被撞击出原有位置，从而形成空位；与此同时，那些被撞离原位的原子会在晶格间隙中停留，形成所谓的间隙原子。随着这一过程的持续进行，空位和间隙原子的数量不断增加，最终造成可见的晶格损伤现象。研究指出，在聚焦离子束制备样品的过程中，所采用的离子束加速电压对于顶部及侧边的非晶层厚度具有显著影响，相比之下，离子束电流大小对非晶层厚度的影响则相对较小。通常情况下，加速电压越高，形成的非晶层也就越厚。当非晶层厚度超出整个透射电子显微镜样品总厚度的一半时，将会对 TEM 图像的质量造成负面影响。尤其是在样品本身非常薄的情况下，如果在切削阶段选择了不合适的加速电压，可能会导致整个样品完全转变为非晶态，进而无法通过透射电子显微镜技术获得有效的分析结果。因此，在利用聚焦离子束技术制备样品的不同阶段，合理选择离子束加速电压是确保成功制样的关键因素之一。

在半导体器件的制造过程中，由于存在多层金属结构，透射电子显微镜样品制备容易产生“窗帘效应”，即随着铣削深度的增加，样品剖面的粗糙度也随之增大，这是影响最终样品质量的关键因素之一。一种有效的策略是在进行样品处理前，在其表面沉积一层金属膜；另一种有效的方法则是在使用离子束对样品进行减薄操作时，通过调整样品台的角度，使离子束与样品表面形成一定的倾斜角度，以减轻窗帘效应带来的不利影响。

3.5 典型案例分析

3.5.1 7 nm 先进制程芯片分析

双束系统在离子束加工过程中，能够通过电子束实现对加工过程的实时监控，从而更有效地控制加工质量。利用电子束成像分辨率高的特点，可以在加工现场直接观察到样品内部结构的信息。首先，我们对某一芯片进行开封处理并取出芯片晶粒，随后利用聚焦离子束技术对该芯片进行剖面切割，然后使用同一系统的电子束来观察所得到的剖面。如图 3-22 所示，我们能够清楚地看到芯片中各个金属层的具体形态，并且能够准确测量这些层的厚度、宽度等重要参数。

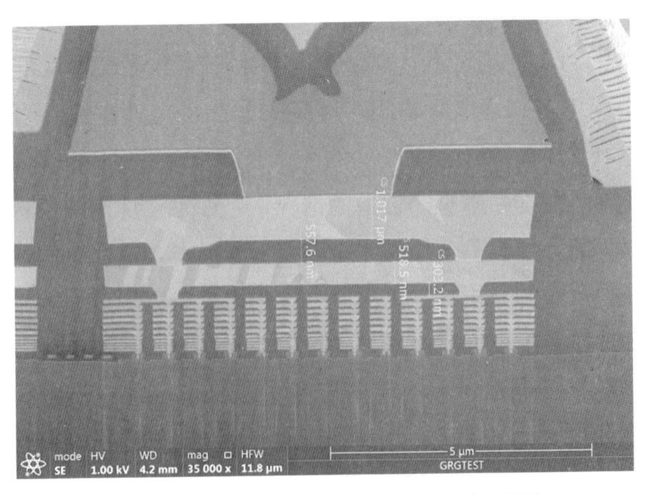

图 3-22 7 nm 先进制程芯片 FIB 剖面图

3.5.2　SiC MOS PN 结量测

首先，对 SiC MOS 器件实施开封处理并取出芯片晶粒，接着利用聚焦离子束技术对该芯片进行剖面切割，随后通过聚焦离子束产生的电子束对已切割的剖面进行观察。如图 3－23 所示，采用电压衬度像（PVC）技术能够清晰地获得 SiC MOS 结构中 PN 结的具体掺杂深度及其相应的宽度信息。

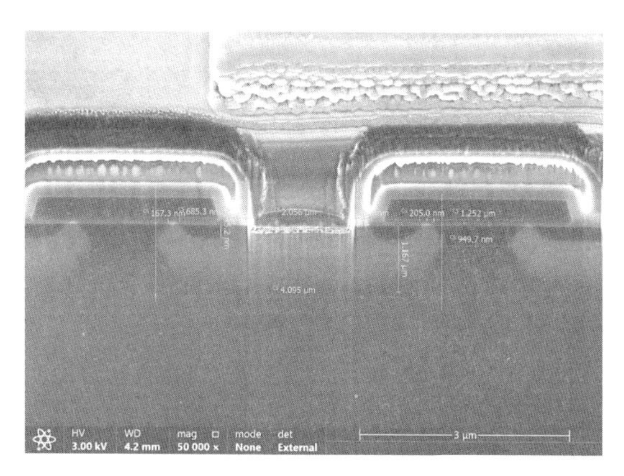

图 3－23　SiC MOS 剖面 PN 结量测结果

3.5.3　SiC MOS 栅氧击穿失效点透射电子显微镜分析

首先对芯片实施开封处理并取出芯片晶粒，然后运用微光显微镜确定芯片内部缺陷的确切位置。接下来去除该区域的表面金属层，并通过聚焦离子束技术在缺陷周围精确地制备出一个剖面，逐步推进切割过程直至发现缺陷为止，随后停止操作并将所得到的剖面制成适用于透射电子显微镜观察的薄片。如图 3－24 所示，利用透射电子显微镜能够清楚地识别栅氧击穿的具体位置以及其深度和宽度信息。此外，进一步开展 X 射线能谱（EDX）分析，可发现多晶硅向栅氧层扩散的现象（图 3－25）。

图 3-24 SiC MOS 栅氧击穿 TEM 明场像

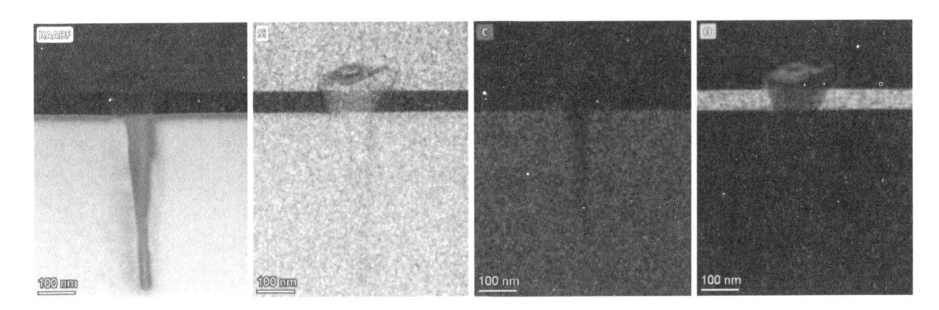

图 3-25 SiC MOS 栅氧击穿处 TEM EDX 分析

3.5.4 器件基底晶体缺陷造成的器件失效

在晶体材料中，缺陷的存在是无法避免的。这些缺陷破坏了化学键的连续性（空间平移对称性），进而导致局部区域与整体材料在原子结构、电子态及声子模式等方面表现出差异。当半导体器件基底存在大量位错或层错等类型的缺陷时，会显著增加电子散射效应，从而降低电子迁移率，最终可能引发器件功能失常。为探究某一具体失效案例的原因，可首先进行封装拆除和芯片提取工作，随后利用微光显微镜进行热点定位，移除该区域表面的金属覆盖层，再利用聚焦离子束技术制备适用于透射电子显微镜分析的样品截面。通过高分辨率透射电子显微镜观察发现，此特定器件的 Si 基底内部存在大量的位错、层错以及孪晶等结构异常现象（图 3－26）。基于上述实验结果，可以推断出正是基体中存在的晶格缺陷造成了该半导体元件的功能障碍。

图 3－26　失效器件 Si 基底的 HRTEM 图片

3.5.5　存储器件中高 K 金属栅极（HKMG）结构晶型确定

在存储器件中，由于高 K 金属栅极薄膜的厚度通常小于 10 nm，传统的衍射方法难以准确测定其晶体结构。因此，需要借助 HRTEM 图像及其快速傅里叶变换（FFT）确定晶体类型。首先对目标存储设备进行开封、取芯及去层处理，然后利用聚焦离子束技术制备出适合透射电子显微镜分析的样品截面。接下来，将该样品置于透射电子显微镜中进行高分辨率透射电子显微镜分析。通过对高 K 金属栅极薄层进行快速傅里叶变换分析后发现，该材料呈现单斜晶系 ZrO_2 特征，对应的空间群为 P121/c1，电子束入射方向为［－2 3 －1］（图 3－27、图 3－28）。

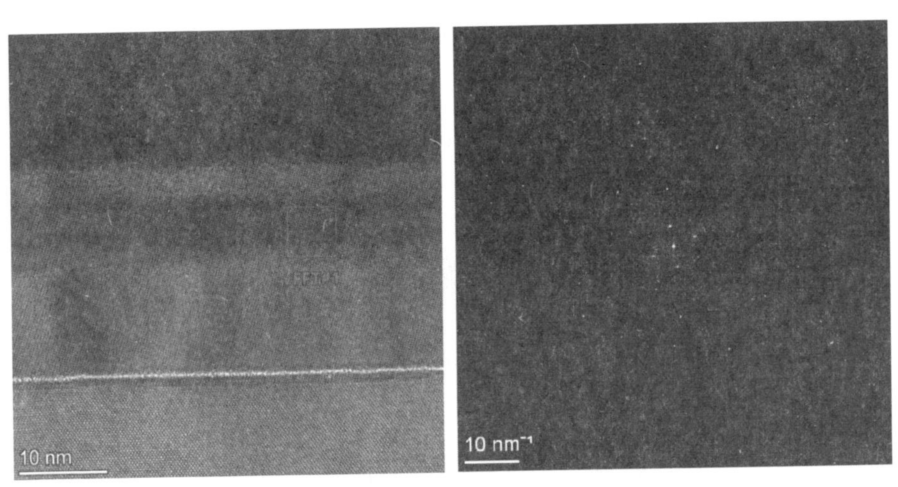

图 3－27 存储器件中 HKMG 薄层 HRTEM 图片及其 FFT 图片

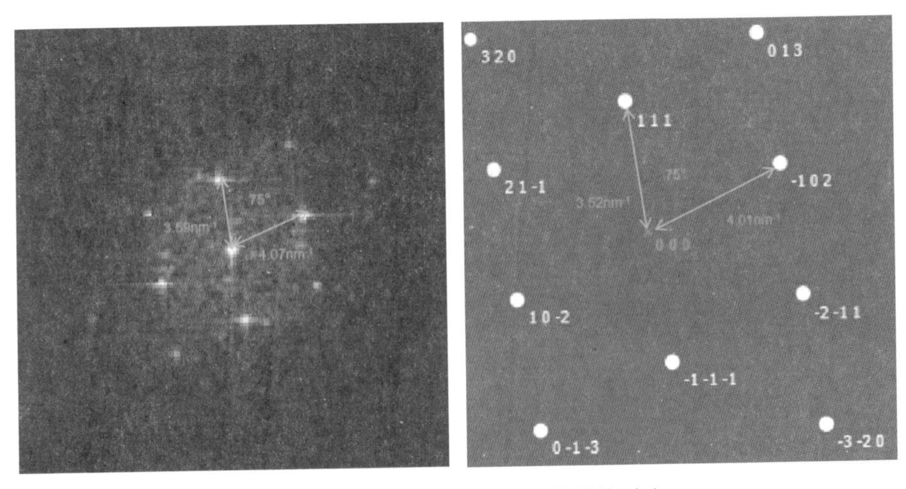

图 3－28 FFT 图片与模拟衍射谱的对比

3.5.6　极薄栅氧化层厚度测定

随着半导体工艺尺寸不断缩小以及高 K 金属栅极技术的应用，如今已能够制造出厚度仅为 1 nm 的超薄栅氧化层。为了准确测量这种极薄的栅氧化层，必须采用聚焦离子束显微镜制备透射电子显微镜所需的样品，之后再通过透射电子显微镜进行观察。此过程首先对特定 FinFET 架构芯片进行开封、取出晶片并去除多余层的操作，接着利用聚焦离子束技术对选定区域进行切片处理以制备透射电子显微镜样本，最后将准备好的透射电子显微镜样品置于透射电子显微镜中实施高分辨率透射电子显微镜分析，获得 FinFET 结构中的极薄栅氧化层的精确测量结果（图 3－29）。

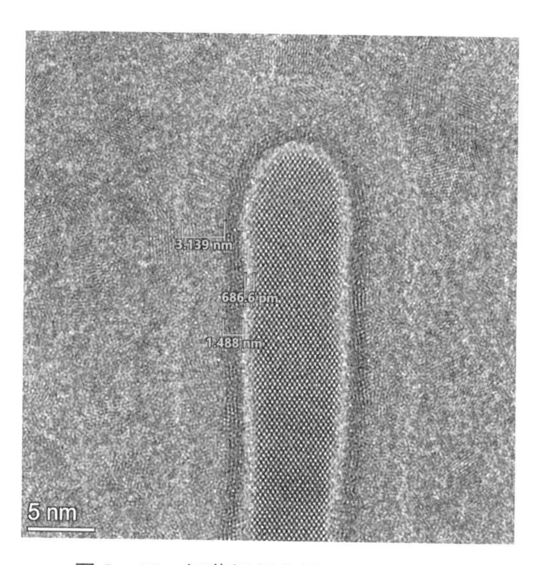

图 3－29　极薄栅氧化层 HRTEM 图片

3.5.7　芯片的剖面失效分析

首先，对特定器件进行开封处理及芯片取出操作，随后利用微光显微镜定位该器件上的热点位置，并在已确定的热点位置处采用聚焦离子束技术进行剖面切割，然后通过电子束对切割后的表面进行详细观察。观察结果显示，器件内的接触孔（Via）未能与下方金属层形成良好的连接，从而导致器件无法正常导通，引发短路现象（图 3 - 30）。进一步分析发现，造成这一问题的根本原因在于氧化层薄膜中存在杂质颗粒，这些颗粒在研磨过程中导致膜厚分布不均，最终使得刻蚀过程未能完全穿透至金属层。

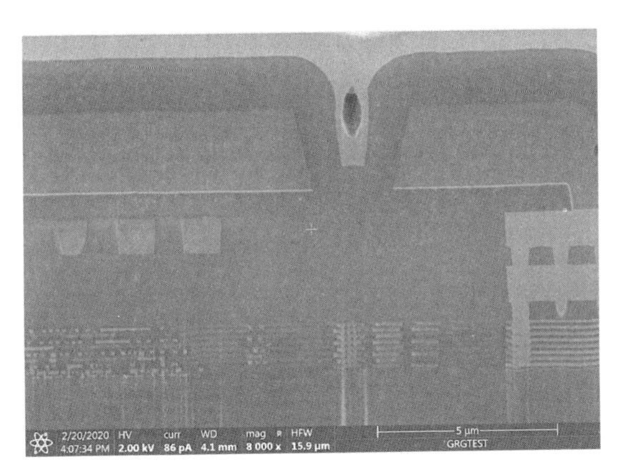

图 3 - 30　失效芯片剖面图

3.5.8　离子沟道效应成像

利用聚焦离子束技术对样品进行剖面切割处理，在这一过程中，多晶样品内部不同取向的晶粒对于入射离子束表现出不同的响应特性，从而出现离子沟道效应（图 3 - 31）。这种效应使得通过离子束成像观察时，能够清晰地看到因晶粒取向差异而形成的衬度对比。具体而言，不同取向的晶粒对离子束的穿透能力不同，导致从这些晶粒中激发出来的二次电子数量也存在差异，进而形成了基于晶粒取向的衬度分布。利用这种方法可以有效地分析多晶材料中的晶粒取向、晶界位置以及晶粒大小等微观结构特征。

(a) 二次电子像

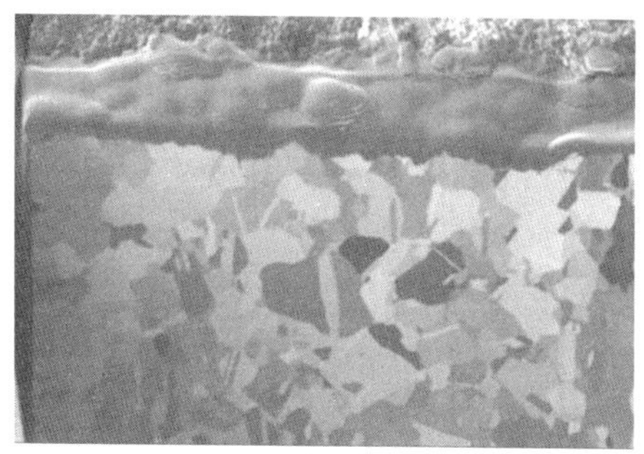

(b) 离子像

图 3－31　多晶样品二次电子像和离子像的对比

3.5.9　Cu 金属互连烧断缺陷处的 PV 制样

首先，我们对器件进行开封处理并取出芯片，接着利用微光显微镜进行热点定位，随后在该热点位置使用聚焦离子束技术制备 PV 样品，并通过透射电子显微镜对该样品进行观察。如图 3－32 所示，从 PV 样品的观察结果

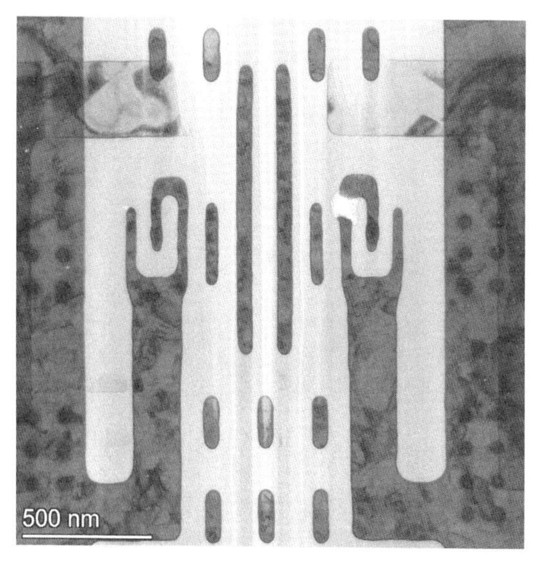

图 3－32　Cu 金属互连烧断缺陷处 PV 制样 TEM 图片

可以发现，器件中某处的铜金属互连出现了断裂现象。直接在金属层进行透射电子显微镜截面样品制备时会遇到显著的窗帘效应，影响观察，因此选择在失效的具体位置采用 PV 样品制备，以获得清晰可见的断裂部位形态特征。

参考文献

[1] 恩云飞，来萍，李少平．电子元器件失效分析技术［M］. 北京：电子工业出版社，2015.

[2] 罗道军，倪毅强，何亮，等. 电子元器件失效分析的过去、现在和未来［J］. 电子产品可靠性与环境试验，2021，39（S2）：8－15.

[3] 张阳. 集成电路失效分析研究［D］. 北京：北京邮电大学，2011.

[4] 顾文琪，马向国，李文萍. 聚焦离子束微纳加工技术［M］. 北京：北京工业大学出版社，2006.

[5] 陈强. 聚焦离子束在集成电路失效分析中的应用和实例分析［D］. 上海：上海交通大学，2007.

[6] 孙紫涵，李明，高金德，等. 聚焦离子束制样条件对 TEM 样品形貌的影响［J］. 半导体技术，2023，48（1）：25－30.

[7] 胡康康，王刘勇，黄亚敏，等. FinFET 芯片 TEM 样品制备及避免窗帘效应方法［J］. 微纳电子技术，2023，60（8）：1301－1307.

第四章　聚焦离子束原位测试技术

聚焦离子束原位测试技术是在聚焦电子束系统和测试技术的基础上发展起来的。随着科学的日益发展，研究内容也愈趋复杂。研究者对材料的聚焦离子束测试技术需求已不局限于材料的简单、静态结构信息表征，而是包含材料结构动态变化行为、材料电学性能和光学性能等在内的多个层次。为适应这一需求，开发原位测试技术势在必行。因此，设备厂商不断持续开发聚焦离子束显微镜的硬件功能，由此提出的各种解决方案也不断在聚焦离子束设备上得以实现，进一步扩展和完善了聚焦离子束原位测试技术。本章主要阐述了现今聚焦离子束原位测试技术的发展及其分类、原理和具体应用实例。

聚焦离子束原位力学测试技术是一种先进的材料力学测试技术，通过该测试技术可以直接关联材料的力学性能和微观组织结构的演变，从而推导材料的变形行为机理。利用聚焦离子束显微镜内的原位微拉伸测试装置，可以研究材料在拉伸过程中的形貌变化、裂纹扩展等，也能获得拉伸力学曲线，得到可靠的力学参数。结合电子背散射衍射（EBSD）和能谱仪配件也可做材料相变及成分分析，利用聚焦离子束还可以提取透射电子显微镜、三维原子探针（APT）等测试所需的微纳样品进行原位分析。

聚焦离子束原位电学测试技术是利用聚焦离子束的加工技术结合电学测试技术，实现对材料、芯片、器件等的在线电学性能测试。特别是近年来随着半导体器件体积越来越小、速度越来越快、结构越来越复杂，这些纳米器件的研发、表征和失效分析都需要采用先进的原位成像、加工及测试技术。具有高分辨成像及加工能力的聚焦离子束系统，通过纳米探针可以精准地链接到被测试结构的位置，利用电子束感生电流（EBIC）和电子束吸收电流

(EBAC) 技术进行原位电学测试，其在半导体失效分析中具有重要的应用价值。在纳米探针下，利用电压衬度像技术能够发现电路失效位置，进而可以对其进行更进一步的加工和分析。电子束感生电流还可用于定量确定复杂异质外延结构中 PN 结的位置，同时能够对失效点进行精确定位，进而进行后续失效分析。

聚焦离子束原位光电联用及光谱测试技术为科学研究开辟了新赛道。利用聚焦离子束结合光学显微镜原位观察可以实现样品的大范围、高精度加工和观察。该技术不仅适用于常温，在冷冻条件下同样能够进行光电关联，所以其在生物研究领域中尤为重要。通过简单易用的无缝工作流程，将宽场、激光共聚焦和 FIB - SEM 相关联，将生物细胞精确定位后，可实现高衬度体积成像、截面成像以及冷冻透射电子显微镜的薄片样品制备等。此外，在聚焦离子束系统中可以原位结合光谱测试、元素分析、晶相分析，实现对各类材料特别是敏感材料的表面、截面及不同结构的分析。

聚焦离子束三维重构技术是通过聚焦离子束沿着一定方向对样品进行切片加工，结合电子束进行原位扫描成像，经过一系列连续的扫描电子显微镜照片重构，获得包含样品内部结构信息的三维结构。聚焦离子束加工的分辨率可以达到几纳米，能够较为精准地控制切片厚度，对材料在微纳尺度下三维空间的研究发挥了不可替代的重要作用。与其他三维成像技术相比，聚焦离子束三维成像分析技术具有分辨率高的特点，能够获取材料内部纳米级尺度的微观结构，借助三维处理软件（如 Dragonfly、Avizo 等），能够对不同的微观结构进行提取并计算，得到相应的精确数据。聚焦离子束三维重构技术不仅在材料学、地球科学、半导体技术等领域中应用广泛，近年来随着冷冻技术的发展，在生物学及生命科学的研究中也引起了广泛的关注。

4.1 聚焦离子束原位力学测试技术

聚焦离子束显微镜是一种强大的纳米加工和材料结构表征工具，其原理和应用涉及多个科研领域。它在材料科学、半导体制造和生物医学等领域的广泛应用，为科学、技术和工程的发展提供了重要支持。在对材料的研究中，材料性能和结构表征是非常核心的研究内容，随着科学研究的日益复杂，研究者对聚焦离子束和扫描电子显微镜的要求已不局限于得到材料静态结构信息表征，也要求获得材料外在力学条件下的微观结构变化特征，或者结构动态变化行为。

传统的力学试验是先通过应力应变曲线来说明材料的力学性能，然后再利用扫描电子显微镜来表征力学试验（拉伸、压缩等）前后材料的微观组织结构。此类试验虽已非常成熟，但不能实时观察记录材料在服役条件下的变化过程，而扫描电子显微镜原位力学实验（在扫描电子显微镜的真空腔室内安装力学测试装置，如拉伸、压缩、弯曲等装置）可以直接关联材料的力学性能和微观组织结构的演变，从而推导材料的变形行为机理，是一种先进的材料力学测试技术。

大部分材料在微纳尺度上会表现出和宏观尺度不一样的力学性能，即材料通常有"体积效应"（尺寸效应）。原位力学实验也分不同的尺度，即宏观尺度、微米尺度和纳米尺度。宏观尺度原位力学测试接近材料真实的力学性能，同时可关联材料微观组织演变，但难以有效研究变形—失效机理。在扫描电子显微镜中可以搭载全自动集成化的原位拉伸加热台，与传统原位力学台相比，它可以在同一软件中实现 SEM 成像、ESD/EBSD 数据采集以及原位台的控制，具有自动追踪、聚焦消像散及自动采集、保存原位实验数据的功能，可采集多个感兴趣区域并自定义每个区域的成像和分析参数，整个拉伸、压缩、加热过程可在无工作人员值守的情况下完成（图 4-1）。

图 4-1　双电机全自动集成化原位拉伸加热台

4.1.1 微纳米尺度原位力学测试分类

微纳米尺度原位力学实验既可以反映宏观力学性能，又可以研究特定晶粒、界面、特殊相、特殊组分等对力学性能及失效机理的影响，从而进行变形—失效机理研究。常见的微米尺度原位力学实验解决方案是在聚焦离子束或者扫描电子显微镜设备中搭载纳米力学台，与纳米压痕仪配合得较多（图4-2）。常见的纳米压痕仪厂家有Bruker、海思创、KLA、Tentool、Alemnis等，蔡司FIB/SEM配置了大样品室和丰富接口，样品台行程和载重大，方便兼容力学测试台，且开放的API端口具有更多拓展的可能性。常见的微米尺度原位力学测试有原位压缩、原位拉伸、原位弯曲、原位压痕等。

图4-2 SEM舱室内原位纳米压痕仪

纳米尺度原位力学测试解决方案通常是在透射电子显微镜中搭载原位样品杆测试，其中核心部件为MEMS芯片（图4-3）。利用MEMS器件，可以实现拉转压或直接拉伸。当需要高质量的转移与制样时，聚焦离子束设备是其必备的制样工具。纳米力学更关注微观组织或原子结构变化，力学性能只需定性即可。

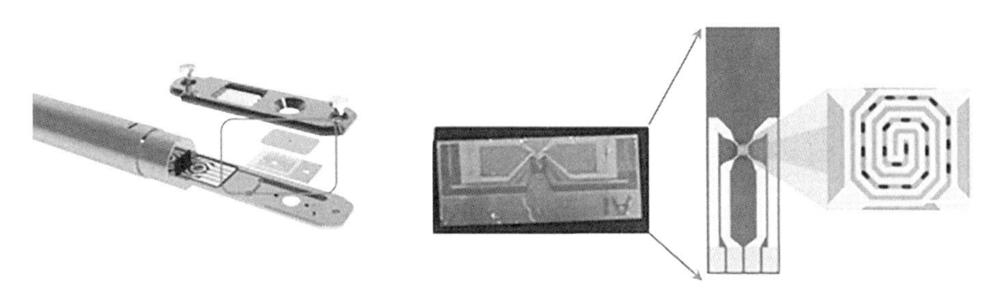

图 4－3　透射电子显微镜原位样品杆及其核心部件 MEMS 芯片

原位微柱压缩试验可以在变形行为和强化机制方面量化特定的相和颗粒或研究尺寸效应。在利用扫描电子显微镜或电子背散射衍射设备确定合适的微观结构或晶体取向位置后，再利用聚焦离子束自上而下铣削制备微柱试样。在压缩过程中，初始加载阶段会存在弹性状态，随后在塑性状态下，锯齿状的塑性流动行为会伴随着突然的应力下降，再后则是再加载期，这通常是位错滑移现象的特征。例如在图 4－4 中，应力一应变数据中的应力下降与扫描电子显微镜中剪切带形成之间存在相关性。

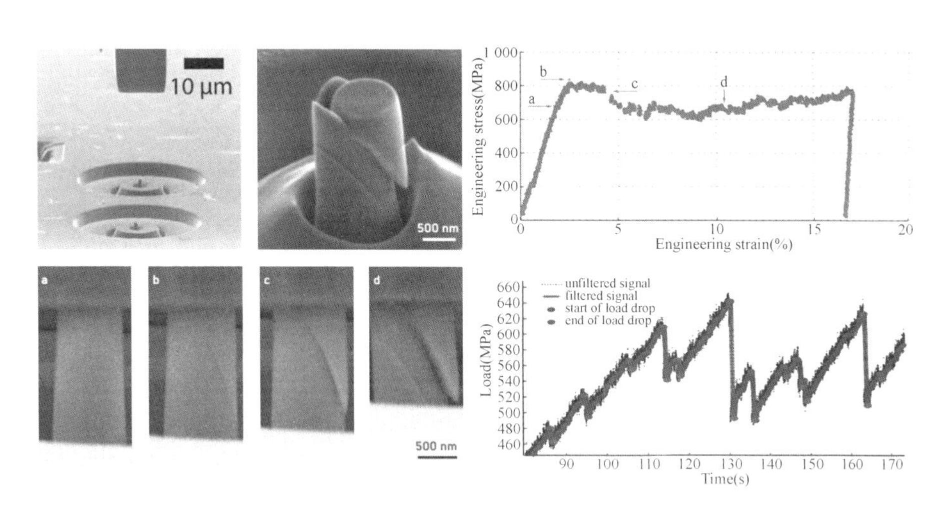

(a) 弹性加载；(b) 第一次滑动事件成核；(c) 与顶面相交；(d) 滑动事件倍增

图 4－4　Ni 微试样原位微柱压缩试验

利用聚焦离子束显微镜内的原位微拉伸测试装置，可以研究材料在拉伸过程中的形貌变化、裂纹扩展等，也能获得拉伸力学曲线，得到可靠的力学参数。结合电子背散射衍射和能谱仪配件也可做材料相变及成分分析，利用聚焦离子束还可以提取透射电子显微镜样品、三维原子探针样品等微纳样品进行分析。在阿什利·赖夏特（Ashley Reichardt）等人的研究中，他们利用聚焦离子束将平行于 Ni 薄膜平面的试样制成微拉伸试样，然后沿［1 0 0］方向进行拉伸测试，直至断裂。图 4－5 中的（a）和（b）图分别为拉伸前后的样品 SEM 图像；拉伸试验后在滑移阶梯处利用聚焦离子束沿横截面制备透射电子显微镜样品，在图（c）TEM 图像中可以看出滑移带延伸至试样表面。

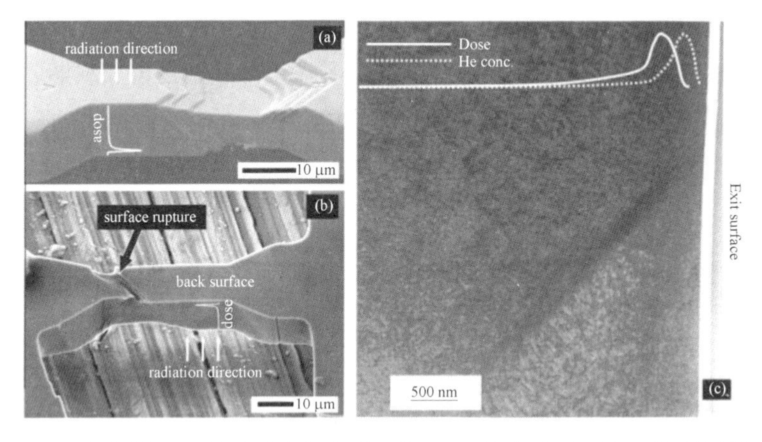

（a）离子辐照后试样拉伸状态的 SEM 图像；（b）试验后试样底面，滑移阶梯穿过试样表面，在试样表面几乎呈直线断裂；（c）聚焦离子束横截面透射电子显微镜样品，滑移带延伸至试样表面

图 4－5　试样微拉伸试验

原位 SEM 微悬臂弯曲试验通过将力—位移数据与直接裂纹路径观察相结合，为断裂的微观机制研究提供了新的解决方案。典型的微悬臂梁弯曲试验使用独立的缺口悬臂梁压缩加载，可用聚焦离子束制备试样。对于弹塑性断裂，通常采用 J 积分法分析裂纹扩展阻力曲线（J－R 曲线）和弹塑性断裂韧性（JIC）。一般来说，较高的断裂韧性（KIC）、JIC 或较陡的 J－R 曲线

表明材料的抗断裂能力较强。利用连续刚度测量（CSM）技术进行微悬臂弯曲试验，可以监测裂纹长度的演变，并从周期卸载段计算连续J积分，从而建立连续J－R曲线。图4－6为NiAl单晶样品微悬臂梁弯曲试验过程中的SEM图像及J－R曲线，该测试结果可为量化特定微观结构特征、研究材料整体抗裂性提供关键信息。

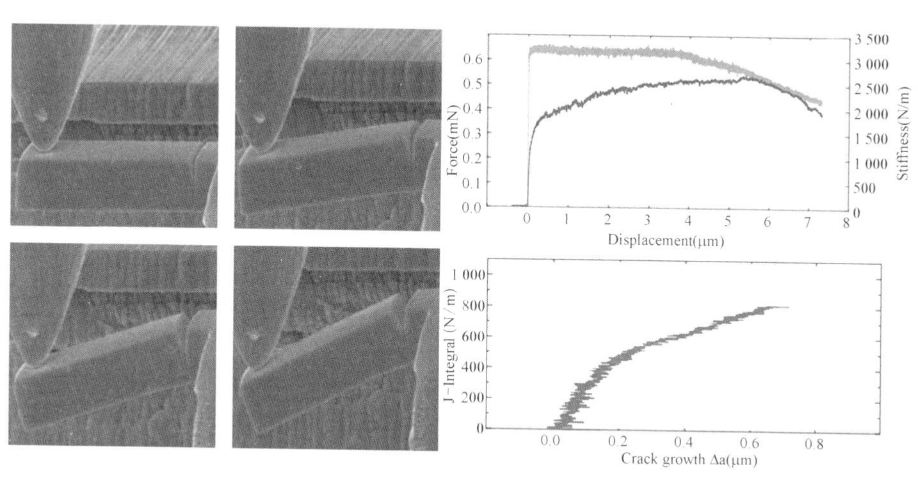

图4－6　NiAl单晶样品微悬臂梁弯曲试验

原位纳米压痕测试可以在极小的样品制备量下研究小尺度材料的力学性能。通过将超高的载荷和位移分辨率与原位SEM观察相结合，纳米压痕仪能够测量特定亚微米级微结构特征的机械性能，并直接观察堆积、滑移带和裂纹的形成。压头下方的多轴应力场能够激活不同平面中的滑移系统，从而对复杂的塑性机制进行全面研究。利用小型化样品中的尺寸效应也能够研究准脆性材料的塑性行为。如图4－7所示，采用原位纳米压痕测试研究Zr/Zr2N涂层摩擦，可观察不同比例的涂层在刮擦时产生的缺口形态，从而说明其产生机理不同。

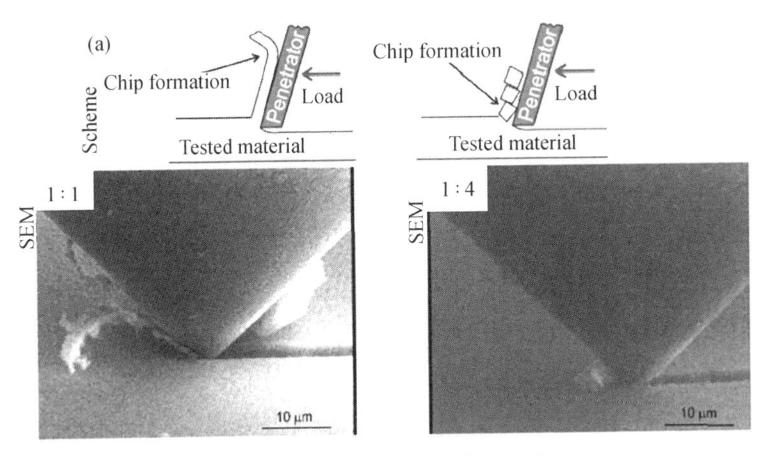

图 4－7　Zr/Zr2N 涂层摩擦研究

4.1.2　聚焦离子束在微纳米尺度原位力学测试样品制备上的应用

聚焦离子束是微纳米尺度原位力学测试样品制备的必要工具，其可利用扫描电子显微镜精确定位加工位置，实现纳米、微米尺度样品的高精度加工。但是传统聚焦离子束制样也有一些加工“痛点”：只能在原材料表层进行加工，不能满足深度方向定位需求；加工流程复杂，效率低，失败率高；可加工样品尺度限制在百微米内等。蔡司针对这些问题制定出 ZEISS FIB 3.0 解决方案，其结合了飞秒激光（fs-laser），既可以实现大尺寸样品高效加工（飞秒激光不产生热损伤层），又可无缝对接聚焦离子束进行高精度加工。图 4－8 和图 4－9 分别为微纳米尺度原位力学拉伸/悬臂梁/微棒试样和压缩微柱试样的制备流程示意图，可以看出压缩微柱的制备最简单，即先用飞秒激光加工出压缩微柱的粗结构，再用聚焦离子束加工微米级试样；对于拉伸、悬臂梁、微棒等类似微纳米尺度原位力学试样，需要先用飞秒激光在感兴趣的位置加工出薄片结构，然后将样品取出翻转 90°（薄片结构在上面），再用飞秒激光加工出拉伸试样的粗结构，最后用聚焦离子束在薄片上加工出微米级原位拉伸样品。

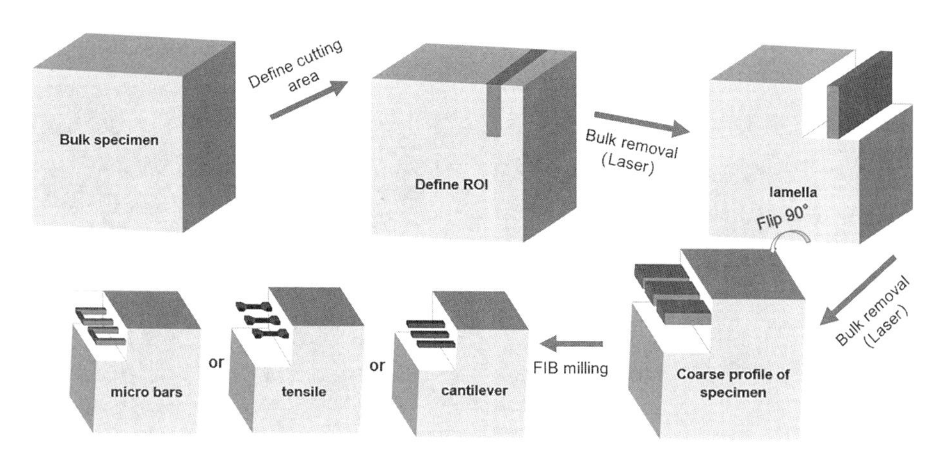

图 4-8　微纳米尺度原位力学（拉伸/悬臂梁/微棒）试样制备流程示意图

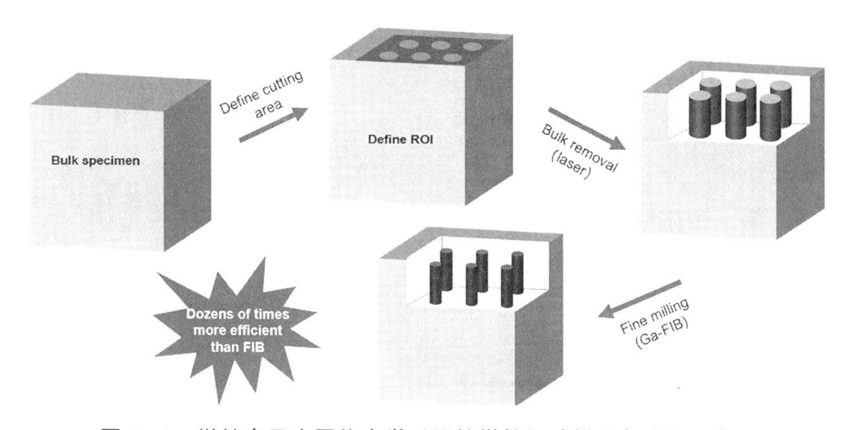

图 4-9　微纳米尺度原位力学（压缩微柱）试样制备流程示意图

2017 年，菲芬伯格（Pfeifenberger）首次报道了利用蔡司飞秒激光和 SEM 联合制备悬臂梁并用于微机械力学测试，其利用 FIB-Laser 在半小时内加工了一个由 100 个尺寸为 420 μm×60 μm×25 μm 的悬臂梁组成的样品阵列（图 4-10），创造了全新的微纳米尺度原位力学样品制备的可能。飞秒激光加工样品时对周围材料的热影响很小，甚至在理想情况下没有热影响，因此也可以实现在云杉木等易损伤材料上制备原位力学样品（图 4-11），单个样品的制备耗时仅 2 分钟，极大地提高了可加工样品的尺度及加工效率。

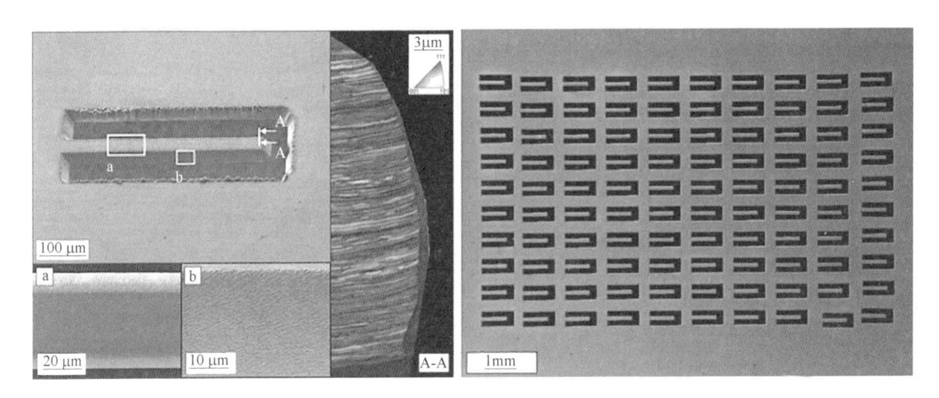

图 4-10　飞秒激光样品阵列加工

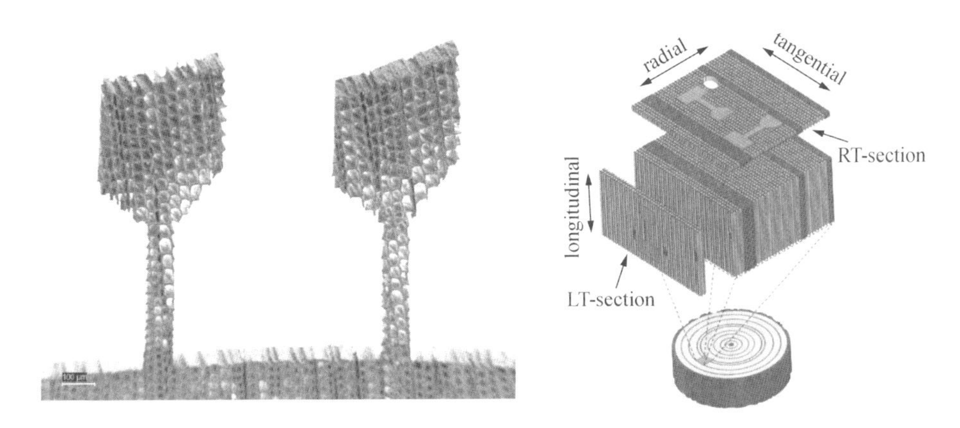

图 4-11　云杉木上制备原位拉伸样品

对于纳米尺度原位力学测试的样品制备，需要利用聚焦离子束提取出进行力学测试的样品薄片，并焊接至透射电子显微镜原位样品杆核心部件 MEMS 芯片的特定位置，然后在芯片上进行减薄及加工。MEMS 芯片分为拉伸、加热、电性芯片等，以加热芯片的原位透射电子显微镜制样为例进行介绍，其余纳米尺度原位力学样品的制备只需根据测试要求在样品减薄后再做相应的图案加工即可（纳米柱、拉伸梁等）。

步骤一：如图 4-12（a）所示，正常提取目标样品 Lamellar，Lamellar 可以大一点，但不要太薄。

步骤二：如图 4－12（b）所示，将 Lamellar 与 MEMS 芯片呈一定夹角（15°）焊接在目标位置。该步骤实现方法如图 4－13 所示，需先将芯片粘贴在 45°预倾台上，焊接位置一般在芯片中间，芯片尺寸为厘米级，因此芯片伸出台子一些比较安全，焊接时需将样品台 T 角度倾转至 30°，使 Lamellar 与芯片呈 15°夹角。

步骤三：如图 4－12（c）所示，在芯片上减薄 Lamellar，需先将样品台 R 角度转 180°，T 角度转至 24°，然后按正常流程减薄即可。芯片一侧同样可以减薄。

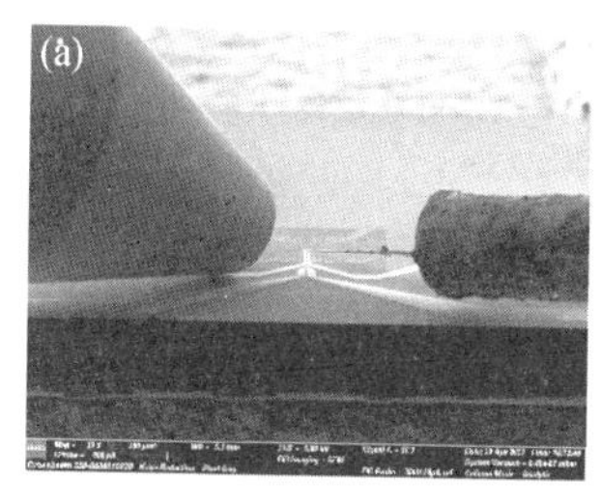

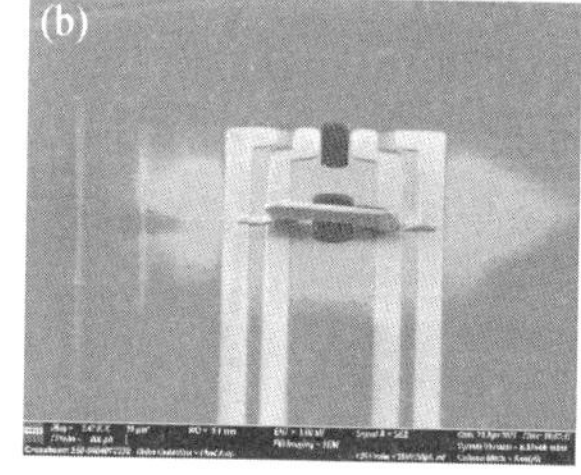

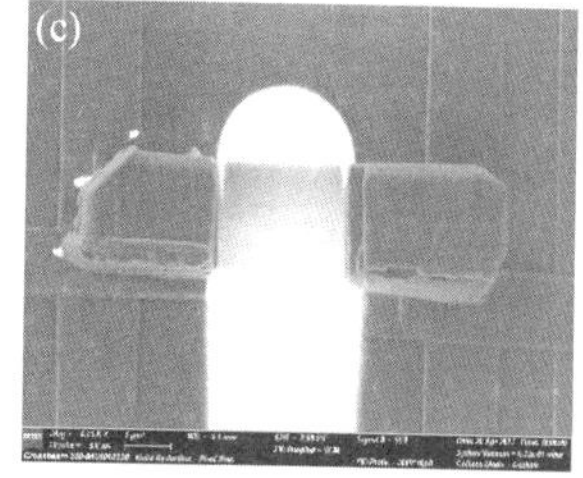

图 4－12　基于 MEMS 芯片（加热）的原位透射电子显微镜制样流程

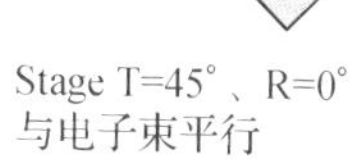

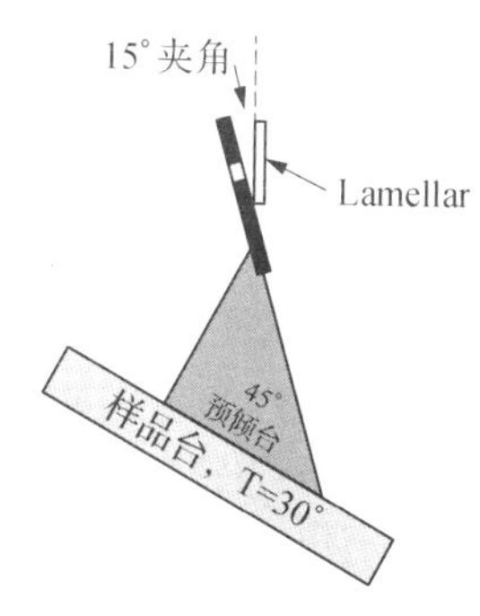

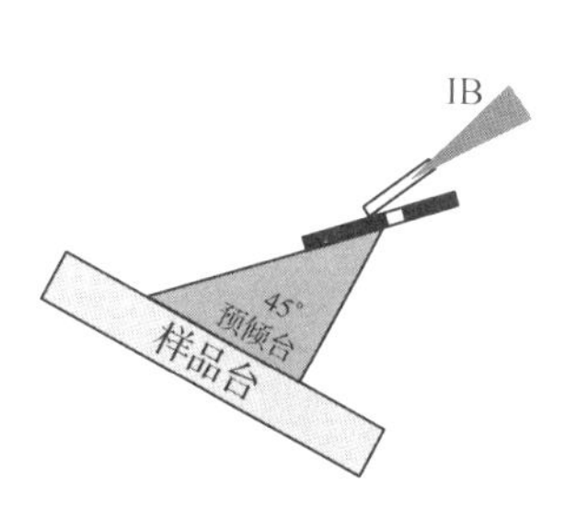

图 4－13　基于 MEMS 芯片的原位透射电子显微镜制样 45°预倾台解决方案

4.2 聚焦离子束原位电学测试技术

随着半导体技术的发展，器件体积越来越小，结构越来越复杂，迫切需要提高失效分析技术的分辨率和时效性，以便及时分析故障和发现缺陷。这些纳米器件的研发、表征和失效分析催生了聚焦离子束原位电学测试技术的发展。将电学测试技术与聚焦离子束技术结合，采用扫描电子显微镜实时观察，可以使器件失效分析技术不断提升，为半导体技术的发展提供重要技术保障。

4.2.1 聚焦离子束原位 EBIC/EBAC 电学测试

不断缩小的结构尺寸和对电子束敏感的材料，都要求电子显微镜使用低加速电压和束流进行器件表征，以在具有优异成像能力的同时，确保器件和缺陷不会被电子束损伤或被改变电学性能。如图 4－14 所示，当电压低至 70 V，7 nm 制程 SRAM 在纳米探针下仍可获得优异的成像。

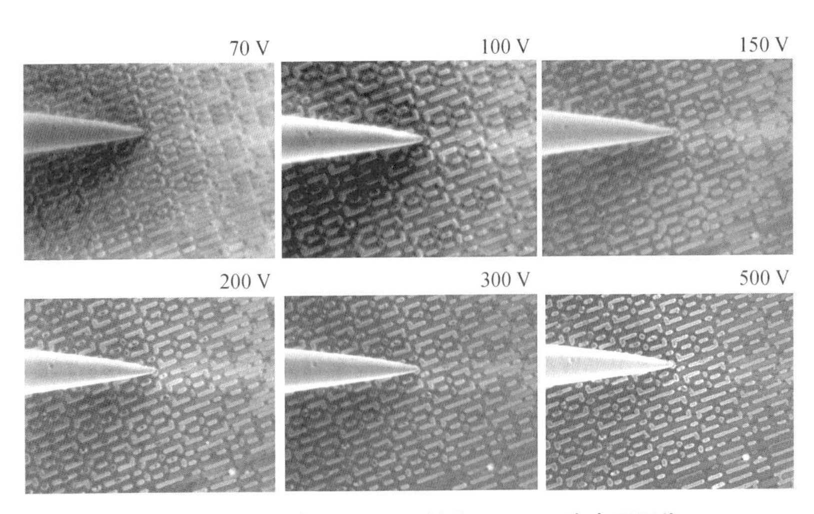

图 4－14 不同电压下 7 nm 制成 SRAM 二次电子图像

扫描电子显微镜可在低电压下获得半导体样品电压衬度像，利用电压衬度像能够精准定位电路失效位置（图 4－15），进而对其进行进一步分析。除电压衬度像以外，电子显微镜与纳米探针结合的电子束感生电流与电子束吸收电流技术，在半导体失效分析中同样具有重要应用价值。

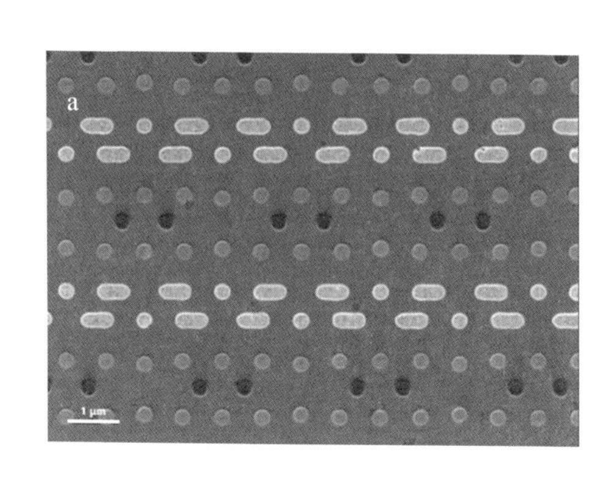

(a) SRAM 电压衬度像

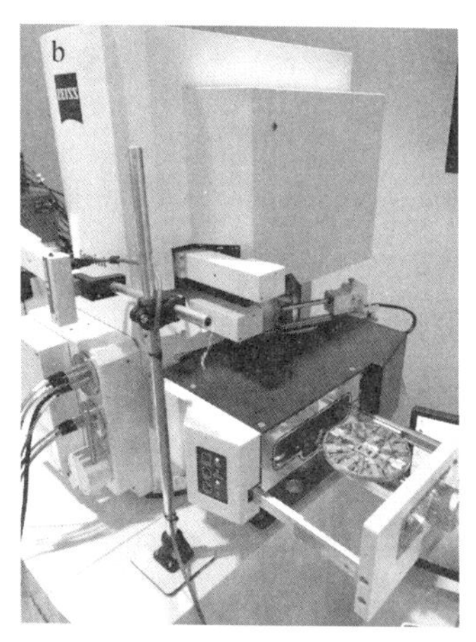

(b) 配有Nanoprobing 的蔡司SEM

图 4－15　利用电压衬度像定位电路失效位置

电子束感生电流主要用于分析半导体器件的电学特性，当电子束与半导体材料相互作用时，会产生电子—空穴对，电子与空穴在电场作用下相互分离并流动。纳米探针尖端与外部电路相连，接触样品并检测流经电流。电子束感生电流可用于定量确定复杂异质外延结构中 PN 结的位置，同时能够对失效点进行精确定位，进而使用 FIB－SEM 进行后续失效分析。电子束吸收电流同样用于半导体器件的电学特征分析，与电子束感生电流不同，电子束吸收电流主要用于测试半导体器件中电路是否导通（图 4－16）。

IGBT 是一种常见的功率器件（图 4－17），使用蔡司 FIB－SEM 在 IGBT 芯片上加工一个斜面，将其内部结构暴露出来，将纳米探针与样品表面接触，电子束扫描截面时，收集二次电子信号与电子束感生电流信号（图 4－18）。在二次电子图像中，N 型和 P 型区域呈现出不同的衬度（图 4－19 直线箭头与虚线箭头所示），而 EBIC 图像则显示了各 PN 结耗尽层位置，另外也可以看到轻掺杂形成的 PN 结耗尽层相对较宽（图 4 - 20 直线箭头所示）。

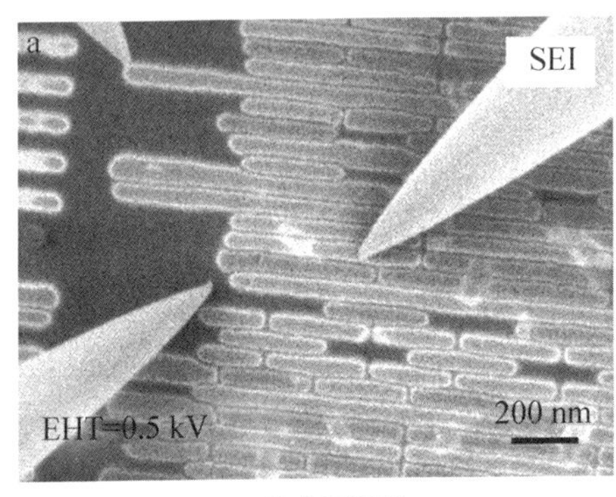

(a) 二次电子图像

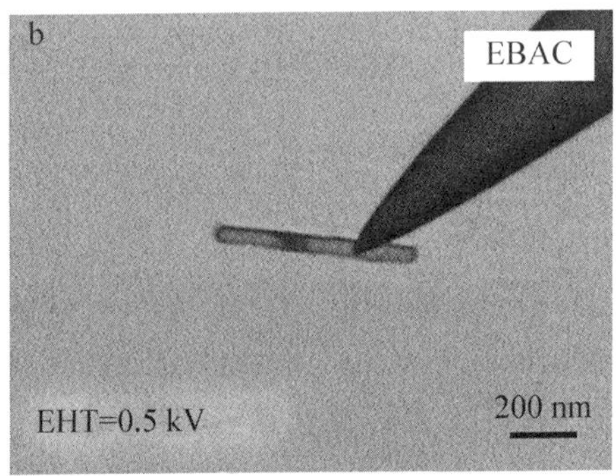

(b) EBAC 图像

图 4 - 16　芯片金属层

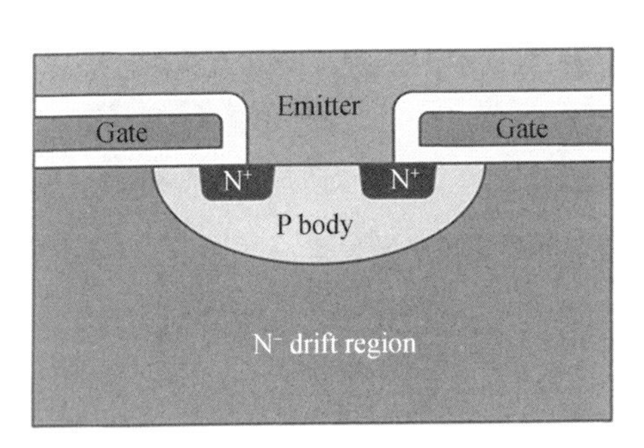

图 4 - 17　IGBT 结构示意图

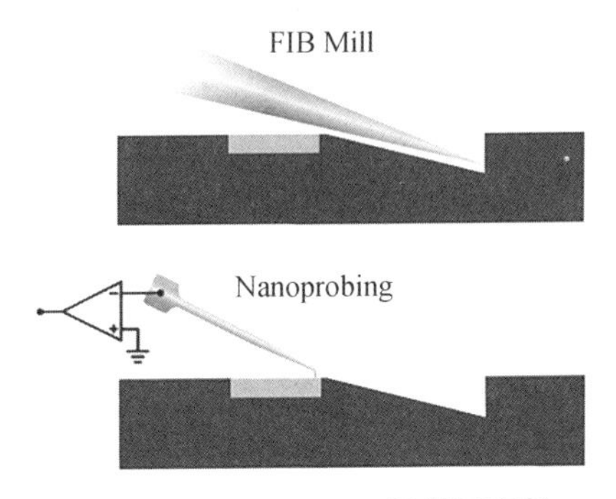

图 4 - 18　FIB - SEM 切割示意图

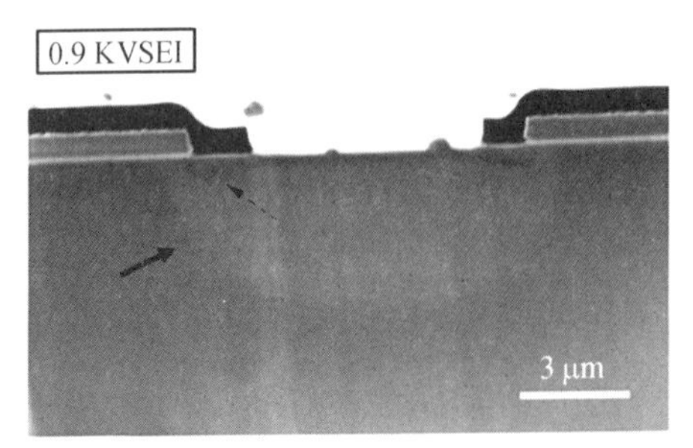

图 4 - 19　0.9 kV 二次电子电压衬度图像

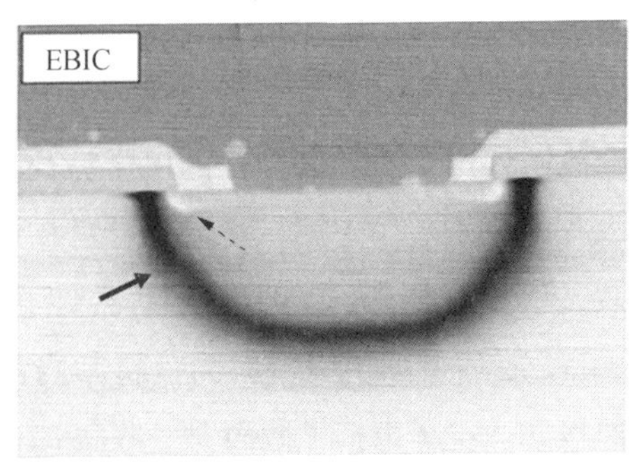

图 4 - 20　EBIC 图像

4.2.2　聚焦离子束原位 AFM 电学测试

除了上面提到的 EBIC/EBAC，电子显微镜还可以搭配导电原子力显微镜（C-AFM）对材料进行原位电学性能测试（图 4-21）。导电原子力显微镜使用一个尖锐的导电探针，以纳米级分辨率绘制样品电导率的局部变化。相比于独立的导电原子力显微镜，原位 FIB-SEM-CAFM 能够借助于 SEM 精确定位样品上的感兴趣区域（ROI），由于 FIB-SEM-CAFM 是在高真空环境中进行 AFM 测试，能够避免因环境中存在的水分而出现的重复性问题。此外，在半导体行业中，FIB-SEM-CAFM 可用于检测器件是否存在断开情况。

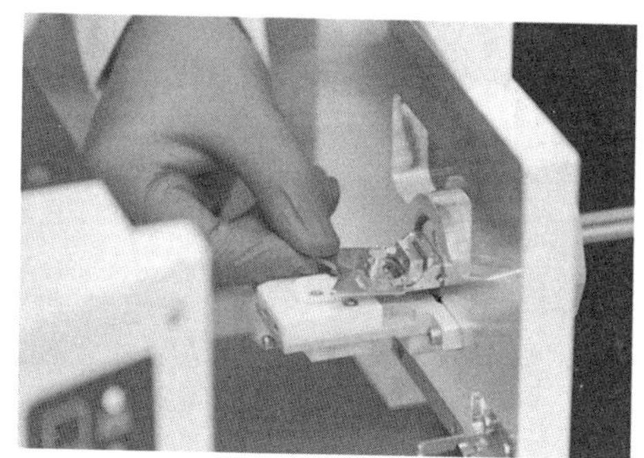
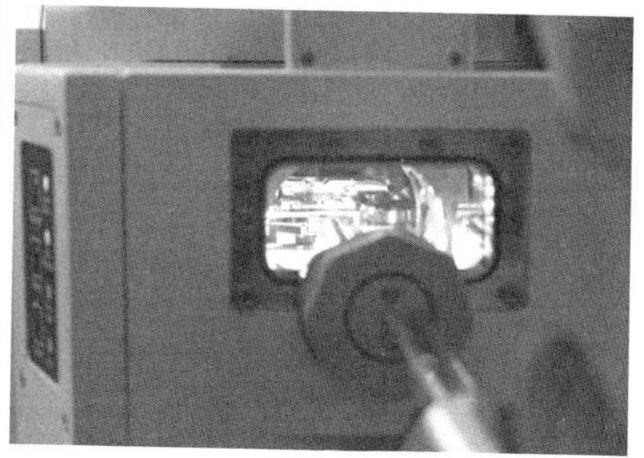

图 4-21　通过 Load Lock 更换原子力显微镜探针

如图 4-22 所示，在 7 nm 的 SRAM 上制备一个新抛光表面后，使用 AFM 尖端对芯片表面进行扫描，得到如图 4-23 所示的表面电流分布图。其中，白色的斑点代表正电流分布，深黑色及灰色斑点代表负电流分布，其余区域代表没有电流分布。结合芯片电路结构，能够发现在 CAFM 电流图上，不同颜色斑点与电路结构中 NFET、PFET 以及 Gate Contact 相对应（图 4-24）。通过 FIB-SEM-CAFM 原位测试，能够判断芯片电路结构接触点、异质结是否存在异常以及 Gate Contact 是否存在漏电流情况，使用 FIB 可更进一步分析失效原因。

图 4-22　AFM 探针与 7nm SRAM 芯片接触示意图

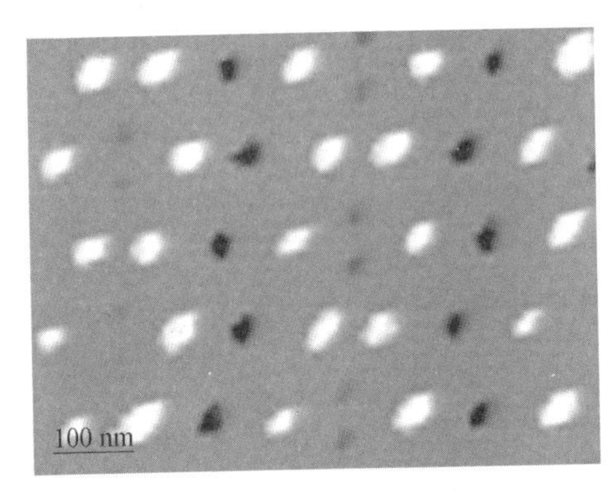

图 4-23　CAFM 测试结果图

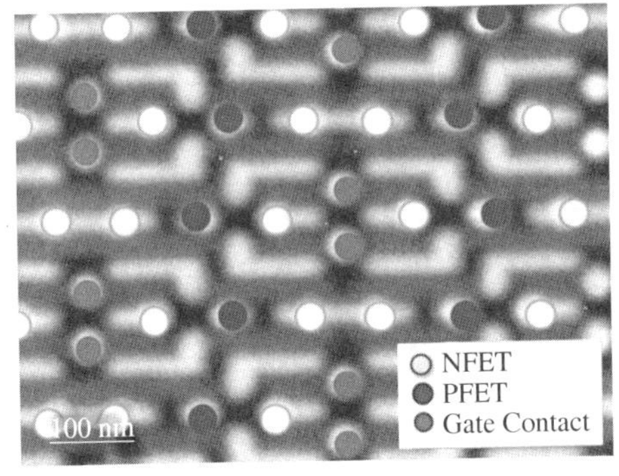

图 4-24　与 CAFM 测试结果对应的 SEM 图像

4.3　聚焦离子束原位光电联用及光谱测试技术

FIB-SEM 作为材料分析领域中的重要工具，得到了长足的发展，随着研究的不断深入，在某些科学问题的研究中，使用单一 FIB-SEM 往往存在着局限性。光电关联显微技术（CLEM）是一种将光学显微镜与电子显微镜相结合的显微技术，它的出现打破了不同检测技术之间不能原位相互关联的壁垒。使用光电关联显微技术，既能够对同一区域实现大尺度的光学显微镜观察，又能实现在电子显微镜下从内部到表面、从二维到三维的高分辨观察。本小节主要以蔡司设备为主，介绍 FIB－SEM 与光学显微镜、FIB－SEM 与拉曼（Raman）光谱相结合原位光学测试方法。

4.3.1　FIB－SEM 与光学显微镜原位测试技术

光学显微镜为世界上最早出现的显微镜，在科学发展史上具有重要的地位，推动了生命科学、材料科学等多个领域的发展。光学显微镜与 FIB－SEM 的原位结合，开辟了材料研究的新赛道。为什么需要光学显微镜与 FIB－SEM 光电关联？光学显微镜与 FIB－SEM 联用能够解决哪些问题？带着这些疑问，我们将从以下几方面进行说明。

首先，光学显微镜与电子显微镜由于成像的原理不同，相同的材料在光学显微镜下得到的图像与电子显微镜完全不同，同时某些材料的特征在光学显微镜下清晰可见，但在扫描电子显微镜下却几乎不可见（图 4－25）。同样，在生物研究领域，某些细胞在进行修饰后，在激光共聚焦显微镜下，会激发出特定颜色的光，而在扫描电子显微镜下无任何可区分特征。

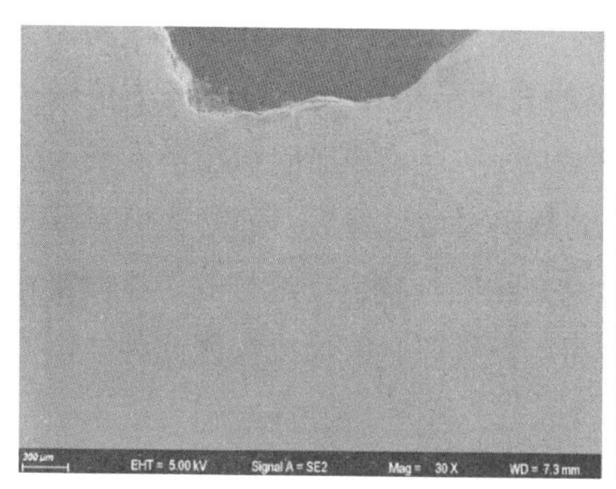

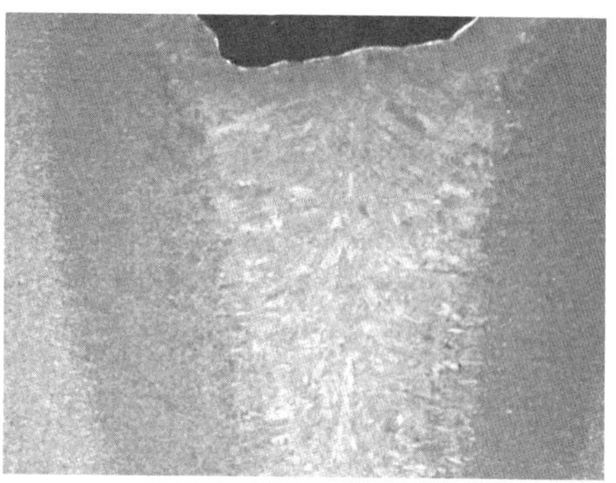

图 4－25　金属焊接后同一位置电子显微镜图与光镜图

由于光学显微镜的分辨率远低于扫描电子显微镜，且光学显微镜只能进行表面形貌的观察，在某些研究中，我们希望把在光镜下看到的结构再转移到电子显微镜下进行更高分辨率的表面观察，或使用聚焦离子束对其进行切割，对内部结构进行进一步分析研究。光电关联技术的出现，成为解决此类问题的关键。以蔡司公司光电关联技术为例，通过光学显微镜与 FIB-SEM 软件和硬件相结合，能够将光学显微镜下的结构在扫描电子显微镜下精确定位，实现在 FIB-SEM 下对同一位置进行进一步研究分析（图 4-26）。

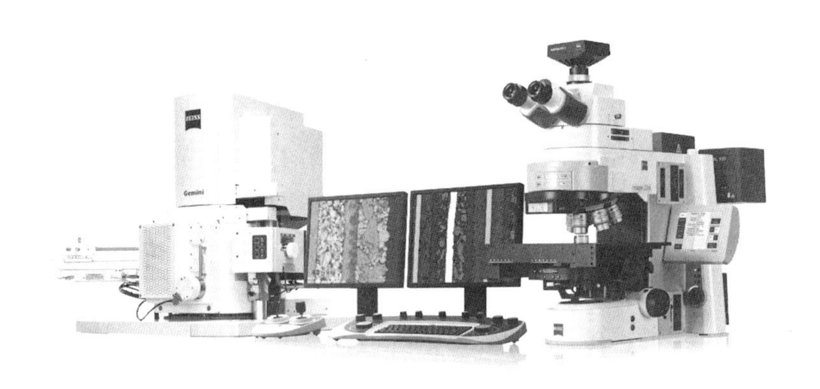

图 4-26　蔡司扫描电子显微镜与共聚焦显微镜实现光电关联

磷化铟（InP）由于其载流子浓度大，与 InGaAs/InGaAsP 等晶格匹配性好，被认为是一种潜在的半导体材料，可广泛应用于光子器件以及高功率器件。InP 在 Fe-InP 衬底上外延生长时，其内部会产生一种纳米深度的彗星状缺陷。以 Fe-InP 为例，此种缺陷的表面结构在光学显微镜下清晰可见，但在电子显微镜下几乎不可见（图 4-27）。为在电子显微镜下准确地定位到缺陷表面，可在光学显微镜下观察到缺陷表面位置后，通过光电关联技术在 FIB-SEM 下精确定位缺陷位置，并对缺陷位置进行透射电子显微镜样品制备，通过透射电子显微镜研究缺陷的生长机理，以寻找抑制此种缺陷产生的方法（图 4-28）。

光电关联技术不仅适用于常温条件，也同样适用于冷冻条件，这在生物研究领域尤为重要。以蔡司生物冷冻光电关联为例，通过简单易用的无缝工作流程，将宽场、激光共聚焦和 FIB-SEM 相关联，精确定位生物细胞后，可实现高衬度体积成像、截面成像以及冷冻透射电子显微镜的薄片样品制备等（图 4-29）。

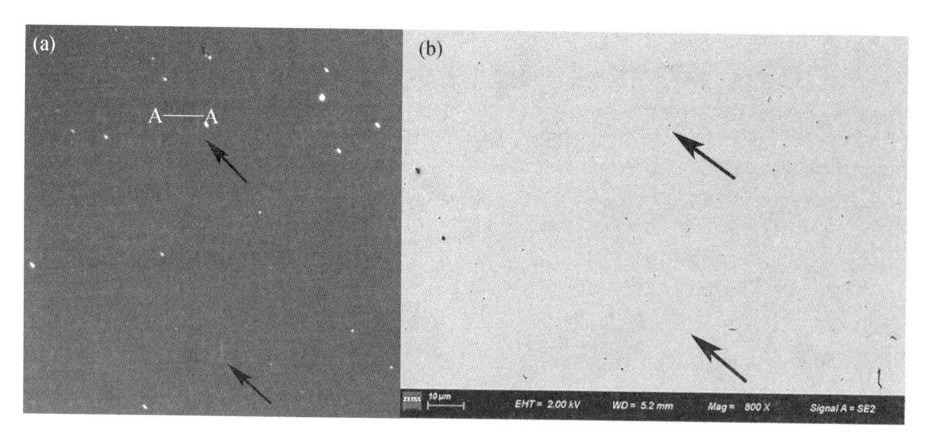

图 4－27　Fe－InP 衬底缺陷位置处清晰光镜图像（a）与几乎不可见缺陷位置的 FIB－SEM 图像（b）

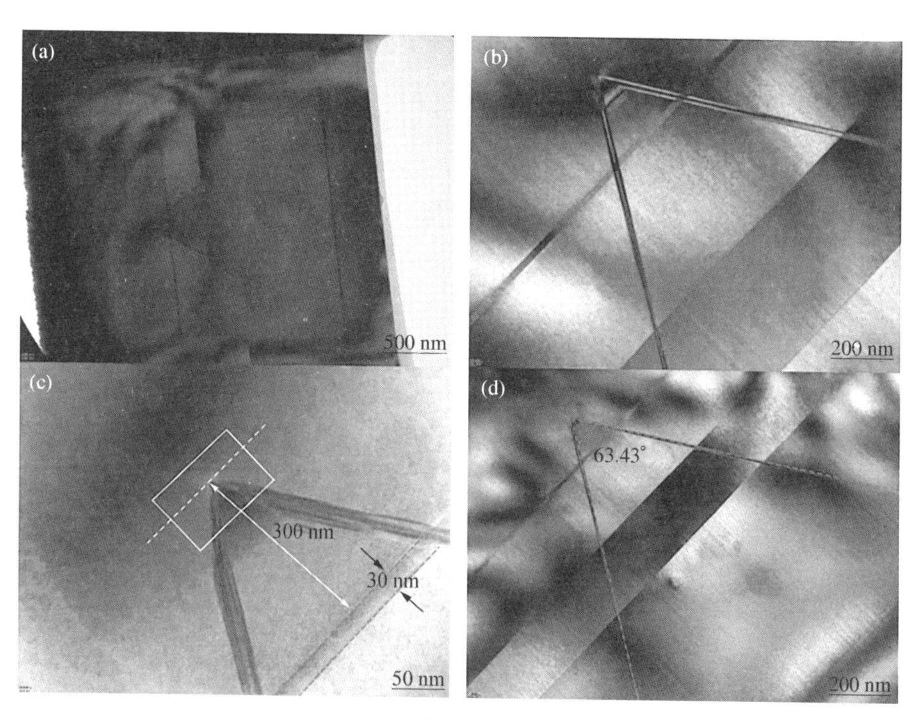

图 4－28　缺陷处 TEM 图像

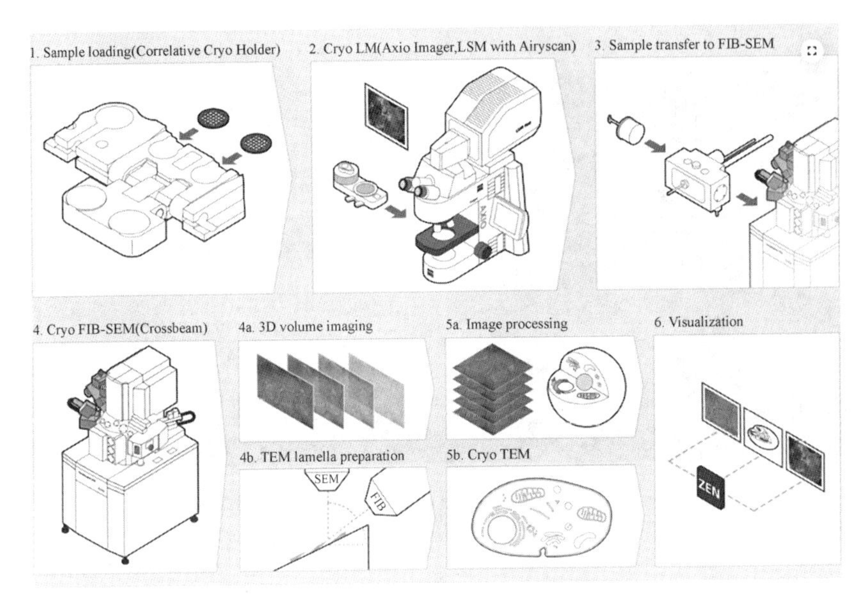

图 4-29　蔡司冷冻光电关联流程示意图

除上述应用外，FIB-SEM 与光学显微镜联用，可以通过光学显微镜系统所搭配的玻璃棒，利用静电作用提取透射电子显微镜样品。如图 4-30、图 4-31 所示，首先使用 FIB-SEM 对样品进行减薄处理，利用离子束将样品减薄至所需厚度，将薄片两侧及底部进行切割。然后将样品转移至配有玻璃针控制器的光学显微镜下，通过玻璃针静电吸附，将样品薄片转移至透射电子显微镜专用铜网上。

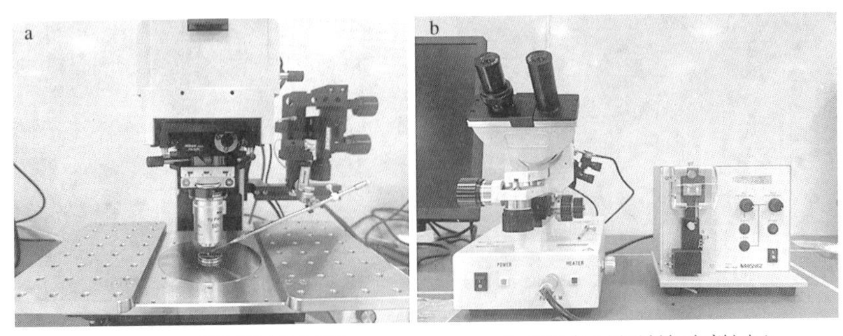

(a) 透射电子显微镜样品转移平台　　(b) 烧针台（用于制备玻璃针尖）

图 4-30　FIB-SEM 与光学显微镜联用

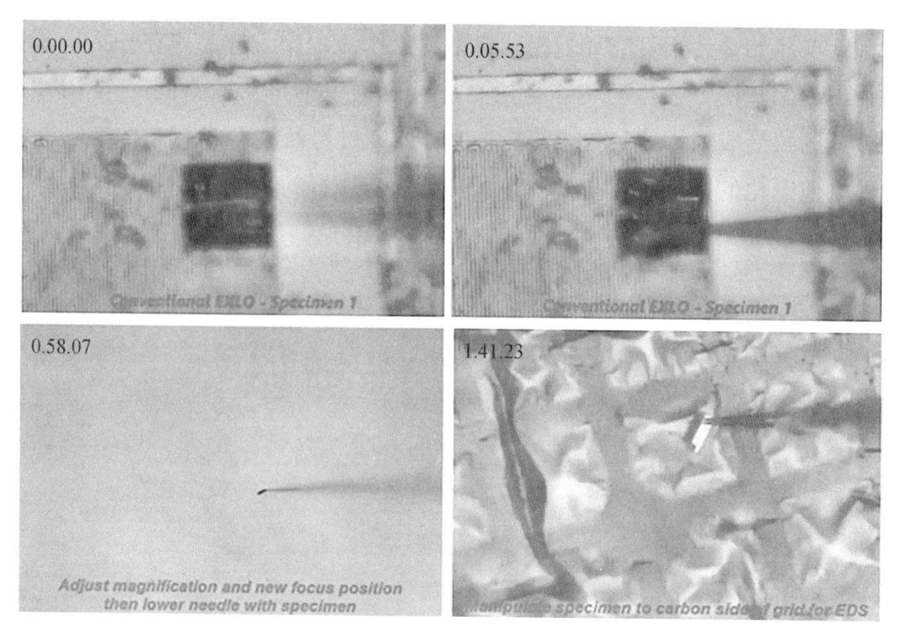

图 4 - 31　光学显微镜下透射电子显微镜样品转移示意图

4.3.2　FIB - SEM 与 Raman 原位测试技术

与光学显微镜和电子显微镜关联相似，拉曼光谱仪与电子显微镜同样能够实现原位联用。在材料研究中，扫描电子显微镜除进行形貌观察外，结合能谱仪，能够对材料成分进行定性与定量测试。但对于含有相同元素的材料，其分子结构可能存在差异，只依靠能谱仪，不能正确地判定其分子结构。电子显微镜与拉曼光谱仪联用技术的出现，使得对材料进行高分辨扫描电子显微镜成像后，能够在同一位置下进行拉曼光谱研究。配合拉曼等光谱的联用分析，可以指导聚焦离子束在指定位置进行截面观察或透射电子显微镜制样，大大提高了制样效率。本小节将以蔡司扫描电子显微镜与拉曼光谱仪原位联用为例，介绍其工作流程以及在科学研究中的应用。

如图 4 - 32 所示，拉曼光谱仪原位集成在扫描电子显微镜腔室内，ROI 可在扫描电子显微镜和拉曼光谱仪的物镜下自动转移。在整个移动和测量过程中，样品始终处于真空环境中。典型的工作流程中，样品先在扫描电子显微镜下成像，接着被自动转移至拉曼光谱仪物镜下，从而对同一个 ROI 进行后续的拉曼成像。这种技术广泛应用于 2D 材料及聚合物材料的表征与分析、电池老化的机理研究与分析，以及矿物与岩石的表征等。

图 4-32　扫描电子显微镜与拉曼光谱仪联用示意图

同质多象和类质同象是矿物学领域较为常见的现象，仅靠扫描电子显微镜、能谱或电子探针无法准确地区分，尤其是体积较小且形貌结构复杂的矿物，难度更是大大增加。蔡司 RISE（SEM-Raman）关联系统的背散射成像与拉曼光谱和能谱相结合，可有效区分类质同象和同质多象矿物（图 4-33）。

如图 4-33（b）（c）所示，石英中 465 cm^{-1} 为对称伸缩振动，柯石英中 521 cm^{-1} 为反对称伸缩振动，这两个特征峰可有效区分石英与柯石英。对包裹体进行二维拉曼面扫成像，石英与柯石英共生关系一目了然，表明柯石英退变过程中，石英首先在柯石英表面成核，呈放射状包裹柯石英并向内逐步取代。

近年来，微塑料对环境的污染逐渐成为一个全球性问题。微塑料颗粒小，可进入人体循环，造成了潜在的健康危害。如图 4-34 所示，在微塑料的研究中，拉曼光谱仪可以区分微塑料的具体成分，但成像分辨率低，无法对微塑料进行高分辨观察。可以通过对微塑料颗粒进行拉曼光谱分析，判断该微塑料为 PE，再将样品自动转移至扫描电子显微镜下进行高分辨成像，同时，不同图像之间还可进行叠加。

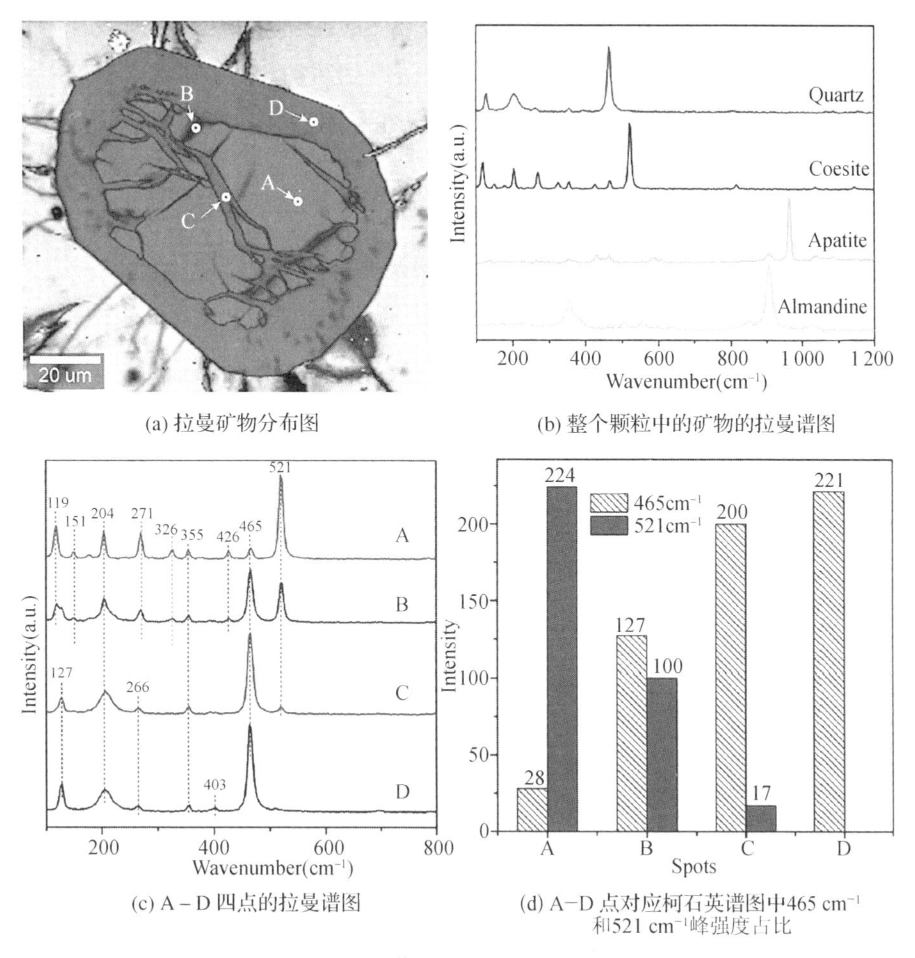

(a) 拉曼矿物分布图　(b) 整个颗粒中的矿物的拉曼谱图

(c) A – D 四点的拉曼谱图　(d) A–D 点对应柯石英谱图中465 cm⁻¹和521 cm⁻¹峰强度占比

图 4 – 33　蔡司 RISE 关联系统应用

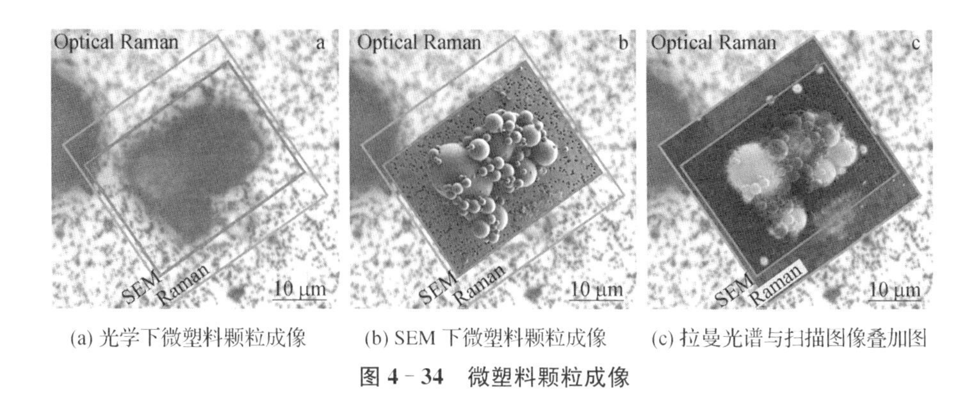

(a) 光学下微塑料颗粒成像　(b) SEM 下微塑料颗粒成像　(c) 拉曼光谱与扫描图像叠加图

图 4 – 34　微塑料颗粒成像

热障涂层（TBC）是一种耐高温、地导热的陶瓷涂层，广泛应用于高低温环境温度部件，如涡轮机和发动机等，进行热防护和腐蚀防护。热障涂层可有效改善部件的表面性能，增强其稳定性和耐磨性，然而钇稳定氧化锆（YSZ）型 TBC 通常沉积采用大气等离子喷涂（APS）技术沉积，其结构通常由陶瓷面漆组成金属粘结层和衬底，最上面的一层 YSZ 因为低导热性和高热膨胀系数，加工后的工件受残余应力影响较大，容易出现涂层开裂和剥落。利用 RISE 系统对 TBC 图层进行高分辨扫描电子显微镜成像后，在同一位置区域进行电子背散射衍射、拉曼光谱分析和拉曼成像研究，对微观结构和晶粒的应力进行定量计算，发现通过控制冷却速度和晶粒形状，可以控制裂纹的形成和扩展。利用 SEM－Raman 耦合表征 YSZ 涂层的结晶度和裂纹，结合 SEM 形貌和拉曼成像及拉曼光谱，可以发现黄色区域的光谱在 635 cm^{-1}附近的峰更宽，其结晶度较差（图 4－35）。黄色区域主要集中在裂缝附近，拉应力较大，更容易形成裂缝，可推测结晶度是由不同的冷却速率引起的。

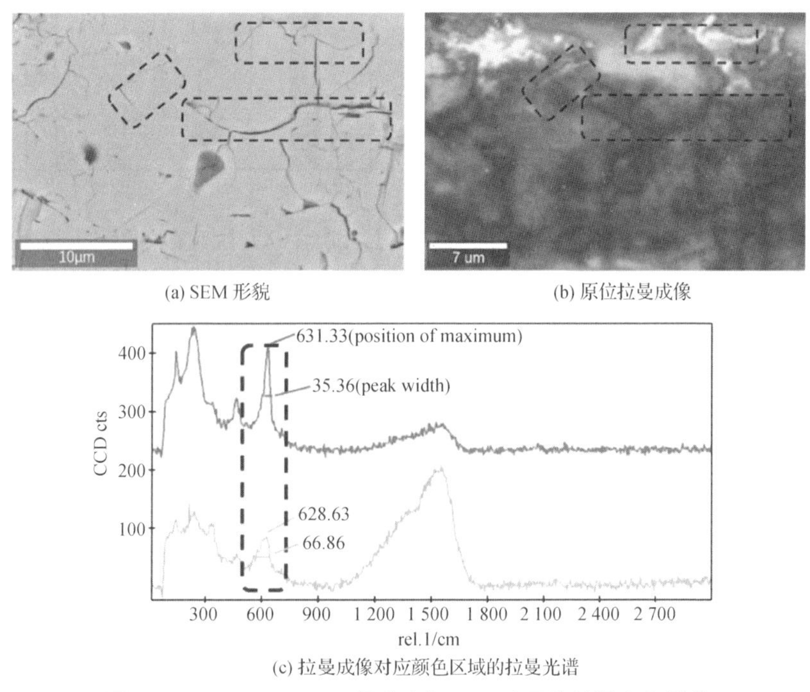

(a) SEM 形貌　　(b) 原位拉曼成像

(c) 拉曼成像对应颜色区域的拉曼光谱

图 4－35　SEM－Raman 耦合表征 YSZ 涂层的结晶度和裂纹

为了确定晶间裂纹集中在柱状晶粒周围的原因，本书结合 SEM 形貌、EBSD 晶粒取向和拉曼应力对其进行表征，如图 4－36（a）所示，在单个颗粒中选择 5 个点进行拉曼光谱测试，得到的结果如图 4－36（b）所示，采用波数平均值计算应力。把这种晶粒定义为零应力晶粒，用同样的方法检测其他颗粒的波数，根据得到的波数计算出每个颗粒的应力，结果如图 4－36（c）和（d）所示，水平标记的颗粒是等轴晶粒，垂直标记的晶粒为柱状晶粒。由图 4－36（d）可知，柱状晶粒的拉伸应力大于等轴晶粒，这一结果很好地解释了为什么晶间裂纹集中在柱状晶粒周围——柱状晶粒的拉应力大于等轴晶粒，故更容易在柱状晶粒处出现晶间裂纹。

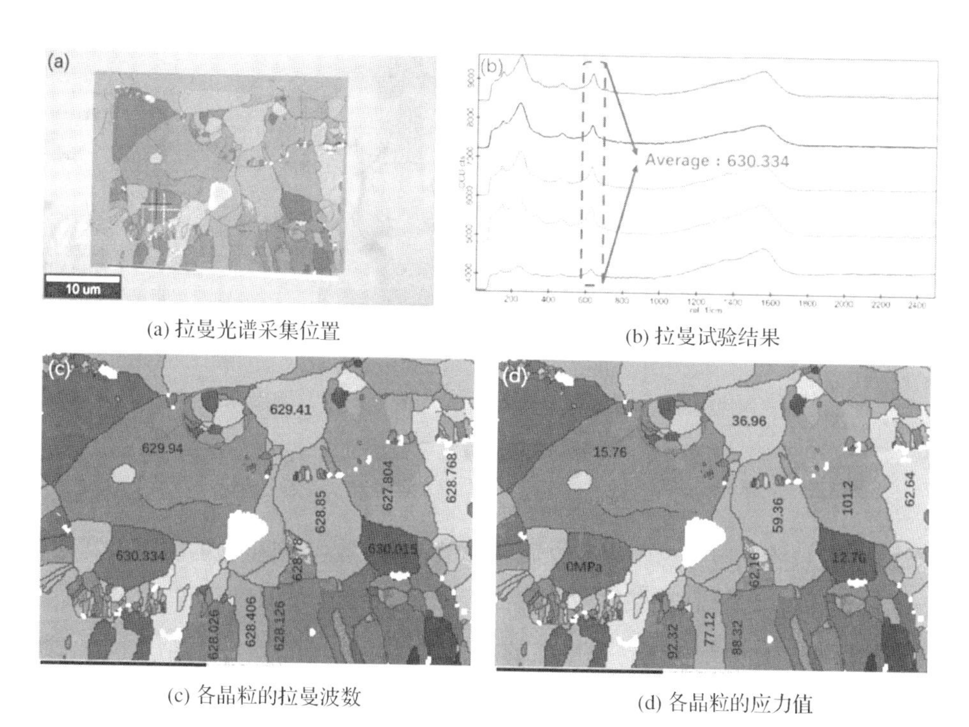

(a) 拉曼光谱采集位置

(b) 拉曼试验结果

(c) 各晶粒的拉曼波数

(d) 各晶粒的应力值

图 4－36　SEM 形貌、EBSD 晶粒取向和拉曼应力耦合表征晶间裂纹

碳化硅（SiC）在高温下具有较高的抗辐射性能、较低的活化和衰变热性能、较低的热中子截面和较低的氚渗透率，因此其在核反应堆中的应用受到特别关注。然而，单片碳化硅固有的高脆性影响其作为结构材料的应用，用连续 SiC 纤维增强 SiC 基复合材料，可使材料在机械载荷作用下具有延展性，降低复合材料的热宏观脆性。因此，核能和航空航天领域正在开发具有更优越强度、可靠性和损伤容限性能的 SiC_f/SiC 复合材料。利用放电等离子烧结（SPS）法制备 SiC_f/SiC 复合材料，并利用 RISE 系统对其微观结构进行分析表征，可得到 SiC_f/SiC 复合材料的 SEM 形貌图像，从中可以清楚地观察到含有纤维的区域（上层）、基质区域（下层），复合材料的形貌在粉末颗粒固结形成的 SiC 层中具有均匀的不规则多孔结构，对该区域进行拉曼扫描成像并将得到的拉曼成像与 SEM 图像进行重叠，可以得到拉曼光谱的位置分布（图 4-37）。

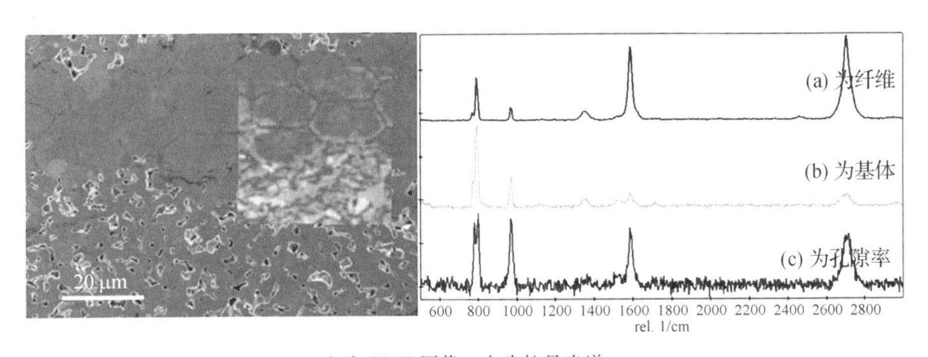

左为 RISE 图像，右为拉曼光谱

图 4-37　SiC_f/SiC 试样拉曼光谱位置分布

RISE 系统在电极材料表征方面具有很大的优势，在传统的测试过程中，表面形貌和化学结构信息是分开测量的，而 RISE 技术可以同时表征同一微区域的形貌和化学结构，这对电极的优化设计具有重要意义。利用 RISE 系统对不同温度下退火的碳纤维布（CFCs）进行分析，可得到拉曼成像、SEM 图像。图 4-38 显示了不同处理条件下 CFCs 的 G 波段和 D 波段的变化。D/G 的比值强度从强到弱依次用红色、蓝色、绿色表示，紫色和黄色分别代表背底和荧光区域。从图 4-38（c）—（h）可以看出，随着退火温度的升高，红区逐渐消失，证明 CFCs 的有序度在活化的过程中降低，表面出现了缺陷。

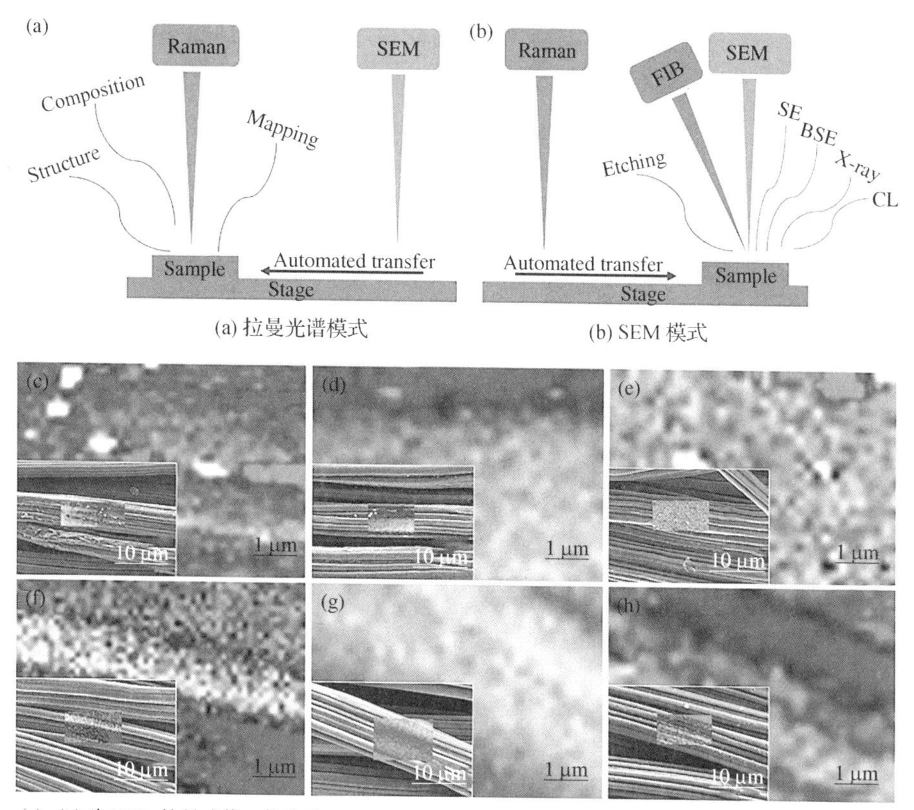

(c)–(h) 为CFCs 拉曼成像，依次为350CFCs、400CFCs、425CFCs、450CFCs、475CFCs 拉曼图像

图 4－38　不同处理条件下 CFCs 的 G 波段和 D 波段的变化

4.4　聚焦离子束三维重构技术

随着聚焦离子束技术近几十年的发展，聚焦离子束显微镜从单一的离子镜筒发展到将离子镜筒与电子镜筒相结合的双束扫描电子显微镜，再到双束电子显微镜与飞秒激光结合的三束电子显微镜系统（图 4－39）。飞秒激光的加入，使材料的加工尺度从微米拓展到厘米范围，使大体积样品快速无损切割成为可能；电子镜筒的加入，使其在材料研究中的应用从单一的材料加工

拓展到集材料加工（如微纳加工、透射电子显微镜样品制备等）、成像和分析（如能谱仪、电子背散射衍射、飞行时间二次离子质谱 TOF－SIMS）于一体的综合加工分析平台，使材料研究尺度从二维拓展到三维，对材料在微纳尺度内三维空间的研究起到了不可替代的重要作用。

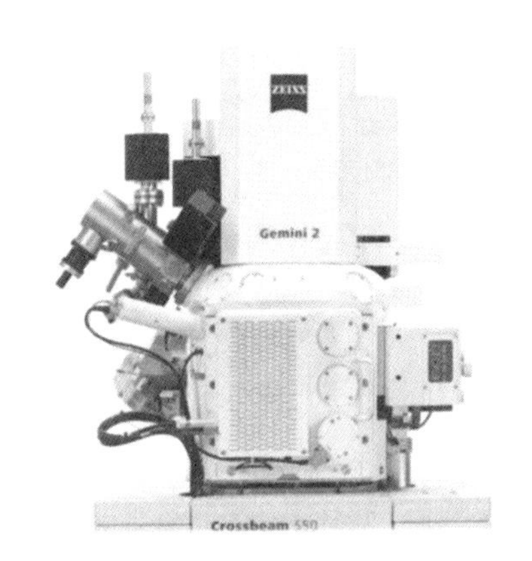

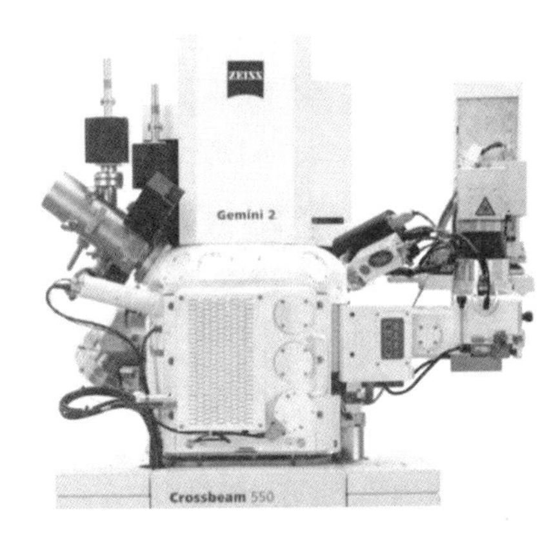

图 4－39　ZEISS 公司 Crossbeam 双束系统（左）和 Crossbeam 三束系统（右）

与其他三维成像技术相比，聚焦离子束三维重构技术分辨率更高，能够获取材料内部纳米级尺度的微观结构。随着技术的发展，聚焦离子束三维重构技术已发展成为 3D－Imaging、3D－EDS、3D－EBSD、3D－TOF－SIMS 四种不同功能性的三维成像分析技术。本章节主要阐述了运用聚焦离子束技术进行三维重构的原理、过程方法以及不同三维重构分析技术在材料分析领域中的应用。

4.4.1　聚焦离子束三维重构原理及影响因素

本章节以蔡司公司生产的 Crossbeam 350 双束搭配 Atlas3D 软件系统为例，介绍 FIB－SEM 三维重构的原理与方法。使用 FIB－SEM 可对材料进行三维重构，这是离子束刻蚀与电子束成像共同作用的结果。首先使用离子束对所选定样品进行一定厚度及深度的刻蚀，完成后借助 SEM 进行自动成像。

每进行一次离子束刻蚀，电子束将在切割面进行成像，循环往复，直到所设定的材料体积切割完成（图 4－40）。在此过程中得到一系列 SEM 图像，将一系列 SEM 图像利用三维重构软件进行三维重构，得到材料的三维立体结构，同时能够对该三维结构中不同组分及结构进行分析计算，将材料表征从二维延伸到三维。三维重构的具体步骤如下（图 4－41）。

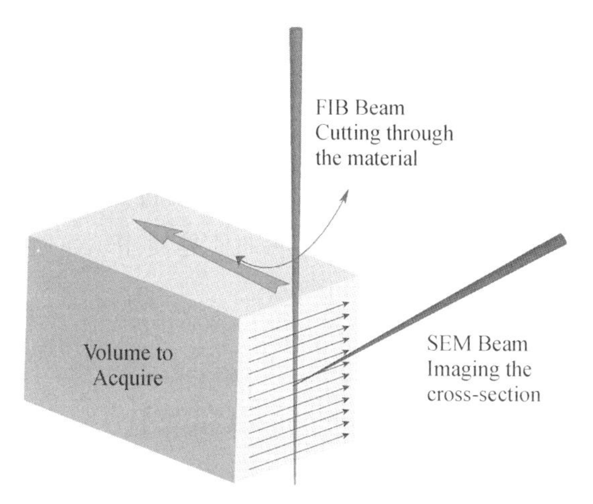

图 4－40　FIB－SEM 三维重构原理示意图

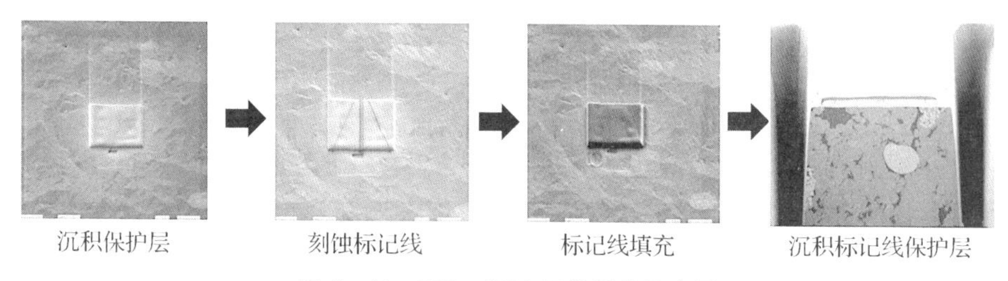

图 4－41　FIB－SEM 三维重构示意图

（1）在选定区域表面沉积一定厚度 Pt 保护层。

（2）在 Pt 保护层表面设置“爪”形标记线，通过监控两条线之间的距离，动态精准控制每层切片厚度。

（3）利用离子束刻蚀保护区域前端及两侧，形成“鼻子”形结构，以在横截面上提供足够大的视角，并在目标体积周围提供足够的间隙，避免在离子刻蚀过程中由于重新沉积材料而出现阴影。

(4) 根据设定参数，自动进行切割与图像采集（对于 3D - EDS 及 3D - EBSD，软件中设置 EDS 及 EBSD 采集参数，在图像采集完成后进行 EDS 或 EBSD 数据采集）。

(5) 数据采集完成后，利用三维重构软件（如 Dragonfly）对采集数据进行处理。

基于该系统将枯草芽孢杆菌树脂包埋，可收集枯草芽孢杆菌二维图像。这些细菌前孢子被蛋白质外壳包裹，由至少 20 种不同的交联多肽组成，并组织成几个不同的层，从二十纳米到几百纳米不等。系统运行持续近 24 小时（不包括系统稳定期间的最早时期）的 z 切片的平均测量厚度为 3.25 nm（图 4 - 42），标准偏差为 0.54 nm，表明即使是使用软生物材料，系统在长时间内依旧能够精准控制切片厚度。

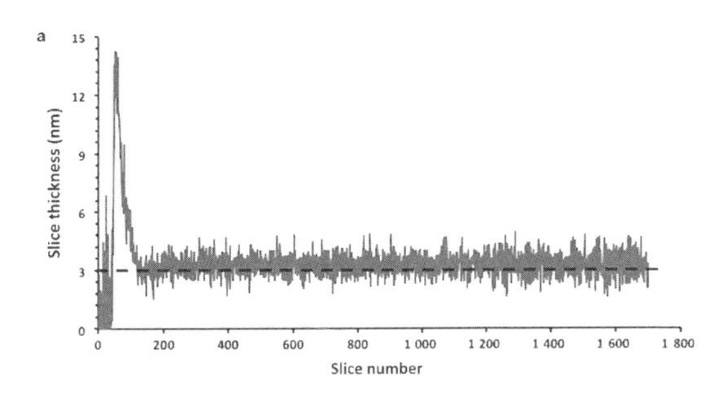

图 4 - 42　树脂包埋的枯草芽孢杆菌过夜运行期间的切片厚度随时间的变化图

切片厚度的准确性对后期三维重构的结果起着至关重要的作用。图 4 - 43（a）为标准切片厚度与实际切片厚度下三维重构 XZ 平面结构对比。得益于使用 Atlas3D 软件，可以精准地得到每个切片测量的厚度信息，更准确地再现了 3D NAND 的真实圆形结构尺寸，从而重构后得到准确的 3D NAND 三维结构图，如图 4 - 43（b）所示。采用设定切片厚度的方法重建虚拟 XZ 平面，因为实际的切片厚度并不是设置的切片厚度，将导致在进行三维重构时，在 XZ 平面得到错误的 3D NAND 结构尺寸，从而严重影响三维重构结果的准确性。

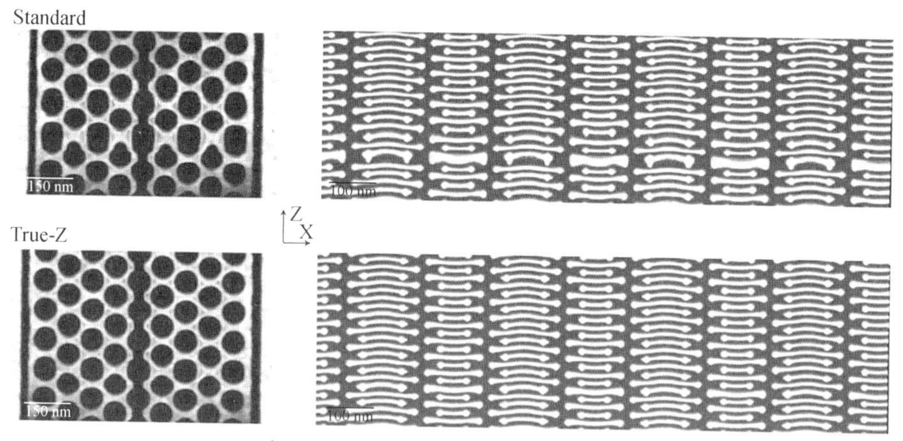

(a) 3D NAND 标准切片厚度与实际切片厚度下三维重构XZ 平面结构对比

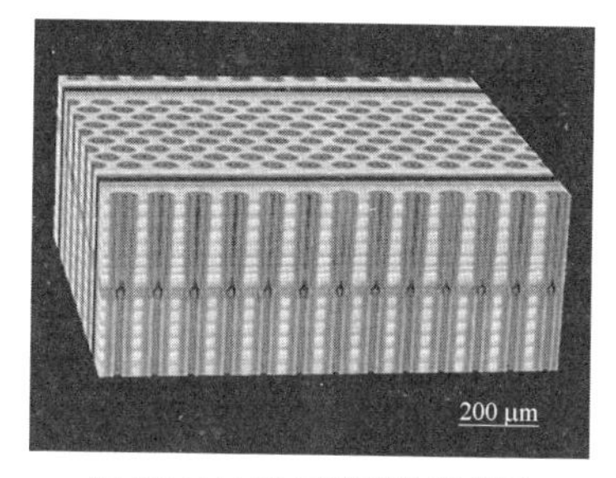

(b) 3D NAND 三维重构结果图

图 4－43　切片厚度的准确性对三维重构的影响

在 FIB－SEM 对材料进行高精度三维重构过程中，对于岩石类样品，由于样品不导电，且成像区域不能进行喷镀，图像采集往往会面临荷电问题。如何有效地解决荷电问题，对于此类不导电样品的三维重构至关重要。

如果 FIB－SEM 系统中配有接地纳米探针，探针由低电阻率金属组成，并且能够在纳米尺度上精确移动，可以有效减少样品荷电问题。探针的尖端尺寸小于 2 μm，因此在接触样品时只形成很小的力（图 4－44）。如果不将纳米探针接触样品，如图 4－45（a）和（c）所示，图像会出现纵向拉长及横向锯齿状波动，Pt 保护层变成平行四边形；当将纳米探针插入目标区域附近表面，使目标区域与外界形成通路，提升不导电岩样目标区域的导电性，增加目标区域的电场稳定性，图像还原真实状态，Pt 保护层恢复为矩形。通过测量特征点（1—5）间距可以发现，没有纳米探针辅助时图像拉长 14%，相应孔隙体积变大，这将导致体积百分比计算错误，三维数字模型不准确。

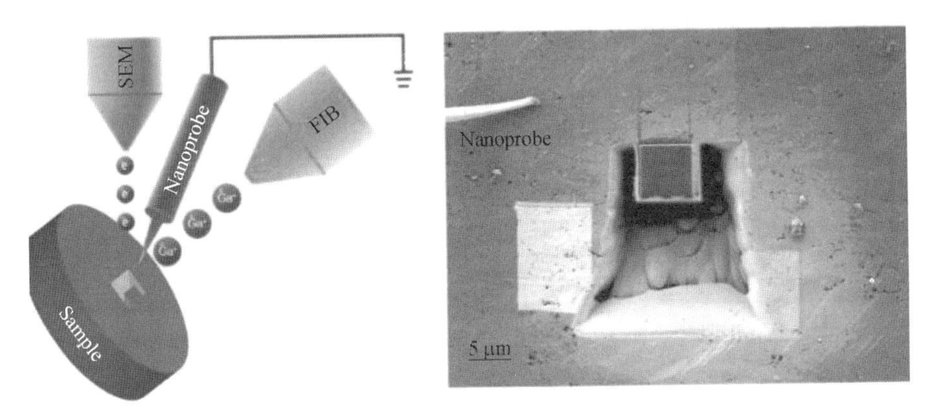

图 4-44　纳米探针辅助 FIB-SEM 成像示意图与实际操作图像

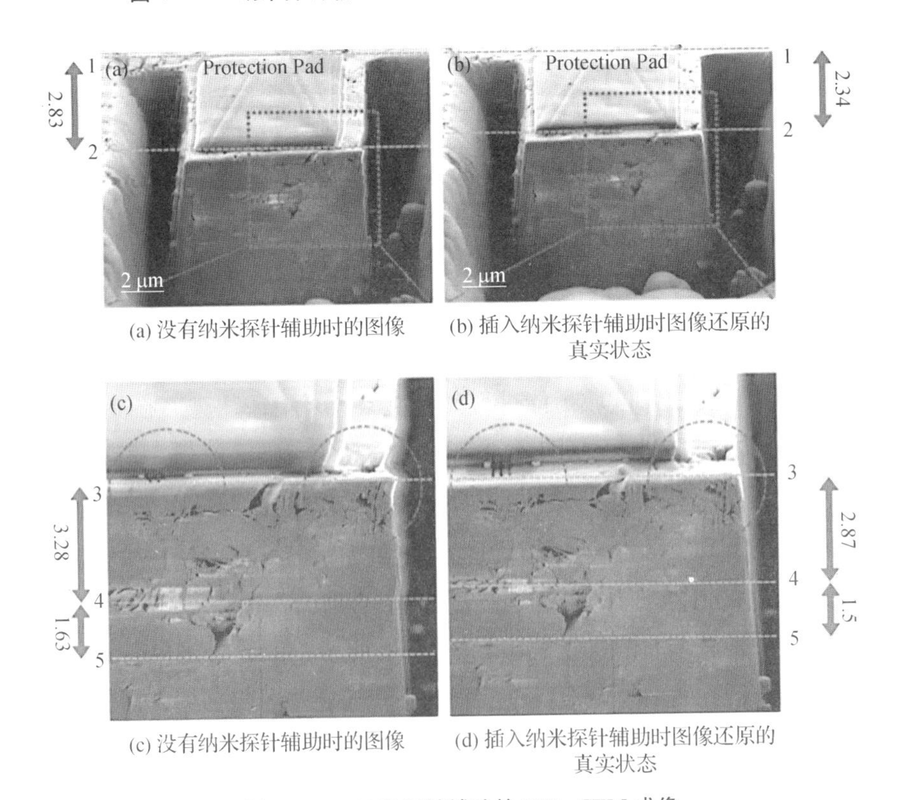

(a) 没有纳米探针辅助时的图像　(b) 插入纳米探针辅助时图像还原的真实状态

(c) 没有纳米探针辅助时的图像　(d) 插入纳米探针辅助时图像还原的真实状态

图 4-45　纳米探针辅助的 FIB-SEM 成像

纳米探针辅助的 FIB－SEM 层析成像方法可以有效消除 FIB－SEM 在层析成像中因荷电现象而导致的图片过度曝光、漂移和失真问题。同时，结合低电压、小束流的成像条件，选择合适的探测器（如 ZEISS 镜筒内能量过滤背散射探测器〔ESB〕，能够在低电压下进行高分辨背散射电子成像），可对切割表面进行无荷电、高分辨的成像，得到一系列无畸变的真实照片，从而提高三维重构结果的准确性。

4.4.2　聚焦离子束三维重构方法及应用

搭配能谱仪系统的 FIB－SEM，除了可以对材料结构进行三维重构，还能够对材料进行 3D－EDS 表征，获得材料三维成分信息，将材料三维研究从单一的结构研究扩展到成分研究。如图 4－46 所示，样品为氧化物电裂解电池循环后的 SEM 成像及对应的 EDS Mapping 图，从三维数据中，不仅能够得到循环后孔隙在样品中的占比，通过 3D－EDS 还能够得到 Ni、YSZ、氧化钆掺杂氧化铈（GDC）、镧锶钴粉体（LSC）及锆酸锶（$SrZrO_3$）在材料中的分布及占比。

电子背散射衍射技术自 20 世纪 70 年代诞生以来，广泛应用于材料晶粒尺寸、取向、晶界以及相分布等方面的研究，成为科研工作者研究晶体材料不可或缺的重要技术之一。随着技术发展及研究的深入，单一二维平面电子背散射衍射分析已不能满足某些研究的需求，3D－电子背散射衍射技术应运而生。该技术结合了扫描电子显微镜和聚焦离子束等先进技术，通过逐层去除样品表面的材料，采集每层的电子背散射衍射数据，重建出样品的三维晶体结构。这种技术不仅能够提供样品的三维形貌信息，还能够深入样品内部，获取更加全面和准确的材料内部晶体结构信息。

与 3D－Imaging 及 3D－EDS 不同，在 3D－EBSD 信号采集过程中，要求样品表面相对于水平面倾斜 70°，因此需将样品放置在特定角度的预倾台上，聚焦离子束对样品表面完成切割后，预倾台自动旋转 180°，然后进行一定角度的倾斜补偿，保证样品表面在相对于水平面为 70°夹角下采集电子背散射衍射数据（图 4-47）。研究表明，新的 3D-EBSD 技术提供了一种传统的 2D-EBSD 分析无法实现的微观结构信息表征方法。

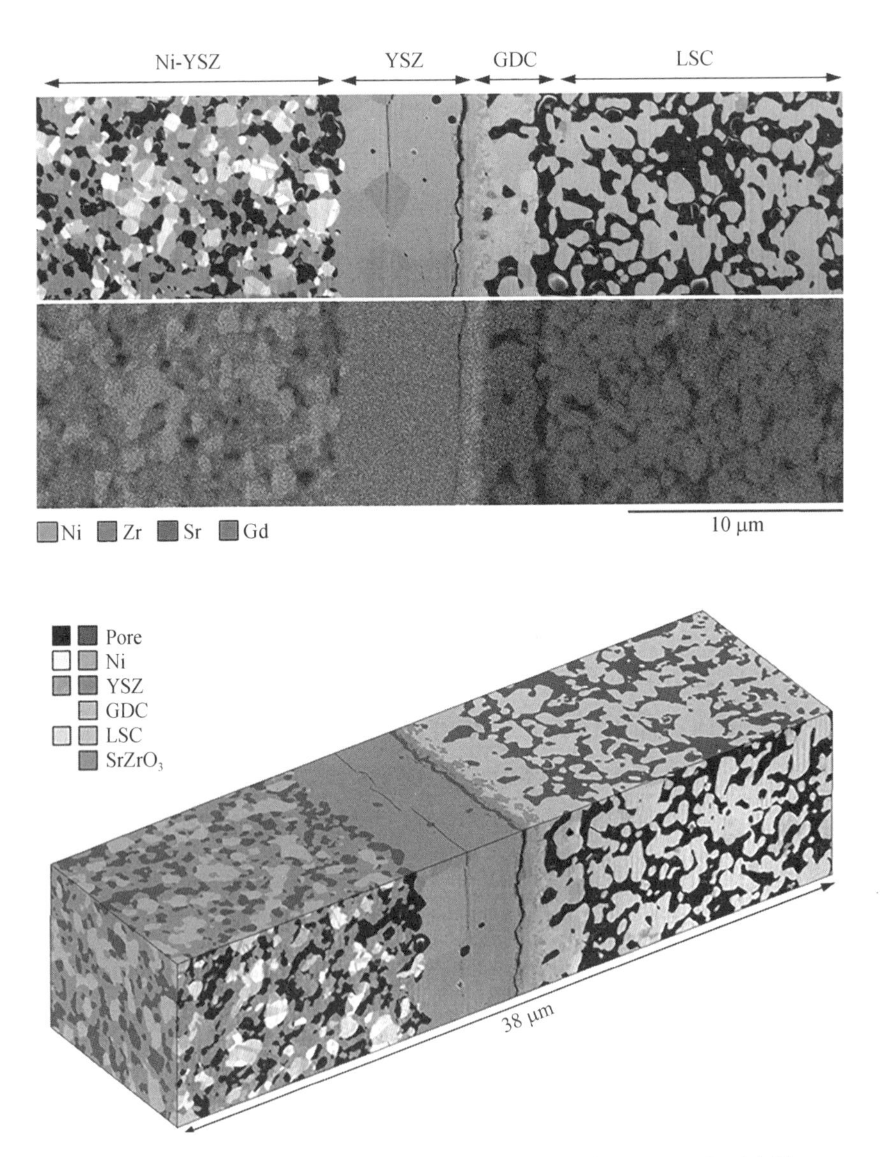

图 4-46　固体氧化物电裂解电池循环后 SEM 成像（上图）及对应的 EDS Mapping 三维图像和三维 EDS 数据的组合结果（下图）

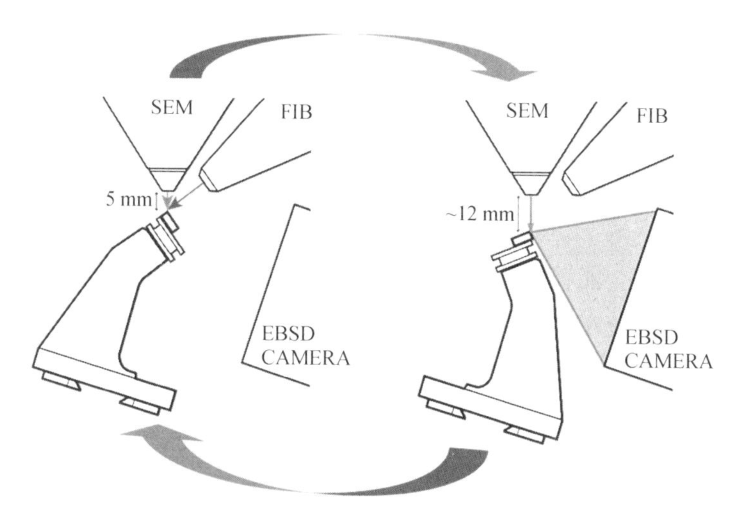

图 4－47　3D－EBSD 采集过程示意图

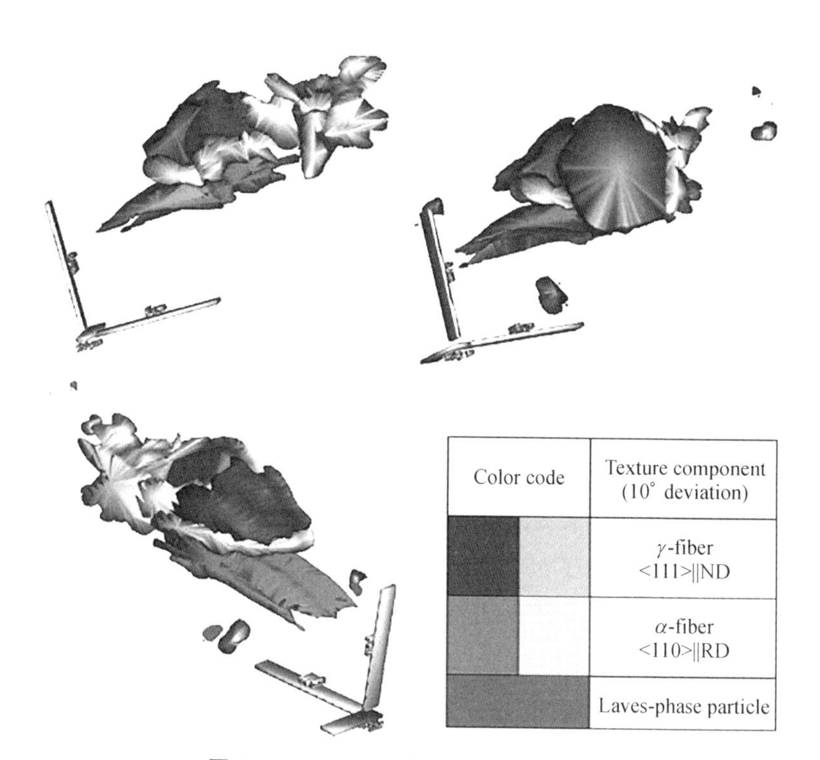

图 4－48　Fe_3Al 合金 3D－EBSD 示意图

TOF - SIMS 是一种高灵敏度表面分析技术，在 TOF - SIMS 测试过程中，样品的表面被一次离子束轰击，一定数量的次级物质（原子、分子和离子）被喷射出来（图 4 - 49）。那些携带电荷的二次离子溅射物质被引导到一个外加电场的探测器，基于二次离子的质量电荷比（m/q）及飞行时间（t），能够对不同二次离子进行识别。TOF - SIMS 数据可以用不同的方式表示，如表面元素谱图，能够定性分析元素及其同位素信息；二维元素分布图，能够提供元素横向分布信息；深度剖析截面图，能够表示元素深度分布；同时能够进行三维重构，得到三维元素信息。

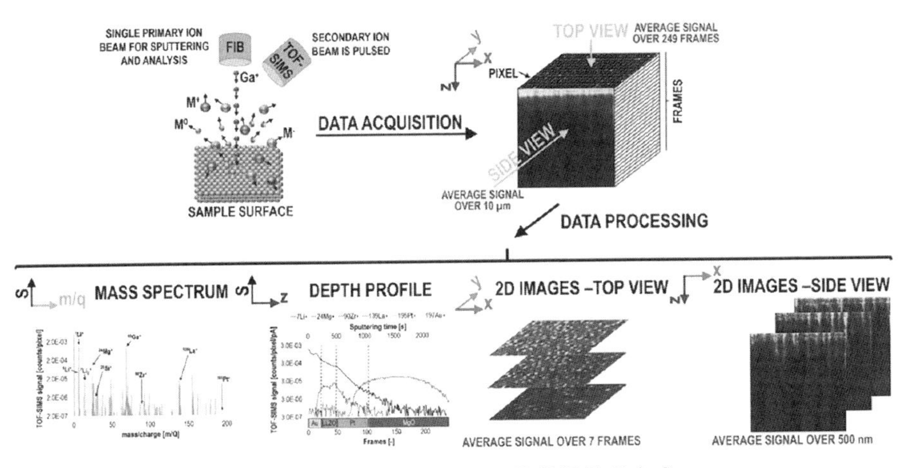

图 4 - 49　TOF - SIMS 原理及数据呈现方式

近年来，随着对材料分析的高空间分辨率以及低检出限的需求增加，基于 SEM 的能谱仪检测已不能满足某些研究的需求，因此，基于聚焦离子束的 TOF - SIMS 联用技术飞速发展。FIB - TOF - SIMS 不仅具备了 FIB 的高空间分辨率，同时通过 TOF - SIMS 能够实现对轻元素（H、Li 等）及同位素的检测，且检出限可达到 ppm 级（图 4 - 50）。

基于 FIB - TOF - SIMS 的三维数据采集，其原理是首先利用 Ga 离子束对样品表面进行一定深度的刻蚀，再通过收集刻蚀过程中产生的二次离子信号进行成像，得到各种成分的面分布图像，经过不断逐层剥离得到各种成分的深度分布，即得到三维元素分布信息。

图 4-50　FIB-TOF-SIMS 结构图

FIB-TOF-SIMS 可以测试 H 元素，对氢污染、储氢材料、氢脆等方向的研究有重大意义。对不同渗氢工艺处理的 Ni-yTi 形状记忆合金进行 TOF-SIMS 氢元素渗透表征，可发现氢在测试样品内部抑制应力诱发的马氏体相变情况，并可经过力学实验进行证实（图 4-51）。

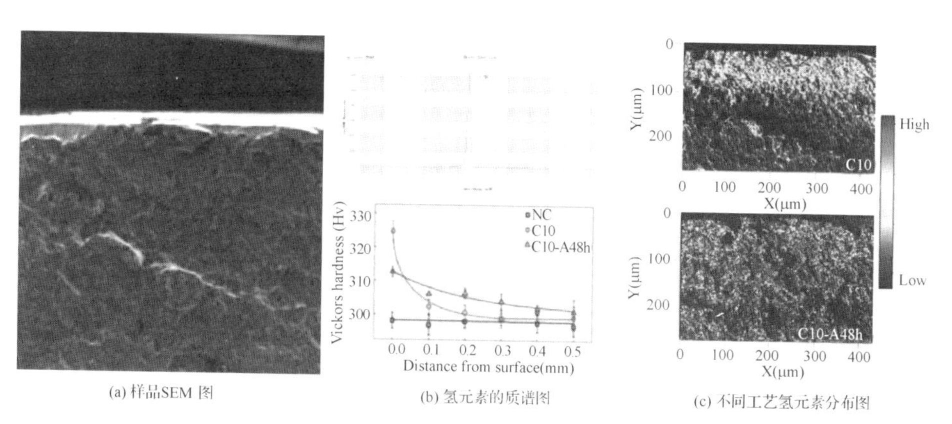

(a) 样品SEM 图　(b) 氢元素的质谱图　(c) 不同工艺氢元素分布图

图 4-51　不同工艺氢元素渗透深度及对应力学性能

应用 FIB-TOF-SIMS 联用系统可进行原位同位素分析，进而确定样品中所含元素的种类。其超轻元素（H、Li、Be、B 等）的检测功能，可弥补常规能谱仪和射线波谱仪（WDS）无法检测轻元素的技术缺陷。在地学研究中，常见一些含 H、Li、Be、B 的矿物，常规的能谱仪和 WDS 分析方法无法检测，确定含超轻元素矿物的种类比较困难，但应用 FIB－TOF－SIMS 联用系统，结合能谱分析可大致确定这类矿物的种类。图 4－52 中（a）为某伟晶岩样品的背散射电子图像，仅通过能谱定性分析（图 4－52〔b〕和〔c〕）很难判断测点 P1 和 P2 位置的矿物种类。应用 FIB－TOF－SIMS 联用技术，分析区域为 260 μm×260 μm，离子束流 3 nA，图像分辨率 512×512，像素合并 4，共采集 500 幅，分析 P1、P2 的元素组成。结合能谱数据从图 4－52（d）（e）（f）可以看出，测点 P1 区域除含有 O、F、Al、Si 和 K 元素外，还含有 H 和 Li 元素；测点 P2 区域除含有 O、F、Na、Al 和 Si 元素外，还含有 H、Li 和 B 元素，并且点 P2 位置 Li 元素的含量较点 P1 处少。根据上述元素种类，可判断测点 P1 部位为锂云母，测点 P2 部位为锂电气石。

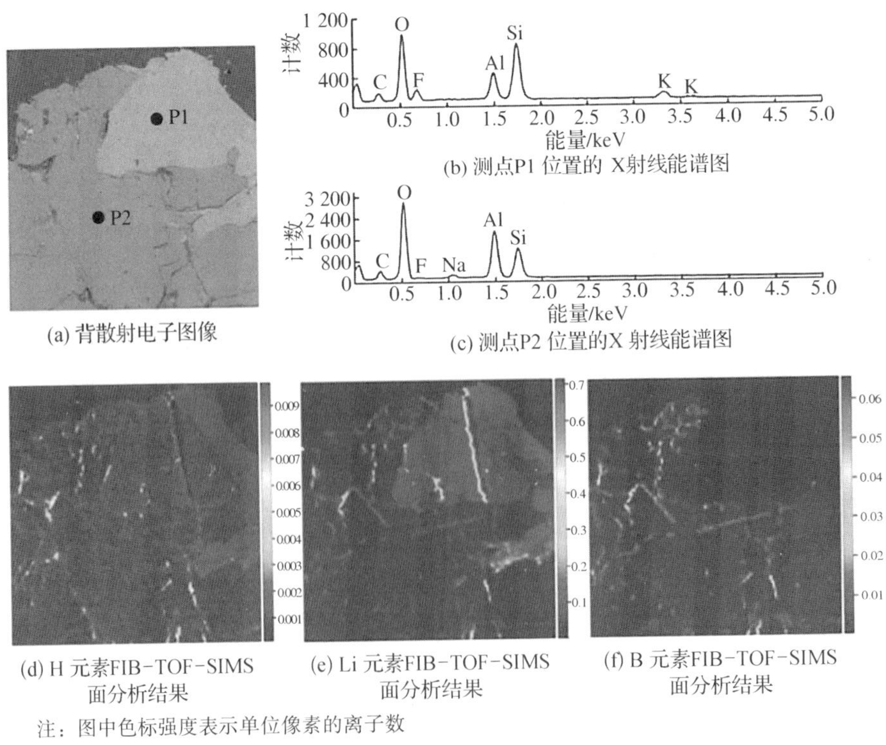

(a) 背散射电子图像

(b) 测点P1 位置的 X射线能谱图

(c) 测点P2 位置的X 射线能谱图

(d) H 元素FIB-TOF-SIMS 面分析结果

(e) Li 元素FIB-TOF-SIMS 面分析结果

(f) B 元素FIB-TOF-SIMS 面分析结果

注：图中色标强度表示单位像素的离子数

图 4－52　矿物 EDS 和 FIB－TOF－SIMS 分析

TOF－SIMS基于双束电子显微镜，可在进行每帧减薄的同时进行形貌获取和质谱面分布分析，最后对形貌和元素、同位素进行三维重构。图4－53为硅藻Si元素（黄色）和Al元素（蓝色）的TOF－SIMS分析和三维重构。

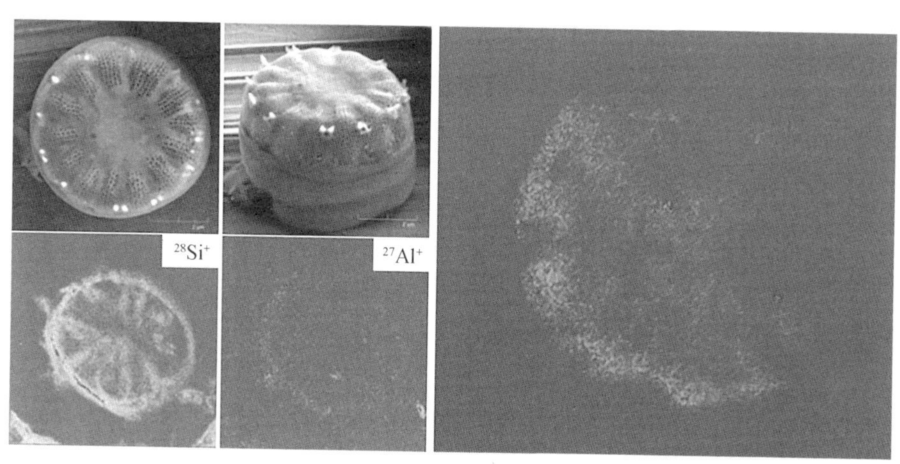

图4－53　对硅藻进行Si元素和Al元素的TOF－SIMS分析与三维重构

4.4.3　三维重构数据处理

基于聚焦离子束的三维重构，除数据采集以外，数据处理分析同样是一件重要工作，直接影响数据的准确性以及处理效率。以Dragonfly三维重构分析软件为例，传统的数据提取方式首先对原始图片进行降噪等一系列图像处理，然后利用图片中不同结构的灰度，通过阈值分割方式提取图片中的特征点。对于不同结构图像灰度差别大、图像清晰的情况，通过此方法能够对特征点进行快速准确的提取，但在实际数据处理中，往往遇到结构复杂且图像中不同结构灰度差别不大的情况，简单地使用阈值分割方式通常不能获得较好的效果。基于深度学习的数据分割提取变得越来越重要。

深度学习基于多层神经网络模型，如卷积神经网络，主要用于计算机视觉和图像分类，可以检测图像内的特征和模型，帮助完成目标检测或识别，快速提取图像中不同结构以及不同灰度的特征点。基于深度学习的图像分割模型，涉及的原理及逻辑是复杂的，本章节不对深度学习原理进行深入讨论。

锂离子电池正极切片中包含镍钴锰酸锂（NCM）三元正极材料，其粘结剂与孔隙、NCM 裂痕灰度差别很小，钴酸锂（LCO）与 NCM 仅有形态差别，因此，仅仅依靠灰度识别很难准确高效地识别出其中的不同组分。利用 Dragonfly 中的深度学习模块，能够快速准确地识别出其中的不同组分及结构（图 4－54）。

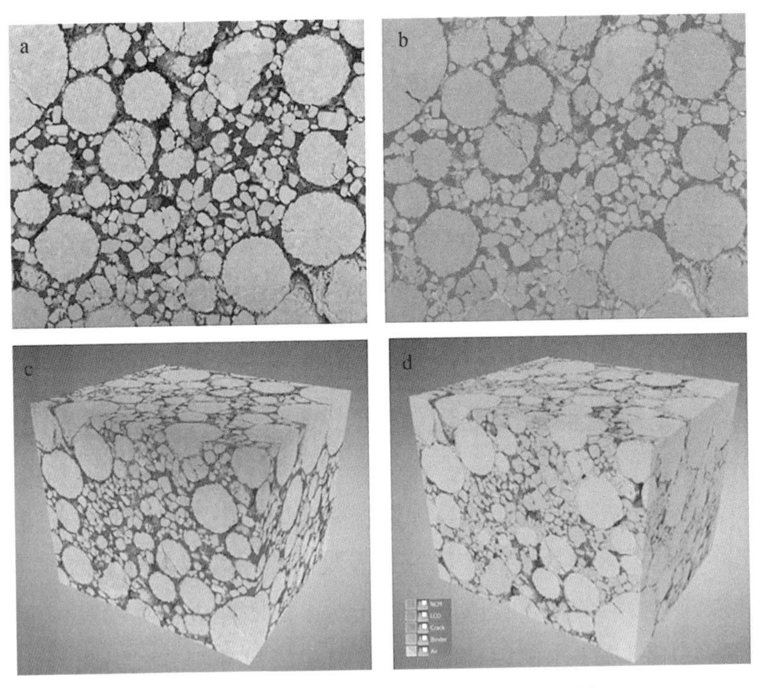

图 4－54　基于深度学习的 NCM 三维重构

参考文献

[1] ZHAO X, STRICKLAND J D, DERLET M P, et al. In situ measurements of a homogeneous to heterogeneous transition in the plastic response of ion-irradiated ⟨111⟩ Ni

microspecimens [J]. Acta materialia, 2015, 88: 121 - 135.

[2] REICHARDT A, IONESCU M, DAVIS J, et al. In situ micro tensile testing of He^{+2} ion irradiated and implanted single crystal nickel film [J]. Acta materialia, 2015, 100: 147 - 154.

[3] AST J, MERLE B, DURST K, et al. Fracture toughness evaluation of NiAl single crystals by microcantilevers — a new continuous J-integral method [J]. Journal of materials research, 2016, 31: 3786 - 3794.

[4] MAJOR L, MAJOR R, KOT M, et al. Ex situ and in situ nanoscale wear mechanisms characterization of Zr/Zr_xN tribological coatings [J]. Wear, 2018, 404 - 405: 82 - 91.

[5] PFEIFENBERGER M J, MANGANG M, WURSTER S, et al. The use of femtosecond laser ablation as a novel tool for rapid micro-mechanical sample preparation [J]. Materals & design, 2017, 121: 109 - 118.

[6] JAKOB S, PFEIFENBERGER M J , HOHENWARTER A, et al. Femtosecond laser machining for characterization of local mechanical properties of biomaterials: a case study on wood [J]. Science and technology of advanced materials, 2017, 18 (1): 574 - 583.

[7] RUMMEL A, JOHNSON G M, KEMMLER M, et al. Low-voltage EBIC Investigation of Fails [C] //2021 IEEE International Symposium on the Physical and Failure Analysis of Integrated Circuits (IPFA), September 15, 2021, Singapore, Singapore.

[8] JOHNSON G M, RUMMEL A. Use of Passive, Quantitative EBIC to characterize device Turn-on in 7 nm technology [J]. Microelectronics reliability, 2021, 126: 114380.

[9] JOHNSON G M, RUMMEL A, STEGMANN H. In-situ EBIC measurements of IGBT during device turn-on [C] //2023 IEEE International Symposium on the Physical and Failure Analysis of Integrated Circuits (IPFA), September 19, 2023, Pulau Pinang, Malaysia.

[10] JOHNSON G, RODGERS T, STEGMANN H, et al. Heiko Stegmann. Conductive AFM in SEM for 7 nm and beyond : AM: Advanced Metrology [C] //2022 33rd Annual SEMI Advanced Semiconductor Manufacturing Conference (ASMC), June13, 2022, Saratoga Springs, NY, USA.

[11] LIU L, ZHAO Y, LIU J, et al. Investigation of comet-shaped defects in an EPI-InP layer grown on S-doped and Fe-doped InP substrates [J]. Journal of electronic materials, 2023, 52: 5047 - 5052.

[12] GIANNUZZI L A, YU Z, YIN D, et al. Theory and new applications of ex situ lift out [J]. Microsccopy microanalysis, 2015, 21 (4): 1034 - 1048.

[13] YUAN J, SU W, HU X, et al. Application of Raman imaging and scanning electron microscopy techniques for the advanced characterization of geological samples [J]. Microscopy research and technique, 2022, 85 (7): 2729 - 2739.

[14] SARAU G, KLING L, OßMANN B E, et al. Correlative microscopy and spectroscopy workflow for microplastics [J]. Applied spectroscopy, 2020, 74 (9): 1155 - 1160.

[15] ZHU X, HUANG Y, ZHENG W, et al. Crystallinity, stresses, and cracks of YSZ coatings characterized by SEM-EBSD-Raman spectroscopy [J]. Journal of thermal spray technology, 2020, 29: 995 - 1001.

[16] LI K, KASHKAROV E, MA H, et al. Microstructural analysis of novel preceramic paper-derived SiC_f/SiC composites [J]. Matirials, 2021, 14 (22): 6737.

[17] ZHENG Y, DENG T, YUE N, et al. Raman spectroscopy and correlative — Raman technology excel as an optimal stage for carbon-based electrode materials in electrochemical energy storage [J]. Journal of Ranman spectroscopy, 2021, 52 (12): 2119 -2130.

[18] NARAYAN K, DANIELSON C M, LAGAREC K, et al. Multi-resolution correlative focused ion beam scanning electron microscopy: applications to cell biology [J]. Journal of structural biology, 2014, 185 (3): 278 - 284.

[19] LIU J, NIU S, LI G, et al. Reconstructing 3D digital model without distortion for poorly conductive porous rock by nanoprobe-assisted FIB-SEM tomography [J]. Journal of microscopy, 2021, 282 (3): 258 - 266.

[20] KONRAD J, ZAEFFERER S, RAABE D. Investigation of orientation gradients around a hard Laves particle in a warm-rolled Fe_3Al-based alloy using a 3D EBSD-FIB technique [J]. Acta materialia, 2006, 54 (5): 1369 - 1380.

[21] PRIEBE A, MICHLER J. Review of recent advances in gas-assisted focused ion beam time-of-flight secondary ion mass spectrometry (FIB-TOF-SIMS) [J]. Materials,

2023，16（5）：2090.

[22] LI Z，XIAO F，LIANG X，et al. Effect of hydrogen doping on stress-induced martensitic transformation in a Ti-Ni shape memory alloy [J]. Metallurgical and materials transactions A，2019，50：3033－3037.

[23] 王涛，葛祥坤，范光，等. FIB－TOF－SIMS联用技术在矿物学研究中的应用 [J]. 铀矿地质，2019，35（4）：247－252.

[24] LIU D，YUAN P，TIAN Q，et al. Lake sedimentary biogenic silica from diatoms constitutes a significant global sink for aluminium [J]. Nature communications，2019，10：4829.

[25] HAGITA K，HIGUCHI T，JINNAI H. Super-resolution for asymmetric resolution of FIB-SEM 3D imaging using AI with deep learning [J]. Scientific reports，2018，8：5877.

第五章　敏感材料的聚焦离子束测试

众所周知，聚焦离子束显微镜已经成为科学研究中的重要工具，在众多科研领域中都有着广泛的应用，如截面样品制备、透射电子显微镜样品制备、连续层析成像、微纳加工、电路修补等。然而，随着科学研究的不断发展，特别是先进材料研究中出现了越来越多的敏感材料，如高分子材料、二维材料、能源材料、生物材料等，这些材料在使用聚焦离子束显微镜进行研究时，会出现多种形式的损伤，进而造成原始材料被破坏。这严重限制了聚焦离子束显微镜在先进材料研究中的使用，也限制了先进材料研究的发展。在聚焦离子束加工及测试过程中敏感材料可以概括为两大类，即对空气组分敏感的材料和对高能粒子束敏感的材料。

空气组分敏感材料主要是指在测试加工过程中，由于与空气接触而发生组分、形貌、结构变化的一类材料，也包括在真空条件由于失水或者压力变化而导致结构塌缩的材料。空气中有氧气、氢气、氮气以及二氧化碳、水等组分，如在新能源锂离子电池中，其电极材料往往易于氧化或者与水接触易发生水解，导致测试失真或者失败。此外，近年来发展起来的金属有机框架（MOFs）材料虽然具有较强的吸水性，但存在骨架结构水稳定性较差、不能抵抗脱水过程中作用在孔隙内壁上的毛细管作用力等许多导致 MOFs 结构坍塌的特点，使其在常规的测试中往往出现假象。

高能粒子束敏感材料主要是指易受到高能粒子束损伤的材料，主要包括粒子束照射样品表面时发生碰撞产生的电离损伤、结构损伤以及导电性差的材料产生的荷电损伤。此外，粒子束在加工过程中对材料表面造成的升温以及离子注入也是不容忽视的影响因素。高分子材料、生物材料是这类敏感材料的主要成员。

在本章节中，我们将具体介绍常见敏感材料的类型和这些材料在聚焦离子束显微镜分析和加工过程中可能出现的损伤与原因，以及如何避免出现这些损伤。

5.1　常见的敏感材料分类与常见损伤

聚焦离子束测试并不是一个孤立的过程，放进聚焦离子束设备前的过程和测试完成后的样品转移步骤都是测试的一部分，在设计实验时，需要考虑这部分流程可能造成的样品伤害。部分材料由于具有较高的活性或处于非平衡状态，会自发地与空气中的组分如氧气或水分子发生反应，也有一些材料在聚焦离子束加工测试过程中对电子束或离子束敏感。因此，在处理这类样品时，需要考虑在转移过程中空气组分和离子束、电子束对材料的影响。

5.1.1　气体敏感材料

最常见的是对空气中气体敏感的材料，如大部分金属材料及部分有机材料等。这些材料易与氧气、氢气或其他气体发生反应，这些反应可能会导致样品的降解或氧化、氢化等。常见的气体敏感材料有铝、铁、镁、锂、钛等金属及其合金，尤其是粉末样品；有机锂化合物、二茂铁等金属有机化合物；含有碳-碳双键或三键的不饱和烃；容易发生氧化而导致失活的生物制品；气敏陶瓷材料；等等。

以广泛应用于航空航天工业的钛及钛合金为例，钛及钛合金非常容易吸收空气中的氢、氧、氮、碳等杂质，常温聚焦离子束制样技术会在钛及钛合金中引入大量的氢并导致氢化物形成，而低温聚焦离子束铣削可以有效地防止环境中氢的摄入，并阻止预充氢从样品中扩散出去（图 5 - 1）。

对气敏陶瓷的探索起源于科学家对氧化亚铜（Cu_2O）导电性质随水蒸气吸附而变化的独特现象的深入观察。此后，日本与美国等国家积极投身于二氧化锡（SnO_2）及氧化锌（ZnO）等半导体气敏陶瓷元件的实用化研究，并在薄膜气敏材料的研发上率先取得了关键性的进展。

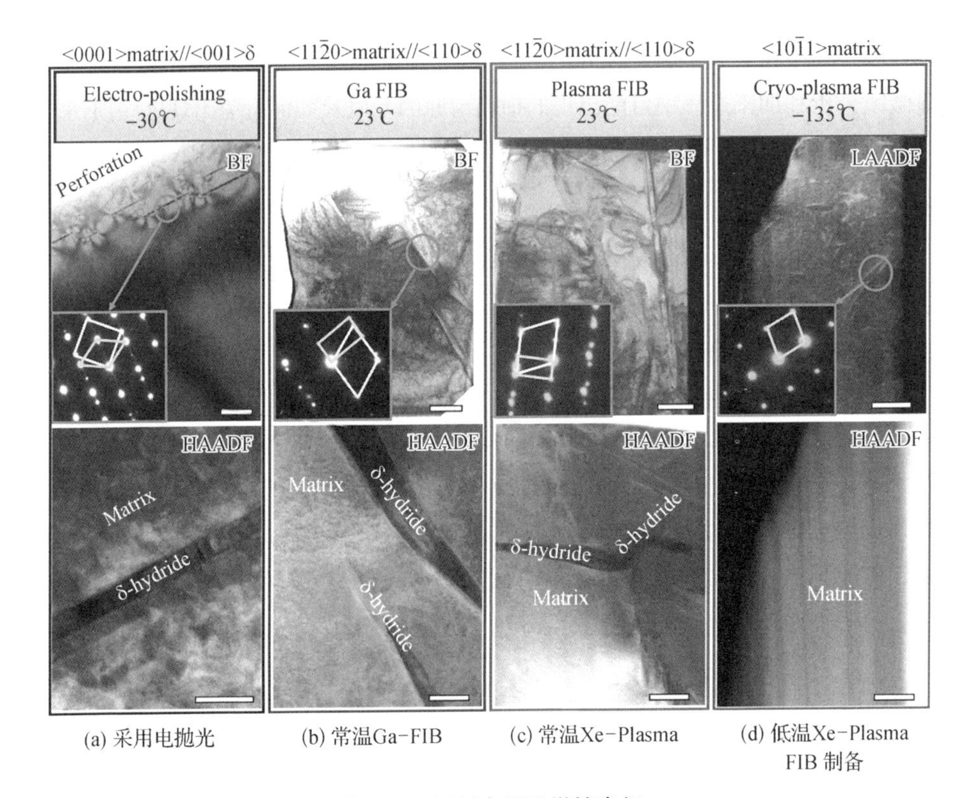

(a) 采用电抛光　(b) 常温Ga-FIB　(c) 常温Xe-Plasma　(d) 低温Xe-Plasma FIB 制备

图 5-1　透射电子显微镜表征

气敏陶瓷的种类很多，基本上是金属氧化物：

（1）SnO_2系气敏陶瓷：常见的气敏材料之一。SnO_2对如氢、一氧化碳等许多可燃性气体都具有较高的灵敏度，因而SnO_2气敏元件对不同气体的选择性较差。

（2）ZnO 系气敏陶瓷：ZnO 系气敏陶瓷元件最突出的优点是气体选择性强，但在潮湿的空气中可能会吸收水和二氧化碳，从而降低器件的灵敏性。

（3）二氧化锆（ZrO_2）系氧气敏感陶瓷：一种被称作固体电解陶瓷的快离子导体，其中含有大量氧离子晶格空位，因此造成氧离子导电。当ZrO_2固体电解质两侧氧气的分压不同时，在电解质两侧的透氧 Pt 电极与ZrO_2固体电解质之间，构成了氧气浓差电池。

显然，气敏陶瓷材料对各类气体特别是空气中的气体具有敏感性，使得气敏陶瓷材料的测试面临挑战。

5.1.2　水分敏感材料

除了气体敏感材料，很多材料存在易与水分子发生反应的成分，这些反应可能会导致样品的水解，从而影响材料的分析测试结果。常见的水分敏感材料有氯化铝、氯化锌等金属卤化物，氧化锆、氧化铝等金属氧化物，金属有机框架材料，锂离子、钠离子电池的电极材料及电解质材料，等等。

金属有机框架材料是一类由金属离子或离子簇与有机配体通过弱的配位键自组装形成的多孔晶态固体材料，又称为多孔配位聚合物。自 1990 年 Yaghi 科研小组与 Kitagawa 科研小组分别成功合成了具有稳定孔隙结构的 MOFs 材料以来，该领域持续涌现出具有多样化、功能化、高孔隙率、比表面积和孔径可调，以及仿生催化与生物兼容性强等诸多优点的创新材料（图 5 - 2）。

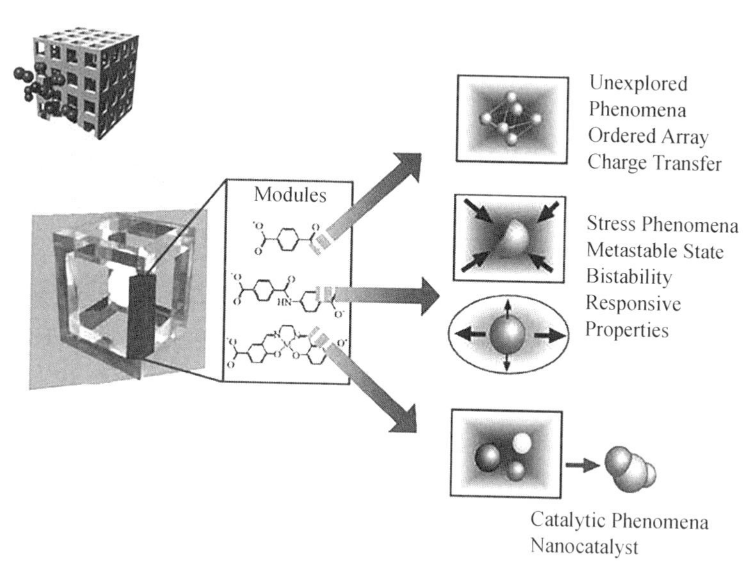

图 5 - 2　金属有机框架材料结构

目前，柔性、导电和具有特定催化性能的稳定 MOFs 材料已经广泛应用在各种研究领域。但其多孔特性使得该类材料极易吸附空气中的水。

近年来随着新能源技术的发展，对锂电池、钠电池的研究越来越深入。由于锂离子、钠离子电池的材料对空气敏感，会与空气中的水、氧气和二氧化碳发生反应变质，为材料的分析研究带来了挑战，也限制了锂、钠电池的快速发展（图 5-3）。锂离子、钠离子电池材料空气暴露带来的问题可以大致归纳如下：

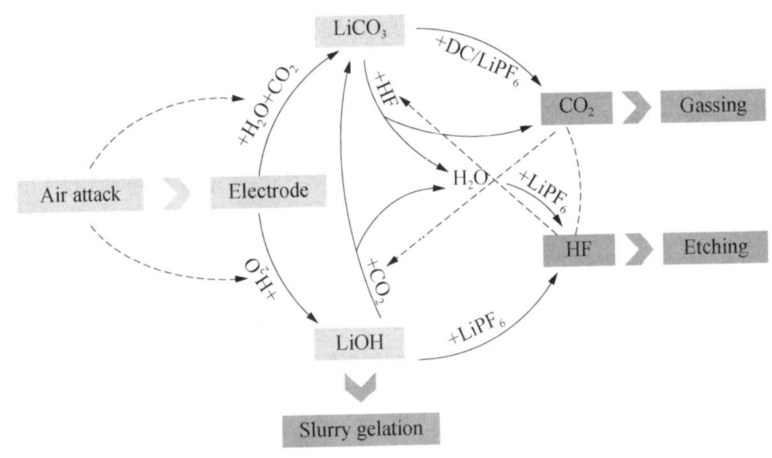

图 5-3　空气导致电极材料降解的图示

(1) 残留的水在电池内引发副反应：由于物理或化学吸附而产生的残留水会在电池内引起一系列的化学反应，加速电解液的消耗并腐蚀活性材料，造成循环性能的衰减，另外还可能引发产气等问题。

(2) 表面产生有害物质：活性材料与水反应，会使其中的碱金属离子脱出（Li^+、Na^+），在表面形成碱性化合物，引起浆料制备过程中的结块，而且还会在电池工作过程中引发一系列副反应。另外，这些碱性化合物本身是绝缘的，会使阻抗大幅增加。

(3) 结构坍塌：层状金属氧化物暴露在空气中可能会导致碱金属离子的脱出和 H^+/H_2O 的嵌入，致使结构坍塌，从而造成容量下降、离子传输受阻等问题。

(4) 活性元素的氧化：部分电极材料中包含低价态的元素可能会被空气中的氧气氧化，如 Fe^{2+} 和 V^{3+}。电极材料作为锂离子电池的关键组成部分，其结构稳定性直接决定着锂离子电池的电化学性能，由于电极材料具有对空气、水分敏感，不耐电子束辐照等特性，且在充放电过程中电极本身及其所处化学环境不断变化，表征其微观组织形貌和结构具有相当的挑战性。

此外，固态电池（SSB）被认为是高能量密度、高安全性可充放储能装置的未来发展方向，而固态电解质（SSE）则是固态电池中的核心部件。$Li_{10}GeP_2S_{12}$固态电解质（LGPS）具有很高的离子电导率，使得LGPS成为电动汽车储能系统中有力的候选电解质，然而LGPS对锂金属的热力学不稳定性限制了其广泛应用（图5-4）。

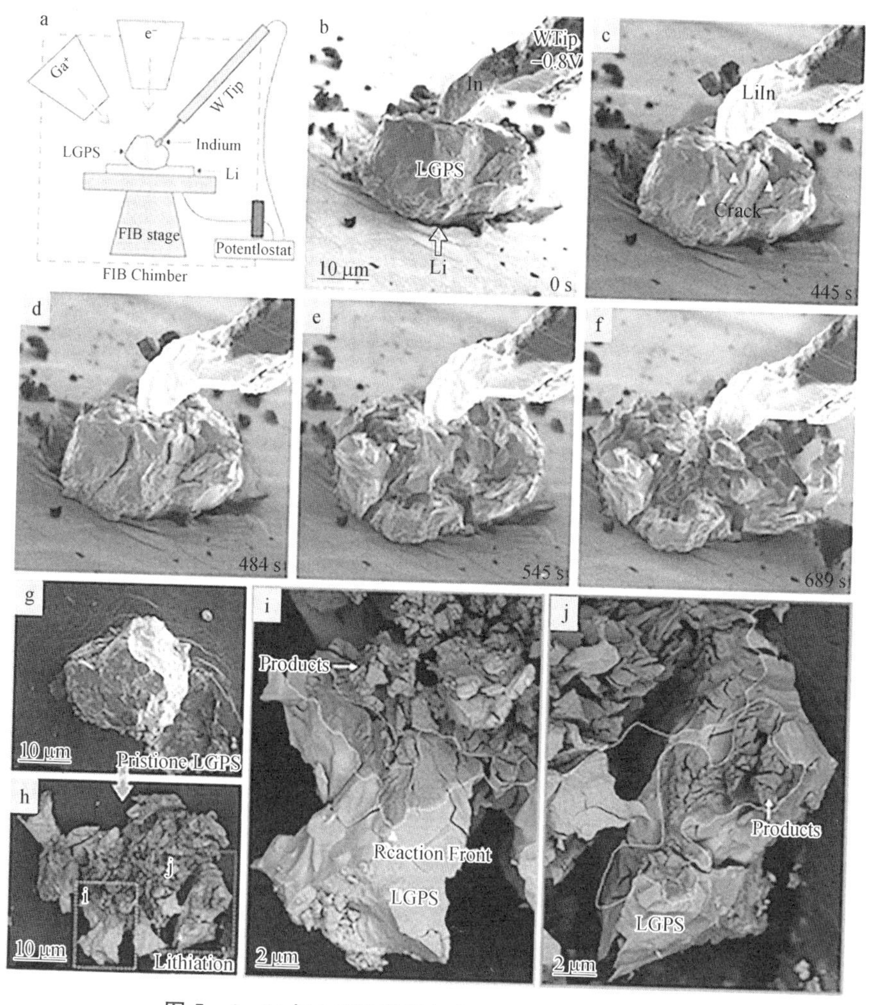

图5-4 Li与LGPS粒子间电化学反应的原位观察

硫化物电解质对空气极为敏感，极易水解生成 H_2S 气体，目前大部分表征难以避免短暂的空气接触，导致结果失真。利用真空/惰性气体保护转移系统，并在 FIB/SEM 中构建原位固态电池系统，可以使硫化物电解质的原位结果真实可靠。

除此之外，当材料中含有一定水分子或多孔时（如水凝胶、多孔材料等），在聚焦离子束测试过程中，在真空中会脱水干燥或形成骨架变形，造成形态改变。图 5-5 展示了脱水的水凝胶材料，其出现了明显的骨架坍塌和变形。

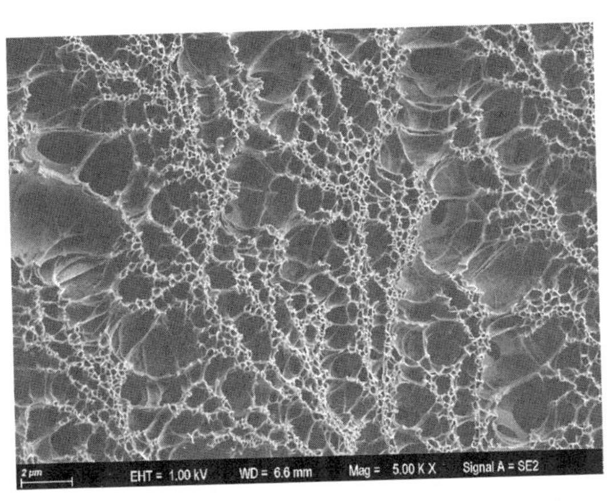

图 5-5　脱水造成骨架坍塌和变形的水凝胶

5.1.3　电子束敏感材料

作为高能带电粒子，电子束与材料中原子或分子的相互作用必然会对材料本身造成影响。部分材料由于自身的物理结构容易因为这种相互作用发生物理或化学变化，这种材料通常被称为电子束敏感材料，这种变化就是电子束引起的损伤。常见的电子束敏感材料包括：在电子束照射下会出现电子态变化的金属有机框架材料，在电子束照射下会载流子重组的半导体材料，在电子束照射下会团聚、变形或结构坍塌的纳米材料，在电子束照射下会相变或分解的氧化物或卤化物，在电子束照射下会出现缺陷的导电晶体材料。

由于离子束必然引起材料溅射，聚焦离子束显微镜通常使用电子束来表征材料。当具有较高能量的入射电子束到达材料表面时，会通过弹性散射或非弹性散射与材料原子相互作用，这两种方式会造成不同的电子束损伤：

（1）碰撞位移损伤：弹性散射是入射电子和材料原子核之间的弹性静电相互作用，即入射电子和材料原子的总动能是守恒的。但这并不意味着散射的电子不损失能量，在相互作用的过程中，部分能量会传递给原子核，当入射电子与原子核距离过小时会发生大角度散射，从而造成较大的能量损失。当能量损失超过某些原子的位移能时，就会在材料中发生位移形成晶格空位和间隙原子，这些间隙原子和空位的聚集会在样品中形成位错或导致局部无定形。碰撞位移损伤与放大倍数、加速电压正相关，主要发生在导电材料中。

（2）电离损伤：当入射电子与材料中原子的核外电子发生直接碰撞时，会形成非弹性散射，传递部分能量给材料中的核外电子并激发其脱离原子，形成二次电子。这样就会在初始位置留下一个空穴，在金属等导电材料中，这个空穴会在原子发生位移之前迅速被系统中的众多自由电子之一填满，因此材料不会发生电离破坏，但在导电性差的材料和某些半导体中，空穴会持续相当长的时间，以至于受影响的原子发生移动，导致化学键断裂，原子或分子结构发生变化。同时，过程中产生的部分二次电子会在材料内运动，继续发生非弹性散射，造成进一步损伤。电离损伤主要发生在绝缘材料中，特别是高分子材料。

（3）荷电损伤：对于导电性差的材料，二次电子的形成不仅会形成空穴，还会留下一个正电荷。正电荷的积累会在样品表面形成强静电场，这个强静电场不仅会严重影响材料表征，造成荷电衬度，而且会导致材料内部的离子被释放到真空中。

图 5－6 展示了电子束敏感材料的常见损伤，电池隔膜失去了表面结构和狭长的孔洞结构，而在图 5－7 中，聚合物样品上出现了高倍表征造成的局部明显收缩。

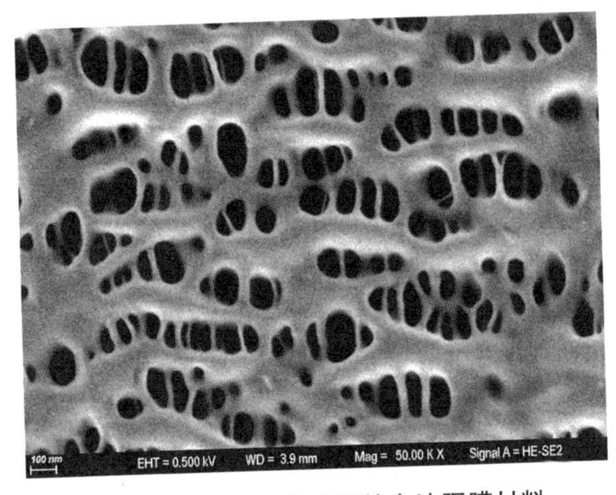

图 5－6　被电子束破坏的电池隔膜材料

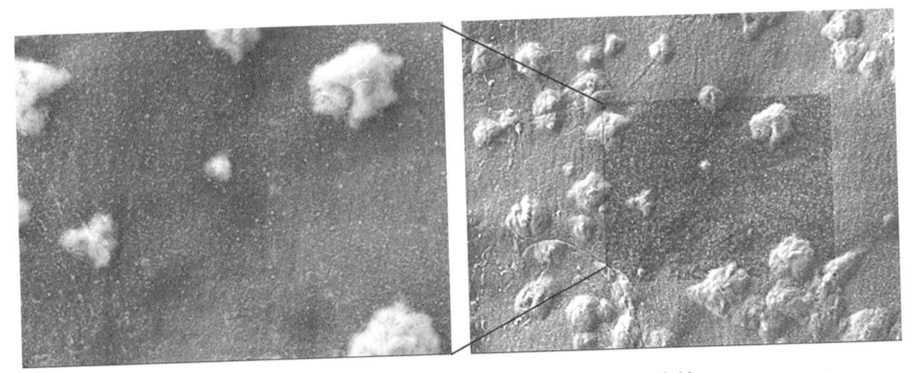

图 5－7　高倍表征造成的聚合物局部明显收缩

5.1.4　离子束敏感材料

离子束同样会与材料中的原子或分子发生相互作用，相较于电子，离子具有更大的动能和体积，因此离子束除了会造成相似的碰撞位移损伤（非晶）、电离损伤，还会有更复杂的相互作用结果，对材料的影响也更大。部分材料在离子束下容易发生物理或化学变化，这种材料通常被称为离子束敏感材料，这种变化就是离子束引起的损伤。常见的离子束敏感材料包括：在离子束照射下会明显升温的低导热系数材料，在离子束照射下会产生缺陷、掺杂或结构变化的半导体材料、能源材料，在离子束照射下容易发生链断裂、交联或降解的高分子材料（如聚乙烯、聚丙烯、聚酰亚胺等），在离子束照射下会变性或损伤的生物大分子，其他敏感的“软”物质。

所谓“软”物质，通常指那些介于固态与理想流体之间的物质状态。这类物质通常由大分子或分子团构成，涵盖了液晶、聚合物胶体、膜结构、泡沫、颗粒物质以及生命体系中的物质。“软”物质对光束、水分和大气高度敏感，并且非常易于在电子束、离子束辐照下发生反应。

冷冻聚焦离子束（Cryo－FIB）将聚焦离子束电子显微镜和冷冻系统结合，减少了离子束对该类样品的损伤，并且可对液相和对离子束敏感的样品进行分析，如聚合物、乳液、颜料、油墨、食品、生物样品等，因此近年来受到了越来越广泛的关注。常规的聚焦离子束多用于切割“硬”材料，但在低温条件下操作的冷冻聚焦离子束也可用于制备“软”材料甚至含有液体的样品（如细胞、组织等生物样品，或包含电极—电解液界面的电池等）的透射电子显微镜试样。结合 Cryo－FIB 制样与 Cryo－TEM 成像，这些样品的原生状态得以被观察（图 5－8）。

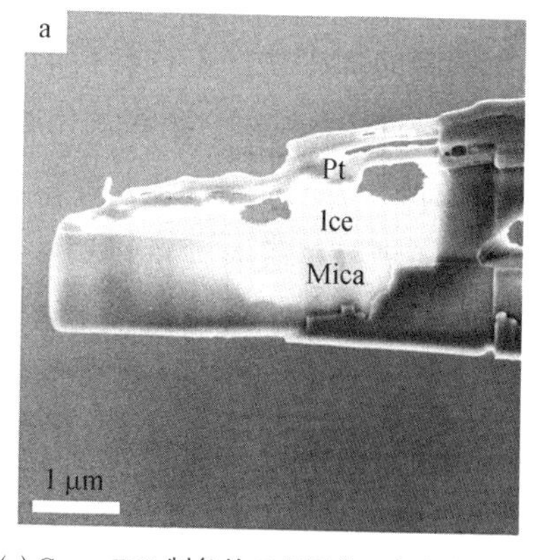

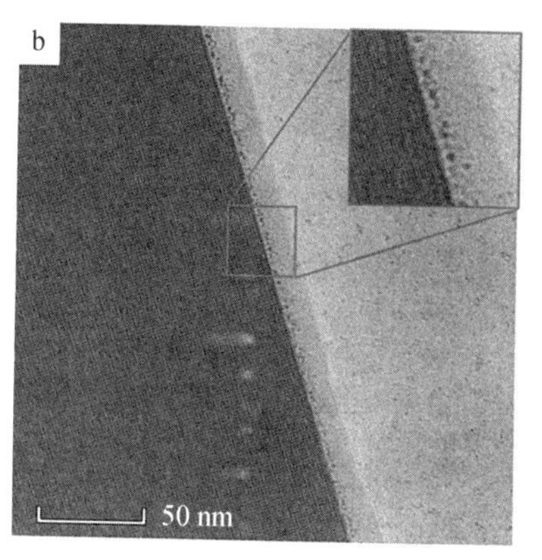

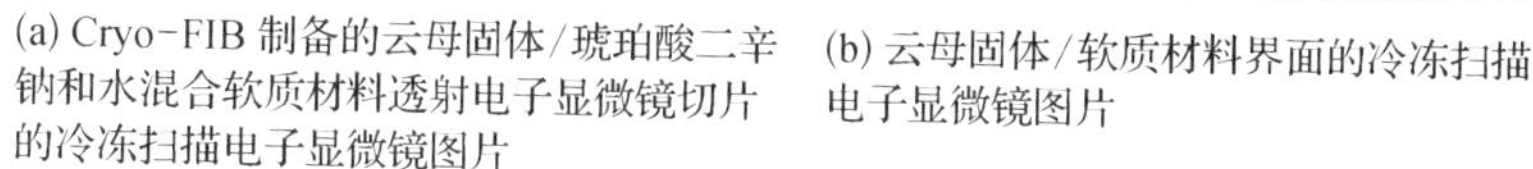

(a) Cryo－FIB 制备的云母固体/琥珀酸二辛钠和水混合软质材料透射电子显微镜切片的冷冻扫描电子显微镜图片

(b) 云母固体/软质材料界面的冷冻扫描电子显微镜图片

图 5－8 Cryo－FIB 切割制备的软质材料及其扫描电子显微镜图片

离子束敏感材料的常见损伤有以下几种：

(1) 局部升温：局部升温是使用聚焦离子束测试材料时最常见、最重要的损伤类型，也是在设计实验时必须考虑和克服的问题，它是由入射离子与材料原子相互作用产生的，其来源复杂。

动能转换：当离子束撞击材料表面时，其部分动能会转化为热能，导致材料表面温度升高。

原子位移：离子与材料表面的原子发生碰撞，造成原子位移，这种碰撞也会产生热量。

化学键断裂：离子束轰击可能会打断材料表面的化学键，这一过程会释放能量，增加表面温度。

电子激发：离子束可以使材料表面的电子被激发到更高的能级，当这些电子回到基态时，会以热的形式释放能量。

通过简化模型，最大理论升温可以通过如下公式计算：

$$\theta_{\mathrm{MAX}}=\frac{\pi^{1/2}V}{4k}dj=\frac{IV}{\sqrt{\pi}\kappa d}$$

其中，I 是离子束电流；V 是离子束电压；κ 是材料的热导率；d 是离子束斑直径。通过公式可以清楚地知道，在相同的加工条件下，材料的热导率与局部升温负相关。这意味着导热能力越差的材料，越需要考虑升温损伤。表 5-1 给出了使用 30 kV、3 nA 条件加工时，不同材料的最大理论局部升温。当局部升温超过材料的相变、反应温度或承受极限时，材料必然会发生不可逆的变化，这种局部升温引起的损伤在先进材料的聚焦离子束显微镜测试中非常普遍（图 5-9—图 5-12）。

(2) 破坏稳态平衡：离子束撞击材料表面时，可以将能量转移给材料表面附近的原子或分子，导致其获得足够的能量而脱离原来的位置或化学键，这是实现材料去除的基本原理。而在离子束影响区边缘，转移给原子或分子的能量不足以使其溅射出材料，但会引起原子的位移或化学键的断裂，产生离子或自由基，这些高不稳定性的组元可以进一步引发化学反应或相变，如析出、相变、晶体学缺陷等（图 5-13）。

表 5-1　不同材料的热导率与 30 kV、3 nA 加工时的理论升温

材料	热导率 W/mk	理论升温	材料	热导率 W/mk	理论升温
金	317	0.53 K	硅	150	1.13 K
银	429	0.39 K	二氧化硅	7.6	22.3 K
铜	400	0.42 K	聚乙烯	0.3	565 K
铁	48	3.53 K	聚苯乙烯	0.08	2118.75 K
铝	237	0.72 K	PMMA	0.14	1210.7 K
钛	14.63	11.59 K	PC 塑料	0.2	847.5 K
镁	156	1.09 K	PVC 塑料	0.17	997.06 K
锡	67	2.53 K	ABS 塑料	0.2	847.5 K
氮化铝	150	1.13 K	聚氨酯	0.18～0.25	

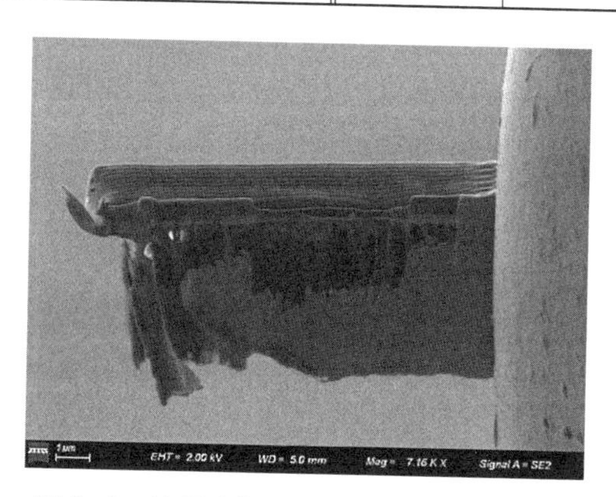

图 5-9　离子束加工造成的聚乙烯衬底融毁

图 5-10　离子束加工造成的芳纶纤维融毁

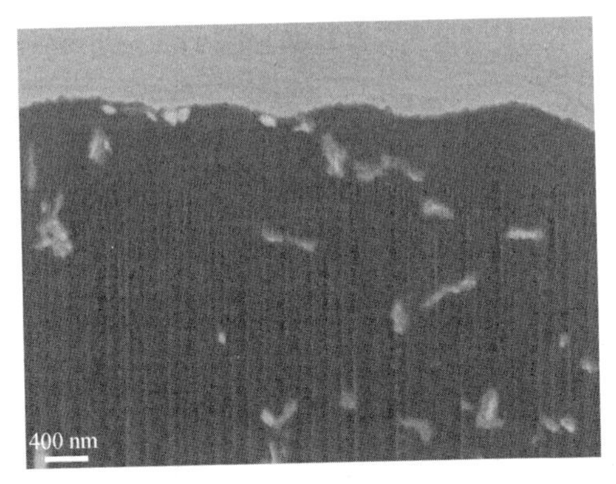

图 5-11　离子束加工造成的锂金属损伤

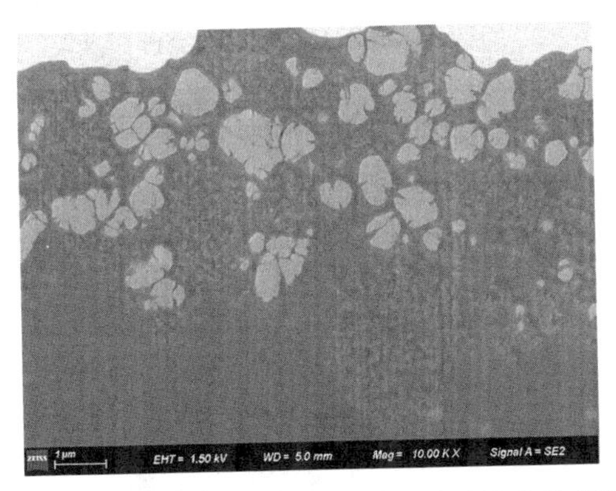

图 5-12　离子束加工造成的固态电池聚合物损伤

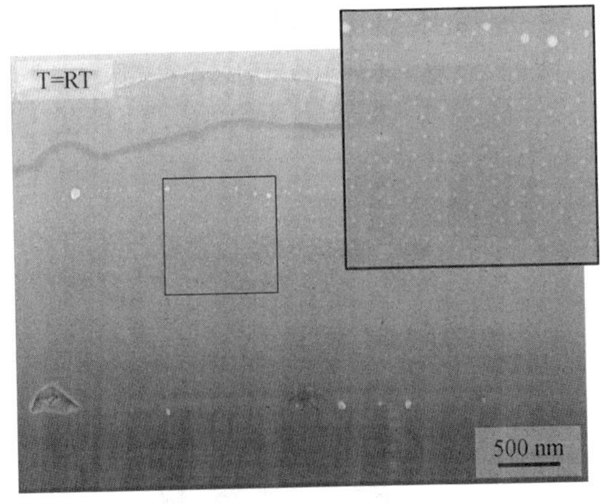

图 5-13　离子束制备太阳能电池截面上的颗粒析出

认识和理解聚焦离子束测试流程中可能出现的损伤，对于成功的测试设计是非常必要的。接下来，我们将分别介绍避免这些损伤所需的不同硬件配置及推荐参数。

5.2　气体敏感材料和水分敏感材料的聚焦离子束显微镜测试

聚焦离子束设备的主仓室在工作过程中始终处于高真空状态，且普遍优于 1×10^{-6} mbar，因此基本可以忽略聚焦离子束显微镜在测试过程中对气体敏感材料和水分敏感材料的影响。然而，由于此类样品通常需要保存在真空或惰性气体环境中，如手套箱等，我们必须考虑样品转移过程中环境因素对气体敏感材料和水分敏感材料的损伤。

5.2.1　通过减少暴露时间减少损伤

当条件有限时，可以考虑通过尽量减少气体敏感材料和水分敏感材料暴露在空气中的时间来减少损伤，如缩短手套箱到设备的距离、使用充满惰性气体的包装携带样品、使用真空干燥包装携带样品等（图 5 - 14）。此外，设备上的快速换样室（Airlock）可以显著提高换样效率，大幅减少材料暴露在空气中的时间（图 5 - 15）。

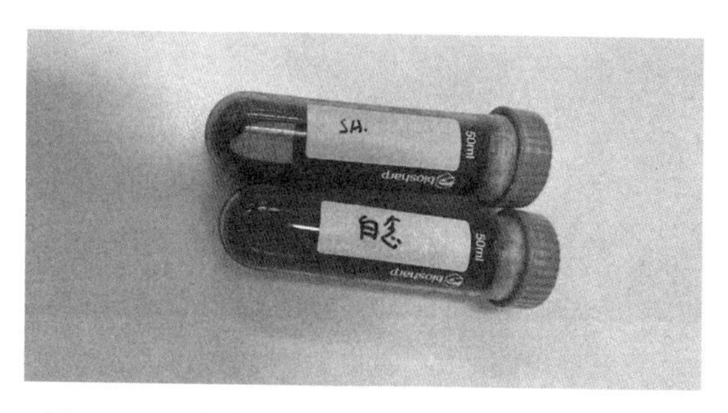

图 5 - 14　充满惰性气体的包装和真空干燥包装

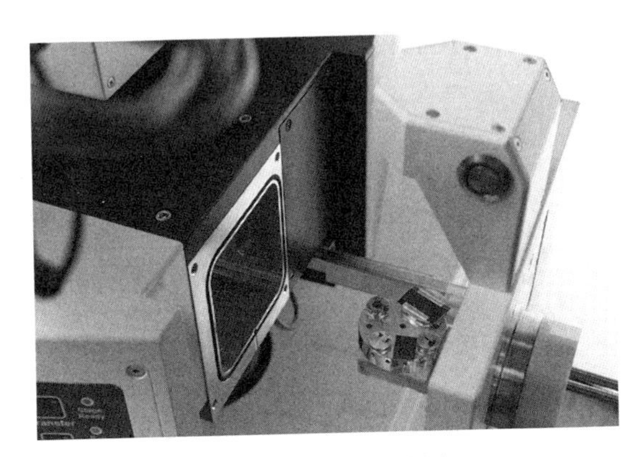

图 5－15 快速换样室

5.2.2 利用真空传输系统减少损伤

真空传输系统是利用额外的真空装置来实现空气敏感样品的无空气接触携带和转移的，能够满足大多数气体敏感材料和水分敏感材料的样品转移要求。真空传输系统根据实际需要有不同的实现路径，不过必然会包含一个保护仓。图 5－16 所示为最常见的真空保护转移盒，可以利用遥控器控制开关。

图 5－16 真空保护转移盒

真空保护转移盒的具体使用流程可以归纳为三步：

第一步：将真空保护转移盒放入手套箱，开封并进行样品安装与固定，关闭盒盖，此时保护仓内部仍然处于手套箱环境。

第二步：从手套箱中取出真空保护转移盒，再放入快速换样室，关闭快速换样室并抽真空（Pump），此时保护仓内部仍然处于手套箱环境（图 5 - 17）。

图 5 - 17　真空保护转移盒装载在快速换样室中

第三步：利用遥控器打开真空保护转移盒，将样品转移到显微镜仓室中。

若手套箱或其他材料存放装置没有足够大的接口进出真空保护转移盒，也可以使用真空转移杆实现真空保护转移（图 5 - 18）。其通常由多部分组成：

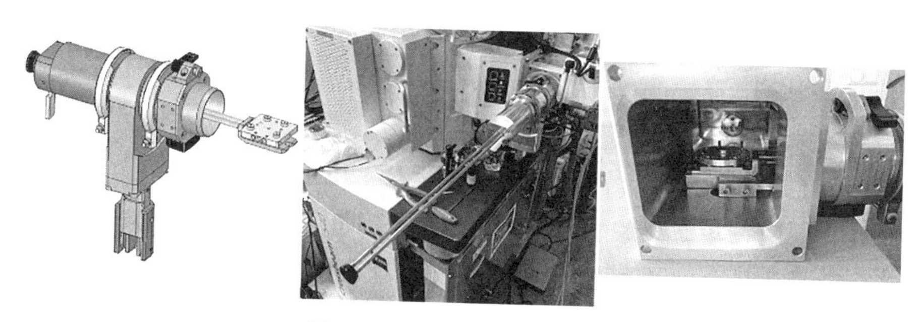

图 5 - 18　真空保护转移系统

(1) 保护仓：通常利用密封圈实现与环境的隔绝，从而保护样品表面免受氧气、水分或其他空气成分的影响，也有部分增加了小型离子泵以进一步提高保护能力。

(2) 样品推送杆：用于在保护仓和设备之间传递样品或样品托，推送杆的设计保证了在传输过程中不会破坏系统的真空状态，从而保持实验条件的稳定性。

(3) 手套箱/设备接口：专门用于真空转移杆的连接。

真空保护转移系统的具体使用流程可以归纳为三步：

第一步：将保护仓对接在手套箱接口上并抽真空，然后打开接口，此时保护仓内部环境为手套箱环境。

第二步：将样品放置在样品推送杆上并把样品收回保护仓，关闭接口，断开保护仓与手套箱的连接，此时保护仓内部环境仍为手套箱环境。

第三步：将保护仓对接在聚焦离子束显微镜的接口上并抽真空，然后打开接口，利用样品推送杆将样品转移到仓室中。

5.2.3 利用真空互联系统避免损伤

利用合理的设备规划，可以在不同材料制备设备、材料贮藏装置、材料表征设备之间搭建真空互联系统（图 5-19）。真空互联系统的整体真空度通常优于 1×10^{-7} mbar，常见的组成部分有：

(1) 超高真空管道和真空系统：真空互联系统的核心部分，通过管道将不同的工作站与分子泵和离子泵互联，形成一个完整的真空系统。系统内部的真空度达到极高标准，从而保护样品表面免受氧气、水分或其他空气成分的影响。

(2) 样品小车：在超高真空管道内运行，用于装载和运输样品或样品托。这些小车可以装载多个样品，以便在同一批次中进行多种实验或测试。

(3) 磁力耦合机械手：用于在超高真空管道与工作站之间传递样品或样品托。这种机械手的设计保证了在传输过程中不会破坏系统的真空状态，从而保持实验条件的稳定性。

图 5-19　真空互联系统

（4）材料制备、储存、表征设备：这些设备需要与超高真空管道连接。

由于真空互联系统在样品制备、样品转移、样品表征过程中彻底隔绝与空气的接触，可以完全避免空气对样品造成影响，是先进材料研究中非常重要的敏感材料研究系统。

5.3　电子束敏感材料的聚焦离子束显微镜测试

在进行测试时，通过控制测试参数和测试环境，可以有效减少甚至避免电子束损伤的产生。

5.3.1　通过降低电子束辐照剂量减少损伤

降低电子束辐照剂量是最常使用的电子束损伤控制办法，通常包括降低电子束工作电压和工作电流两部分。更小的工作电压可以显著地保护样品，如图 5-20 所示，电池隔膜作为非常容易发生荷电损伤的材料，在 500 V 工作电压下表征，会丧失狭长的孔洞结构，而在 50 V 工作电压下能够获得更接近本征形态的表征结果。

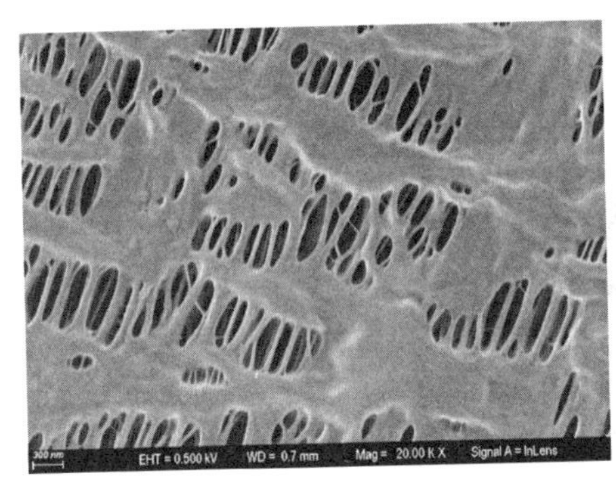

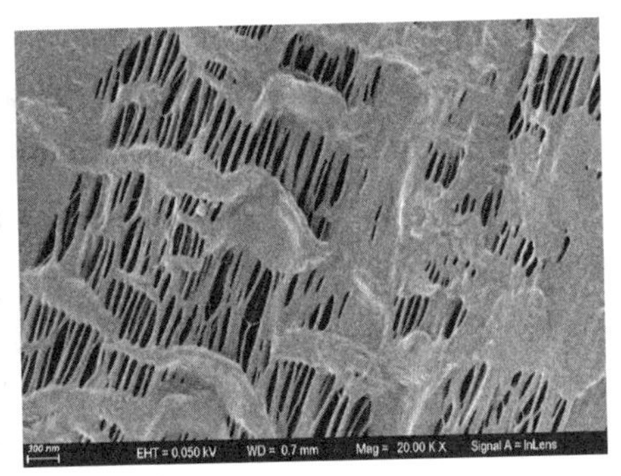

图 5-20　不同工作电压下的电池隔膜表征

5.3.2　利用低温环境避免损伤

碰撞位移损伤并不受温度的影响，而在电离损伤过程中，所产生电子、空穴的扩散与填充都是温度敏感的，因此对于以电离损伤为主的绝缘材料，特别是高分子材料，低温条件下的电子束表征可以有效地减少电子束损伤的产生。实现低温条件的具体方法，可参考后面的离子束损伤部分。

5.4　离子束敏感材料的聚焦离子束显微镜测试

与电子束敏感材料的测试相似，通过控制测试参数和测试环境，可以有效减少甚至避免离子束损伤的产生。

5.4.1　通过调整离子束加工参数减少损伤

如前面的内容所介绍的，离子束损伤中最常见的是局部升温，在不能改变材料热导率的前提下，降低离子束加工时的剂量，如降低加工电压（V）和加工电流（I），会显著降低材料局部升温幅度。因此，在使用聚焦离子束显微镜进行离子束敏感材料的测试时，可以使用较低的加工电压和加工电流，以减少离子束加工损伤的发生。如图 5－21 所示，对于滤水膜分别使用 30 kV、3 nA 和 30 kV、300 pA 的条件制备截面样品，截面上的各层厚、孔洞尺寸和孔洞密度是不同的，“温柔”的参数可以明显保留更多的材料细节。

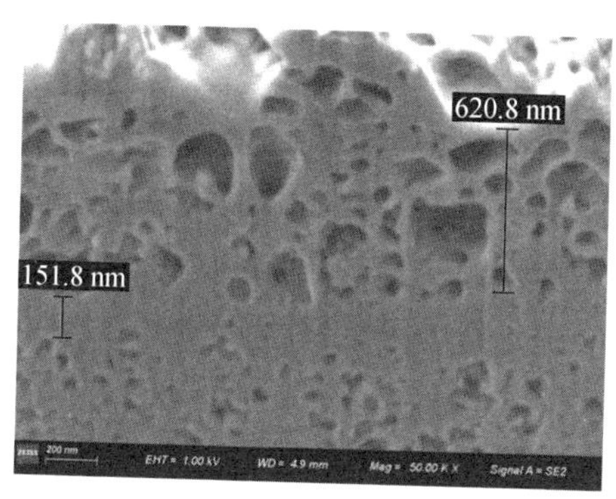

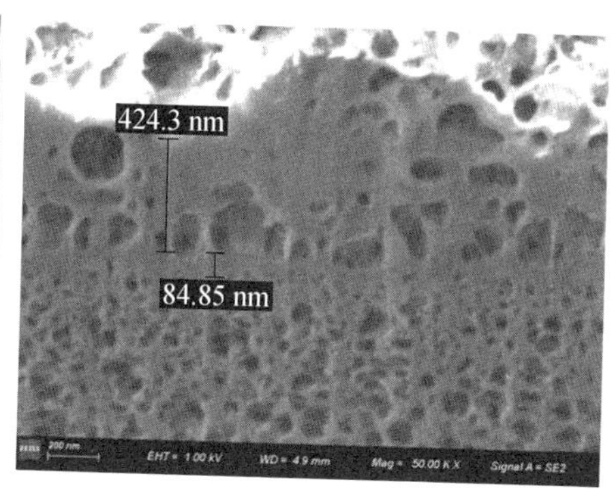

图 5－21　不同参数的滤水膜加工

值得注意的是，当我们使用较低的加工电流时，离子束的加工效率也会降低，即相同加工量需要花费更长的时间，因此需要评估是否可以同时减少加工材料设定的加工体积。同样，在使用较低加工电压时，需要考虑对加工精度的影响。因此，建议参考如下加工参数：

截面制备：挖大坑—30 kV、3 nA；精切—30 kV、700 pA；最终抛光—30 kV、100 Pa，15 kV、100 Pa。

透射电子显微镜样品制备：挖大坑—30 kV、3 nA；精切和“U 切”—30 kV、700 pA；减薄—30 kV、100 Pa，15 kV、100 Pa，5 kV、10 Pa，2 kV、10 Pa。

5.4.2　利用低温环境避免损伤

尽管使用较低的加工电压和加工电流会改善局部升温损伤，但同样会降低加工精度和加工效率，在聚焦离子束测试中，这往往是难以接受的。此时，低温环境就是另一个减少离子束损伤的重要手段了。低温环境有多方面的作用：

（1）有效减少高分子材料中出现的电离损伤。

（2）抵消离子束加工造成的局部升温，低温环境并不会减少局部升温，而是将升温后的温度控制在不会对样品造成损伤的范围内。

（3）减少离子束加工对稳态平衡的破坏，如化学反应速率公式

$$k = Ae^{-E_a/RT}$$

其中，k 为速率常数；R 为摩尔气体常量；T 为热力学温度；E_a 为表观活化能；A 为指前因子。离子束加工所产生的高不稳定性组元在发生后续的化学反应或相变时，温度是重要因素，低温环境可以显著抑制此类损伤的发生。

在聚焦离子束显微镜中，实现低温环境需要使用冷台，而不同的冷台适用于不同的应用场景。

1．电制冷冷台

电制冷冷台又称帕尔贴冷台，其利用半导体的热—电效应（帕尔贴效应）实现制冷。此技术不需要使用压缩机和制冷剂，因此在制冷过程中没有振动和噪声，可制冷温度通常在－50℃到－100℃之间（图 5－22）。由于没有复杂管线的限制，冷台可以随样品台进行较为自由的移动。

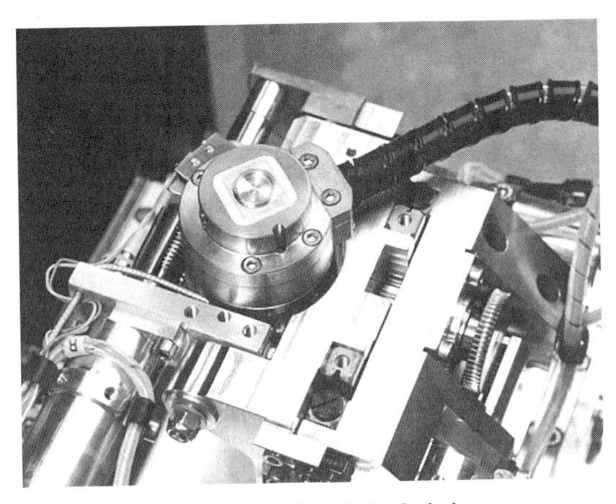

图 5－22　常见电制冷冷台

由于制冷温度有限，电制冷冷台通常应用于含水量较低的样品和电子束敏感样品的无损表征，如植物叶片、藻类、塑料、高分子聚合物、水凝胶等

（图 5－23）。在聚焦离子束显微镜中，由于电制冷冷台无法提供较低的温度，需要在使用前预估加工造成的局部升温水平，并据此调整加工参数，使用较“温柔”的参数进行加工。低熔点合金和导热性较好的高分子材料通常可以使用电制冷冷台进行离子束加工。

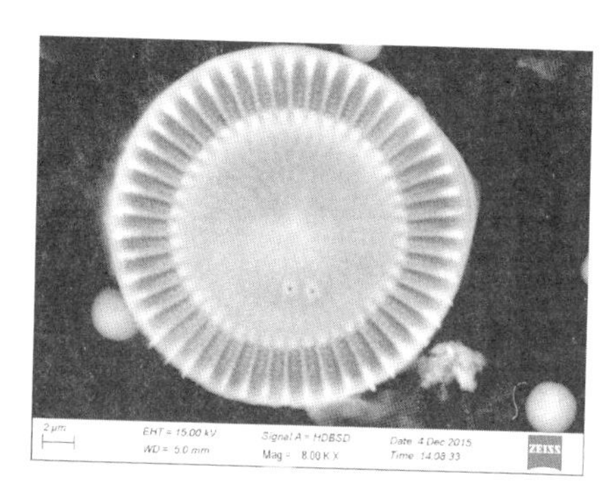

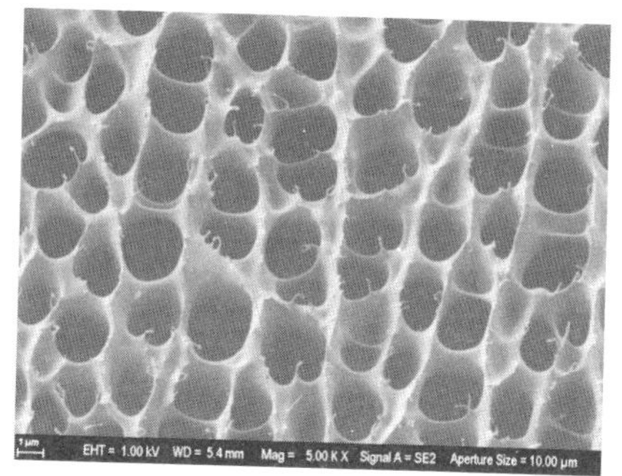

图 5－23　利用电制冷冷台进行硅藻、水凝胶的高质量表征

电制冷冷台的具体使用流程可以归纳为三步：

第一步：将样品正常固定在样品台上，开仓门安装冷台，再将样品台固定在冷台上。

第二步：抽真空并在合适的时候开始制冷。

第三步：等待温度到达设定温度并开始测试。

2. 液氮冷台

当聚焦离子束显微镜需要更低的加工环境温度时，液氮冷台是很好的选择。由于液氮在常压下气化会膨胀 690 余倍，为了避免液氮泄漏造成样品仓真空度突变，常见的液氮冷台并不会直接将液氮引入样品仓，而是利用介质实现温度传导，如铜导带传导、流动过冷氮气传导，除此之外，也有利用液氮膨胀吸热实现制冷的液氮冷台。液氮冷台的最低温度可达－190℃。由于需要进行介质传导，会有多条管线连接冷台，所以大部分液氮冷台不能进行自由移动。但考虑到聚焦离子束加工通常需要特定的加工角度、加工位置和复杂的制样流程，部分液氮冷台的设计增加了额外的自由旋转轴来满足角度要求（图 5－24）。

图 5-24　可自由移动、旋转的液氮冷台

液氮冷台的具体使用流程可以归纳为三步：

第一步：开仓门安装液氮冷台，

第二步：将样品固定在液氮冷台的专用冷冻样品梭上，经仓门或快速换样室将样品梭固定在冷台上。

第三步：抽好真空后开始制冷，温度到达设定温度后再开始测试。

得益于液氮冷台制冷温度范围较大和使用流程较为简便，其适用于大部分敏感材料的聚焦离子束显微镜测试。同时，搭配专门的真空传输装置，还可以实现对空气敏感材料的保护与传输。图 5-25 展示了常见的液氮冷台应用：左图为室温制备的陶瓷隔膜截面样品，导热率小于 0.5 W/mk，熔点小于 300℃，加工参数为 30 kV、700 pA，截面上无法观测到纳米孔洞，孔隙密度也较低，被认为是离子束加工产生的局部升温造成了纳米细节的融毁；右图为相同样品使用液氮冷台制备的截面样品，加工参数同样是 30 kV、700 pA，冷台温度为−150℃，在截面上可以观察到更高的孔隙密度，也可以观察到纳米孔洞。

由于液氮冷台具有良好的稳定性，在冷冻条件下，同样可以利用聚焦离子束显微镜进行连续层析成像，进而实现敏感材料的三维结构表征，利用三维重构软件实现不同显微结构的定量分析。图 5-26 展示了利用液氮冷台保护获得的隔膜材料三维可视化结果，可以直观地看到孔隙分布情况。经过计算，孔隙体积占比为 47.17%。

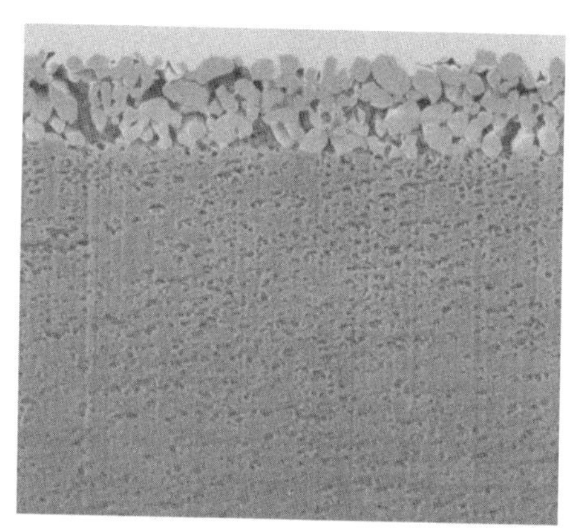
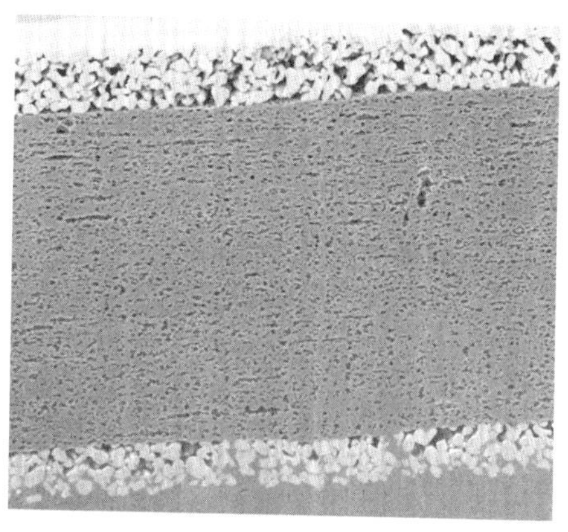

图 5-25 室温和−150℃下制备的陶瓷隔膜截面

图 5-26 液氮冷台保护下的隔膜材料三维可视化

在固态电池中，正负极与电解质的界面关系是影响电池性能的重要因素，然而由于固态聚合物电解质极软，常见的冷冻断裂并不能获得高质量的截面，又由于聚合物对温度非常敏感，导电性很差，常规聚焦离子束加工虽然可以制备高质量的截面，但会对聚合物造成较大的损伤，无法获得材料的本征信息。使用加工参数 30 kV、300 pA，在室温制备的截面上聚合物区域存在广泛分布的损伤结构，严重影响了正极颗粒与聚合物界面的表征。使用相同的加工参数和相同的样品在−150℃下制备截面，可以完全避免对聚合物造成损伤（图 5-27）。

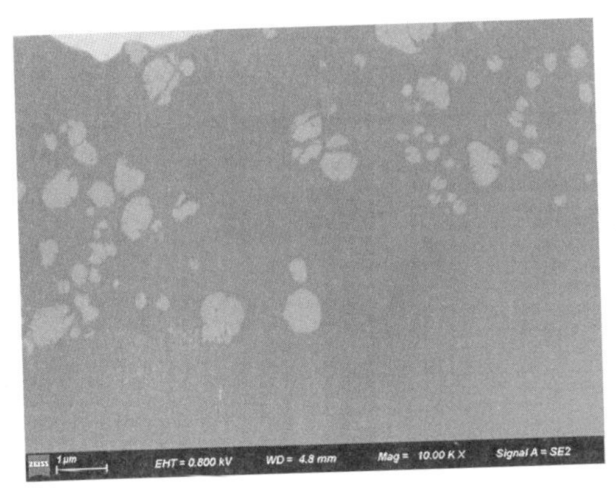

图 5-27　-150℃下制备的固态电池截面

由于低温可以减弱和避免稳态、平衡态被破坏造成的化学反应或相变，液氮冷台同样适用于活泼样品的聚焦离子束测试。如图 5-28 所示，在室温下所制备的 ACZTSSe 太阳能电池透射电子显微镜样品中，可以观察到大量的以局部聚集颗粒方式存在的元素析出，这必然会带来显微结构的变化乃至局部相变。但当使用液氮冷台在-150℃下制备透射电子显微镜样品时，则可以很好地抑制析出现象的发生（图 5-29）。

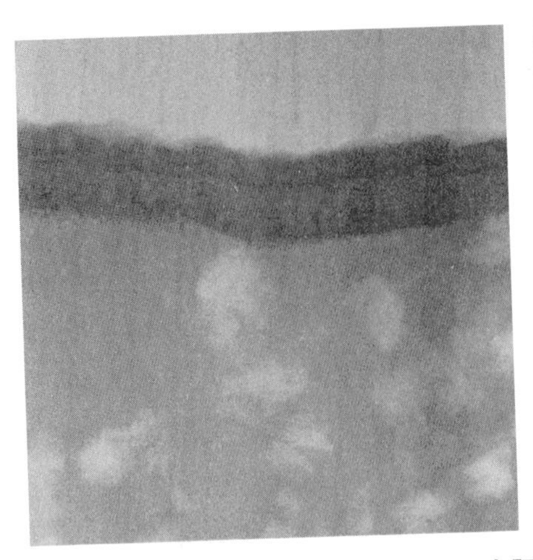

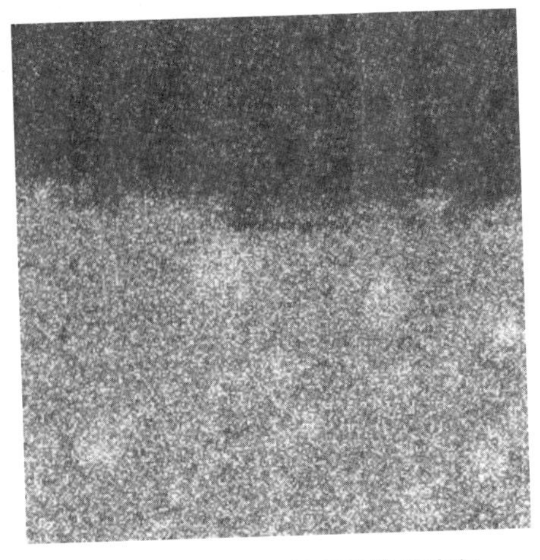

图 5-28　室温下制备的 ACZTSSe 太阳能电池透射电子显微镜样品及能谱表征

图 5－29　－150℃下制备的 ACZTSSe 太阳能电池透射电子显微镜样品及能谱表征

由于高真空环境中的污染物会优先向冷的位置沉积，为了避免对样品造成污染，在液氮冷台中，除了冷台部分，还会配置冷阱专门吸附污染，冷阱的工作温度设置通常需要比冷台的工作温度设置低约 30℃（图 5－30）。

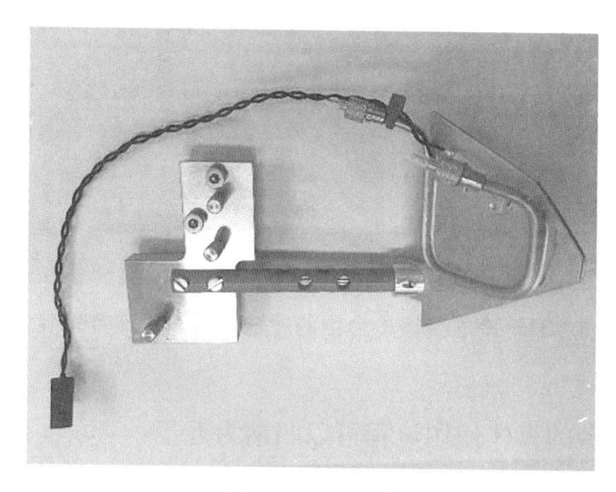

图 5－30　冷阱

3. 冷冻传输冷台

随着材料科学、自然科学研究的不断深入，液体材料、高含水材料、环境材料受到了日益增长的关注。对于这类材料，受制于严苛工作环境，传统聚焦离子束显微镜无法实现常规的样品准备和表征加工，此时，具有冷冻制样能力的冷冻传输冷台就成为必要的选择。冷冻传输冷台通常由三部分组成：

（1）常规的液氮冷台。

（2）冷冻制样装置：如图 5－31 左图所示，通常是利用液氮或过冷液氮实现液体样品的快速固定。当冷却梯度较大时，液体并不会结晶膨胀，因此不会破坏材料的本征结构，这也是此类制样技术被广泛应用于生物样品原位制备的原因。

（3）冷冻传输装置：如图 5－31 右图所示，通常包含真空冷冻转移盒和冷冻传输样品室。转移盒可以在制样装置和传输装置中转移样品，避免空气和环境温度对材料的影响；冷冻样品室可以对样品进行导电镀膜和冷冻断裂处理，提高对不同样品和不同需求的测试能力。

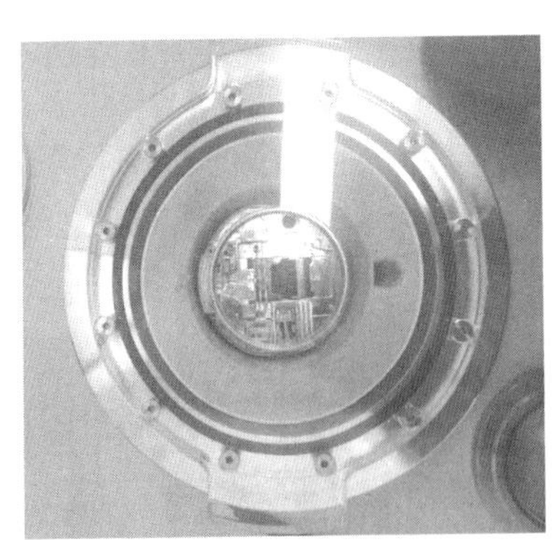

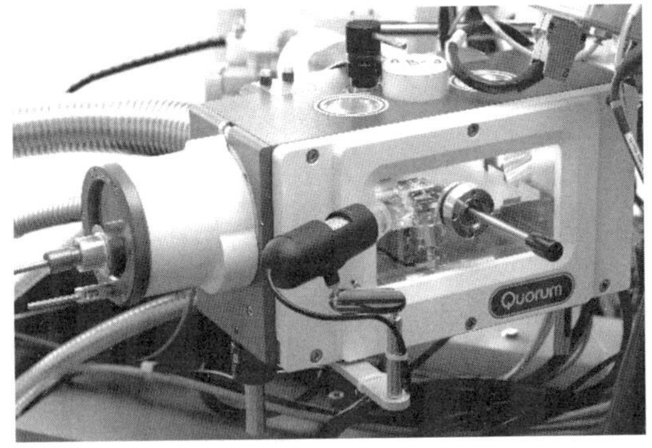

图 5－31　冷冻传输冷台中的冷冻制样和冷冻传输装置

冷冻传输冷台的具体使用流程可以归纳为五步：

第一步：开仓门安装液氮冷台，抽好真空后同时冷却仓室内的冷台和冷冻传输样品室内的冷台，等待温度到达设定温度。

第二步：将含液样品放置在专门的液体冷冻样品梭上。

第三步：使用冷冻制样装置制备“液氮雪泥”，将液体样品梭侵入“液氮雪泥”中实现冷冻制样。

第四步：使用真空冷冻转移盒将制备好的样品梭从冷冻制样装置转移进冷冻传输样品室，在冷冻传输样品室内进行需要的导电镀膜或冷冻断裂处理。

第五步：将处理后的样品和样品梭转移到仓室内的液氮冷台并开始测试。

图 5－32 展示了对纤维浸润性的研究。首先将多孔纤维充分浸泡在纯净水中，然后利用冷冻制样装置完成样品准备，再通过冷冻传输装置将样品转移到聚焦离子束显微镜中的液氮冷台上，最后利用离子束进行样品加工。可以看到纤维完全被水包围，并且内部孔洞会选择性地被水填充。

图 5－32　水与多孔纤维的截面表征

4. 液氦冷台

在先进材料中，有一些研究需要在极低温度下开展，此时可以选择液氦冷台提供极低温环境（图 5－33）。液氦冷台的最低温度可达－268℃，但使用过程较为复杂，维护成本较高，常见的应用领域包括电学测试、特种涂层测试、极端条件测试等。

在材料科学领域的研究中，越来越多的敏感材料进入了聚焦离子束显微镜的测试范围。对于这些材料，我们需要在测试设计阶段就对可能发生的损伤进行评估，并在测试过程中通过调整测试参数或提供真空和低温保护硬件，避免这些损伤的产生。

图 5-33　液氦冷台

参考文献

[1] CHANG Y, LU W, GUÉNOLÉ J, et al. Ti and its alloys as examples of cryogenic focused ion beam milling of environmentally-sensitive materials [J]. Nature communication, 2019, 10: 942.

[2] KITAGAWA S, MATSUDA R. Chemistry of coordination space of porous coordination polymers [J]. Coordination chemistry reviews, 2007, 251 (21-24): 2490-2509.

[3] ZHANG R, YANG S, LI H, et al. Air sensitivity of electrode materials in Li/Na ion batteries: Issues and strategies [J]. Infomat, 2022, 4 (6): e12305.

[4] ZHAO J, ZHAO C, ZHU J, et al. Size-dependent chemomechanical failure of sulfide solid electrolyte particles during electrochemical reaction with lithium [J]. Nano letters, 2022, 22 (1): 411-418.

[5] EGERTON R F. Radiation damage to organic and inorganic specimens in the TEM [J]. Micron, 2019, 119: 72-87.

[6] 翁素婷，刘泽鹏，杨高靖，等. 冷冻电镜表征锂电池中的辐照敏感材料 [J]. 储能科学与技术，2022，11 (3)：760-780.

[7] LONG D M, SINGH M K, SMALL K A, et al. Cryo-FIB for TEM investigation of soft matter and beam sensitive energy materials [J]. Nanotechnology, 2022, 33: 2386898.

[8] ISHITANI T, KAGA H. Calculation of local temperature rise in focused-ion-beam sample preparation [J]. Journal of electron microsccopy, 1995, 44 (5): 331 - 336.

[9] LEE J Z, WYNN T A, SCHROEDER M A, et al. Cryogenic focused ion beam characterization of lithium metal anodes [J]. ACS energy letters, 2019, 4 (2): 489 - 493.

[10] CHEN J, DENG X, GAO Y, et al. Multiple dynamic bonds-driven integrated cathode/polymer electrolyte for stable all-solid-state lithium metal batteries [J]. Angewandte chemie international edition, 2023, 62 (35): e202307255.

[11] GONG Y, ZHU Q, LI B, et al. Elemental de-mixing-induced epitaxial kesterite/CdS interface enabling 13%-efficiency kesterite solar cells [J]. Nature energy, 2022, 7: 966 - 977.

第六章　聚焦离子束自动测试技术

为了满足半导体行业及前沿科技研究领域的自动化需求，先进的电子显微镜正在集成人工智能（AI）功能，以加快数据生成并提高生产效率。近五年来，半导体行业对AI和机器学习（ML）的应用兴趣激增，PB级数据的处理能力为制造商带来了改进流程、优化资源和自动化繁重任务的机会，如工艺自动化、工具优化、故障检测、预测性维护等多个方面。AI和ML在半导体行业及前沿科技领域的电子显微镜中的应用，涉及扫描电子显微镜、聚焦离子电子双束系统、透射电子显微镜和扫描透射电子显微镜。

AI系统具备感知、理解、行动和学习的能力，尤其是学习能力最为重要。ML作为AI的一部分，专注于自动化学习，通过迭代过程改进性能。半导体制造极为复杂，一个芯片可能需要数百步工艺才能完成，而高精度数据对于识别缺陷至关重要。先进的FIB-SEM、SEM和TEM工具在此过程中扮演了关键角色。

电子显微镜在优化半导体制造流程中起着重要作用。SEM和TEM分析前需用FIB-SEM准备样品，特别是透射电子显微镜样品，通常由熟练的技术人员手动完成。然而，随着所需样品数量的增加，这种手动制备方式变得不再可行。典型情况下，领先的半导体制造商每月需制备35000—40000个样品，未来数量还将增加。样品准备好后，使用先进的扫描透射电子显微镜设备在原子尺度上进行测量和表征，因此关于自动化透射电子显微镜样品制备功能的开发要求也越发紧迫。

聚焦离子束自动化功能还体现在满足一些复杂结构的加工需求。对于微电子工业中大量的亚微米图案，采用光学光刻是首选的方法，因为它结合了良好的空间分辨率、过程控制和处理速度。电子束直写光刻提供了更好的空间分辨率，但对于整个晶圆尺寸的图像化，其曝光速度相对于光学光刻要缓慢。然而，尽管电子束光刻不是大批量生产的替代方案，但在最新的互补金属氧化物半导体（CMOS）技术的开发阶段，电子束光刻技术的关键尺寸可达 10—30 nm。对于一些特殊结构的纳米图形，特别是在非平面结构的图形化方面，聚焦离子电子双束技术拥有许多应用潜力，这主要得益于其许多特性和独特的能力：首先，离子束和电子束可以聚焦到 1—3 nm 尺寸的束斑，这可以实现纳米级空间分辨率的应用；其次，高能和聚焦离子束可用于局部去除材料（FIB 铣削）或局部沉积材料（通过激活前驱体气体中的化学反应，实现 EBID 或 IBID）；再次，由于这些技术都是基于直接束斑控制，不需要掩模，减少了工艺步骤的数量，增加了灵活性；最后，电子束可以用来成像的特点允许其在过程中进行控制。这些能力结合在一起，可以为各种领域的纳米技术研究开发有吸引力的纳米图案和纳米原型策略。

聚焦离子束可以加工制造复杂的三维纳米结构，但是加工这些结构需要多个步骤，其中的关键是后续的加工图层必须能够很好地与前面图层对齐。这些需要应用自动化程序，以便以可重复的方式可靠地创建所需的结构。通常在每一个加工图层中设置对准程序，使用机器通过智能校准功能进行自动化图层对准（例如，仅在基准标记略大的区域扫描，而不是暴露整个结构）。只有采用自动化程序达到较高的对准精度，才能完成该类样品的加工。

同时也需要注意到，聚焦离子束、电子束是采用逐点扫描的方式进行加工或观测，运行速度比较慢，并且当前设备操作还大量依赖人工手动完成，这对于日益增加的任务需求来说，迫切需要提高效率。自动化、大通量的开发，是当前自动测试技术的发展方向。

6.1 自动透射电子显微镜（AutoTEM）制样技术

透射电子显微镜制样是聚焦离子束的基础应用，其过程相对比较长，对操作者要求较高，随着自动控制技术的不断进步，目前很多厂商的聚焦离子束设备已经可以实现全自动制备透射电子显微镜样品的功能。通过软件的全自动控制实现特定位置、超薄样品的制备，显著缩短制样时间，对于常规样品，可以让新用户在不到一小时内就能获得高质量的结果。

以 Thermo Fisher Scientific 公司的 AutoTEM 5 软件为例，其主要功能包括：

(1) 完整的原位透射电子显微镜样品制备工作流程，包括自动切块、用户引导的取出和自动最终减薄。

(2) 支持不同几何形状的全自动原位样品制备：自上而下、平面图和倒置。

(3) 自动低电压吹扫清洁功能，以实现具有亚纳米损伤层的超薄透射电子显微镜薄片。

(4) 具有全自动、无人值守的特点，可以更加高效地利用机器机时。

AutoTEM 5 软件用户交互界面如图 6-1 所示，底部为工作流程步骤，右侧为参数设置，用户界面（UI）带有指导说明及图示。

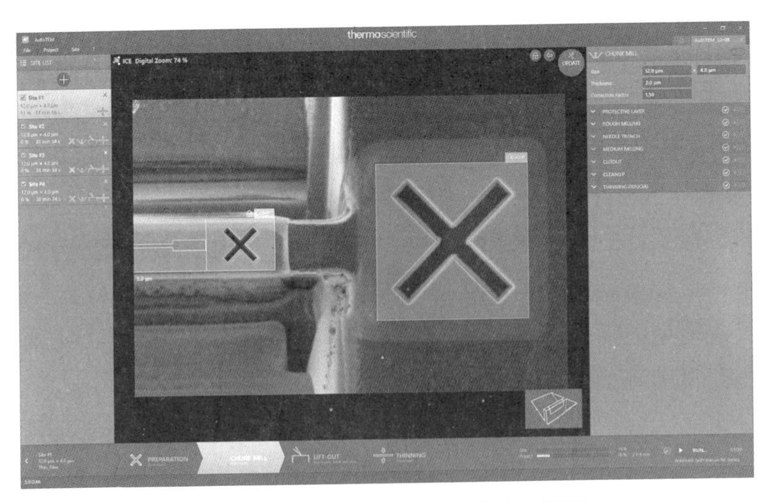

图 6-1　AutoTEM 5 软件用户交互界面

图 6-2 显示了使用 AutoTEM 5 软件批量制备铝材料样品的 5×6 的 STEM 薄片阵列。

图 6－3 为完成 U 形切的样品图，侧面大的基准标记用于分块自动化，而薄片上较小的基准将用于最终自动化减薄。图 6－4 与图 6－5 分别展示了原位提取定义铜网格上的薄片位置和成品薄片的 SEM 图像。

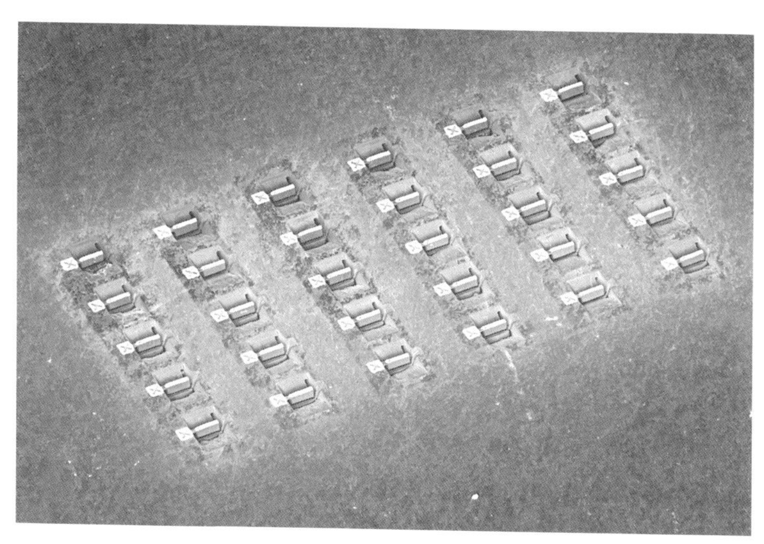

图 6－2　铝样品自动扫描透射电子显微镜制样

图 6－3　U 形切样品示例

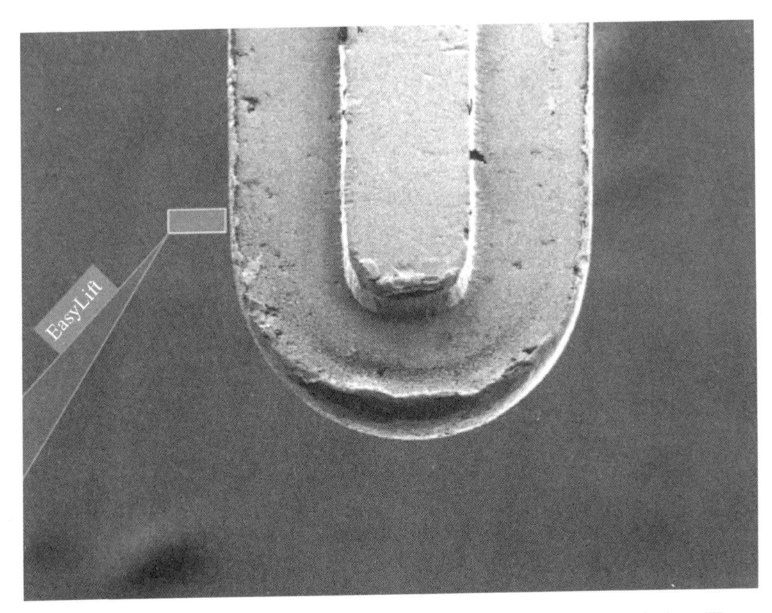

图 6-4 在 AutoTEM 5 软件中原位提取定义铜网格上的薄片位置

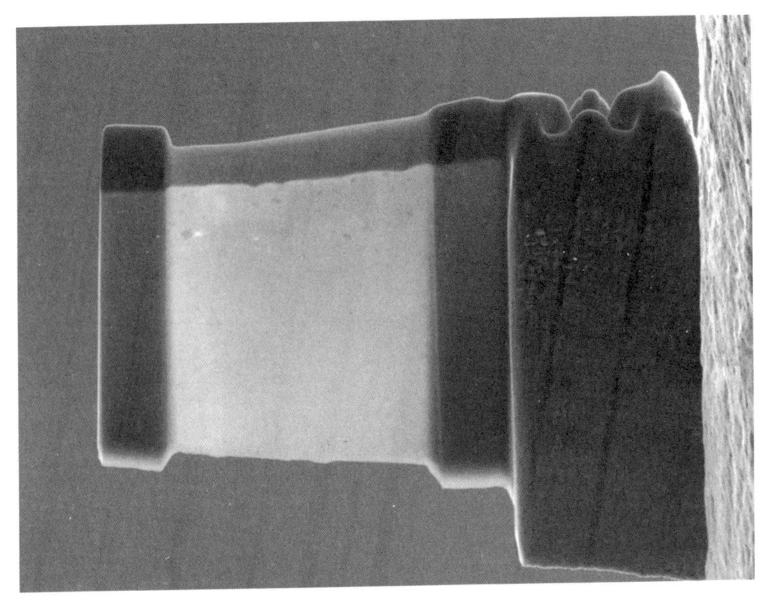

图 6-5 成品薄片的 SEM 图像

随着自动透射电子显微镜制样功能不断更新改进，制备的透射电子显微镜薄片质量也越来越好，可以有效降低设备的使用门槛，增加设备的利用率。

6.2　聚焦离子束自动加工纳米图形的方法

采用聚焦离子束进行复杂结构的纳米加工，特别是进行多层结构的对准套刻，需要采用自动化的控制软件，以实现高精度的操作。同时，自动化加工可以预先设计好一套完整的图形加工方案，设备自动运行，从而有效提高设备使用效率。

聚焦离子束加工可用的图形文件格式很多，常见的如设备软件自带的图形编辑器，包括基本的矩形、圆形、线条和多边形等；Bitmap 格式图形，位图格式，每个像素点的灰度值（0，255）对应按比例的束流停留时间 Dwell time；Stream file 文件格式，也被称为流文件格式，支持通过坐标、驻留时间和空白标志直接访问每个像素（分辨率取决于配置，可选 12 位或 16 位，对应 4 K 或 64 K 模式点），可以把离子束斑控制到单个像素点，并且控制在每个点的驻留时间，设计出非常复杂的图形结构。通常可以采用赛默飞 GDStoDB 软件将 GDSⅡ格式转换为流文件的格式，支持不同的写场，对于选择的区域图案进行图形化加工。

聚焦离子束加工的主要加工参数包括加速电压、离子束流、刻蚀深度、驻留时间 Dwell time、像素点重叠度 Overlap、加工重复次数 Passes、束流扫描方向、加工顺序（串联、并联）等。

自动化加工程序特别适用于需要进行多图层对准的结构加工，以 Thermo Fisher Scientific 公司的 Nanobuilder 软件为例，自动图形加工软件的具体使用流程可以归纳为四步：

第一步：将设计好的图形文件导入 Nanobuilder 软件。

第二步：在每个图层中设置好加工参数，包括调用的对准程序。

第三步：在衬底上加工基准图层，形成参考的基准图案，用于后续的对准（Alignment）。

第四步：依次加工设计的图层 Layer 1、2、3 等，如某图层需要进行对准操作，可在软件中设置对准参数，软件将控制设备按预设条件执行对准操作。

案例一　FIB 自动化程序加工“双线圈电感器”的全过程操作示例

整个器件加工过程包括金属沉积、绝缘体沉积、离子束刻蚀等步骤的组合。其中根据每个图层加工线宽尺寸的不同，使用 4 种不同的离子束流，整个结构的总加工时间约为 20 分钟。所有的对准都是使用与第 1 层刻蚀的基准标记（Fiducial）的相互关联来完成的（图 6－6—图 6－12，引自 Thermo Fisher Scientific 相关资料）。

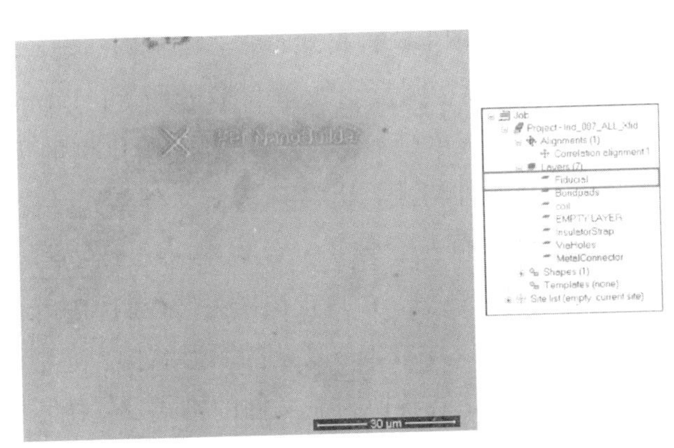

图 6－6　刻蚀 Fiducial 基准标记层

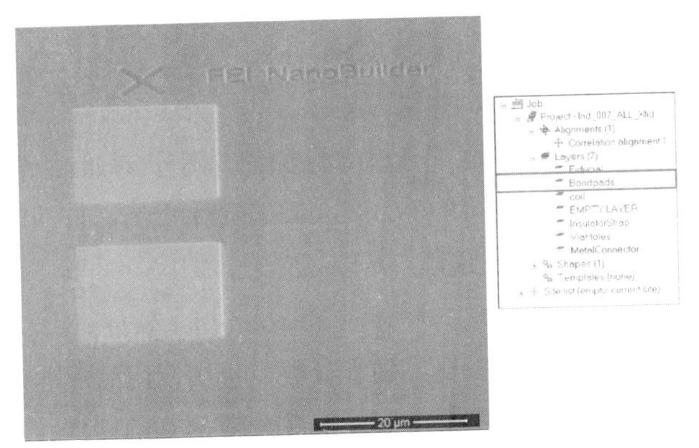

图 6－7　沉积 Bondpads 金属层

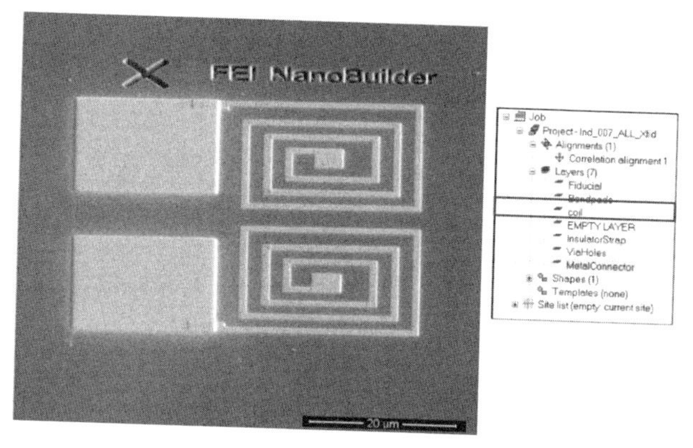

图 6-8　沉积 Coil 线圈层

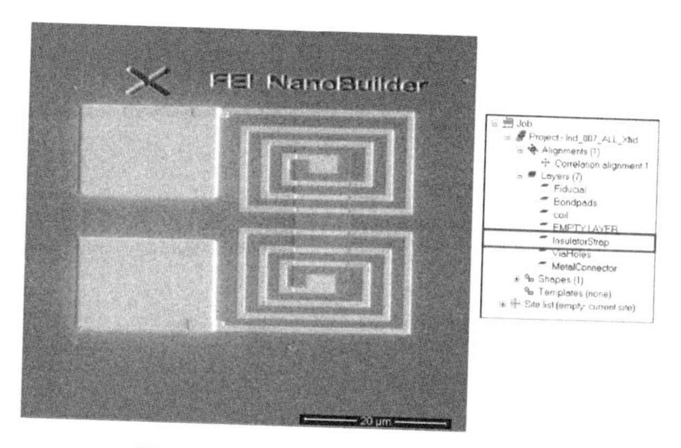

图 6-9　沉积 Insulator Strap 绝缘带

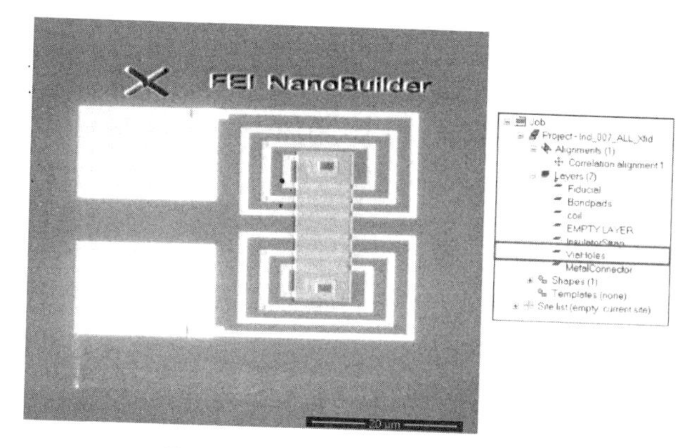

图 6-10　刻蚀 Via Holes 通孔层

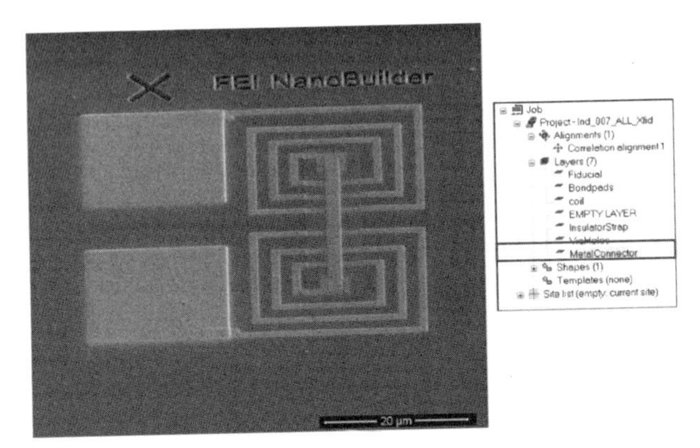

图 6-11　沉积 Metal Connector 金属连接层

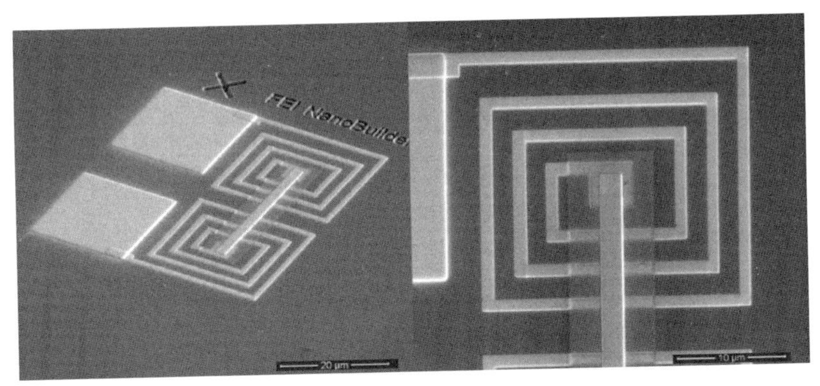

图 6-12　双线圈电感器整体加工图

以上加工采用了自动化程序实现多个图层的对准和漂移控制，如果使用人工对准的方式，一般很难满足对准的精度要求。

案例二　FIB 自动化程序加工“纳米柱”的全过程操作示例

案例二包括基准标记、外层刻蚀区域和中间刻蚀区域三层结构，基本加工步骤与本章案例一类似，主要区别在于对准方式不同。本章的案例一采用图像识别的方式识别基准标记，软件中称为 Correlation Alignment 方式。在本例中，采用线扫描方式（Line Scan Alignment），通过沿设定方向扫描基准标记（图 6-13 的十字标记）进行识别，计算出位移偏差（图 6-13—图 6-15，引自 Thermo Fisher Scientific 相关资料）。

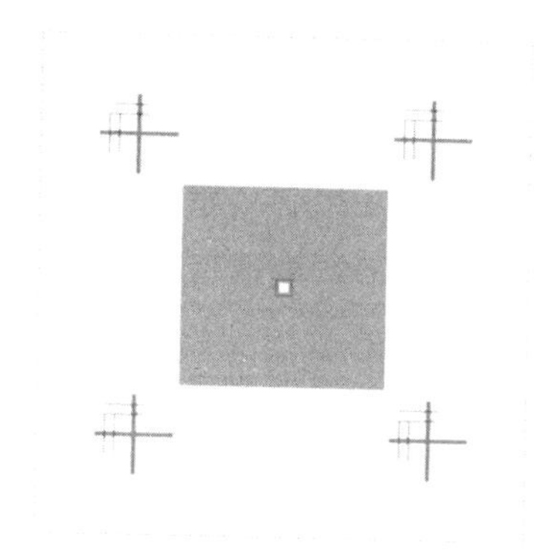

图 6-13　纳米柱自动加工的程序文件

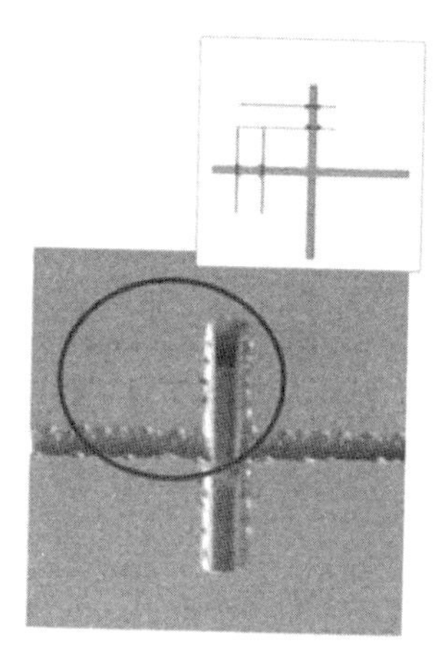

图 6-14　Fiducial 基准标记与线扫描方向（细线）

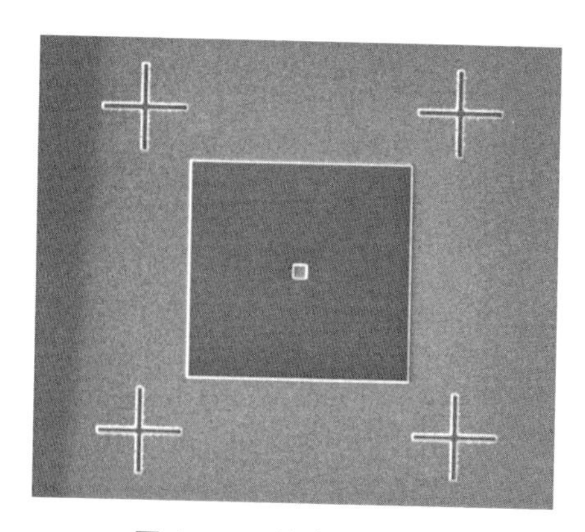

图 6-15　纳米柱加工图

图 6－14 的下方为离子束刻蚀的基准标记，上方为线扫描区域示意图(细线)。图 6－15 为纳米柱加工后的电子显微镜图。

总的来说，通过自动化的程序控制，能够实现更多更复杂的纳米结构加工。可以使用不同的束流组合以兼顾刻蚀精度和速度，采用线扫描或图像识别的对齐功能，实现对准控制和在束流变化或平台移动后位置的重新定位。自动化控制有效地提高了工作效率和设备利用率。

参考文献

[1] THERMO FISHER SCIENTIFIC. AutoTEM 5 datasheet [EB/OL]. [2024－10－01]. https://assets.thermofisher.cn/TFS-Assets/MSD/Datasheets/AutoTEM5-datasheet-DS0322.pdf.

[2] THERMO FISHER SCIENTIFIC. NanoBuilder datasheet [EB/OL]. [2024－10－01]. https://assets.thermofisher.cn/TFS-Assets/MSD/Datasheets/nanobuilder-datasheet.pdf.

附录一　TeamViewer 软件使用指南

1. TeamViewer 软件介绍

TeamViewer 是一款直观、快速且安全的远程控制和会议软件。作为一种一站式解决方案，TeamViewer 可用于：

（1）为同事或客户提供临时远程技术支持。

（2）在安装不同操作系统的计算机间建立连接，可在 Windows、Mac OS 或 Linux 操作系统下运行。

（3）管理 Windows 服务器和工作站，可作为 Windows 系统服务运行。

（4）通过 TeamViewer，Android、iOS 等移动端可与 Windows、Mac 或 Linux 计算机互联。

（5）在会议、演示或团队协作过程中进行桌面共享。

2. TeamViewer 如何工作（不同版本软件可能会存在差别）

（1）从官网下载 TeamViewer 软件并安装。

（2）打开 TeamViewer 应用，TeamViewer 主窗口分为远程控制和会议选项卡（附图 1－1）。远程控制选项卡分为如下区域：

① 允许远程控制：在该区域中，可以看到 TeamViewer ID 和临时密码。如果共享该信息给其他人，则收到信息的人可输入该信息连接到该计算机。

② 控制远程计算机：要远程控制计算机，可在伙伴 ID 组合框中输入其 ID。此外，有多种连接模式可供选择：

远程控制：控制伙伴的计算机或对一台计算机协同工作。

文件传输：与伙伴的计算机之间传输文件。

VPN：为伙伴创建虚拟专用网络。

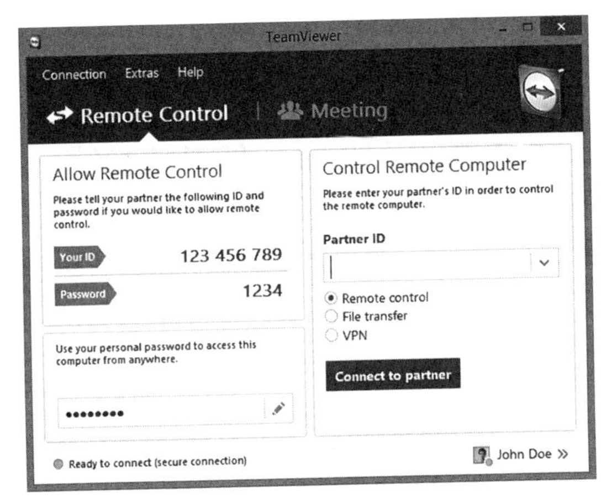

附图 1-1　TeamViewer 软件界面

(3) TeamViewer 主窗口的菜单栏

菜单栏位于 TeamViewer 主窗口的上方，包含菜单项连接、其他和帮助。其中，菜单提供以下选项：

① 要邀请其他人加入 TeamViewer 会话，单击邀请伙伴。

② 要将 TeamViewer 配置为随 Windows 自动启动，单击设置无人值守访问。

③ 要打开用户 TeamViewer Management Console，单击打开 Management Console。

④ 要退出 TeamViewer，单击退出 TeamViewer。

(4) TeamViewer 主窗口的状态栏

TeamViewer 主窗口状态指示灯具有以下三种选项：

绿色：连接准备已就绪，可从 TeamViewer 建立安全连接或接受呼入连接。

黄色：正在验证，建立 TeamViewer 会话的验证过程已启动，此时需要输入密码。

红色：连接已中止或未建立连接。

3. 与 TeamViewer 建立连接

要连接伙伴进行远程控制会话，可按照以下步骤操作：

（1）启动 TeamViewer。

（2）单击远程控制选项卡。

（3）要求伙伴启动 TeamViewer。

（4）询问伙伴的 TeamViewer ID 和密码。

（5）在伙伴 ID 组合框中输入 ID。

（6）单击远程控制选项按钮。

（7）单击连接到伙伴按钮，将打开 TeamViewer 验证对话框。

（8）输入远程计算机的密码。

（9）单击登录。

（10）现在已经连接到伙伴的计算机。

4. 简单案例示范

（1）聚焦离子束机台电脑打开 TeamViewer 软件，找到 ID 和密码（附图 1－2）。

（2）在个人电脑中打开 TeamViewer，输入 FIB 机台电脑的 ID 和密码（附图 1－3）。

（3）使用个人电脑远程控制 FIB 机台（附图 1－4）。

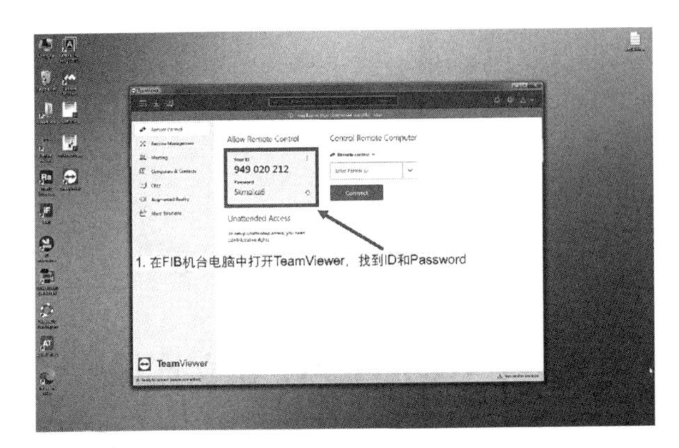

附图 1-2　FIB 机台电脑 TeamViewer 用户界面

附图 1-3　个人电脑 TeamViewer 用户界面

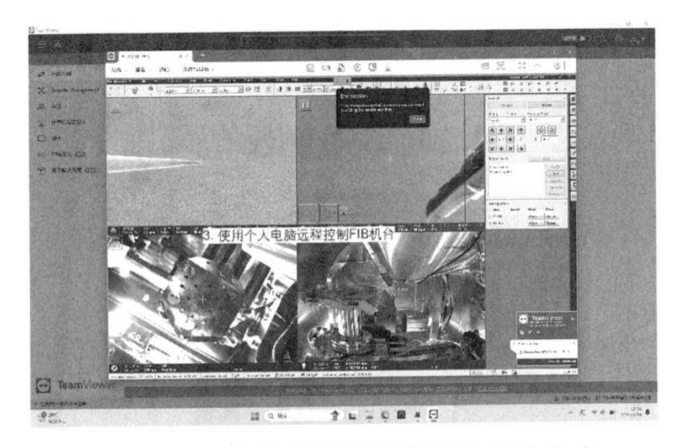

附图 1-4　个人电脑远程登录 FIB 机台电脑

参考文献

[1] 张伟庆，张建辉，余小岚．在移动终端上远程实时监控实验室和操作仪器 [J]．大学化学，2019，34 (1)：98 - 103.

附录二　NanoBuilder 软件使用指南

NanoBuilder 是 Thermo Fisher Scientific 公司研发的一款用于自动构建复杂纳米结构的软件，它能够将 CAD 文件（常用 GDSⅡ格式）划分为有序项目，构建出多层复杂结构。

NanoBuilder 软件可以直接控制仪器相关组件，包括离子束和电子束、样品台和气体注入系统（GIS），可以在多个位点上对大而复杂的纳米结构进行准确的图案化，支持 Thermo Fisher Scientific 公司聚焦离子电子双束设备图案化过程：聚焦离子束刻蚀、气体辅助离子束刻蚀、电子束诱导沉积和离子束诱导沉积。

NanoBuilder 软件具有多项关键优势，包括基于 CAD 的原型设计、FIB 和 GIS 优化、全自动执行、自动对齐和位移控制。其可以实现其他光刻方法（如倾斜表面以制作倾斜的纳米镜）无法实现的结构，广泛应用于微流体学、纳米光学（光学谐振器、纳米镜）、纳米压印等领域。NanoBuilder 软件可以为 GDSⅡ布局中的每个单独图层分配不同的工艺参数，如光束能量、电流、图案参数、GIS 等。用户可以定义 NanoBuilder 软件执行这些图层的顺序，通过对齐算法确保各个层准确对齐，避免将敏感样品图案区域暴露在离子束或电子束下。自动对准包括光束偏移以及旋转、放大和剪切误差。软件中可以创建位置列表，以便在衬底上的多个位点重复纳米结构；帮助用户快速设计和分析纳米材料的性能，并提供可视化工具以便于理解结果。用户可以使用该软件进行实验前的设计和优化，从而提高实验效率和准确性。

本附录内容引用 Thermo Fisher Scientific 公司 Nanobuilder 软件相关内容。

1. 软件界面介绍

1.1　用户界面

打开 Nanobuilder 软件，用户界面主要包括菜单栏、工作任务显示区、工作任务结构区、参数显示与设定区、鼠标位置、状态栏、帮助及解释区（附图 2－1）。

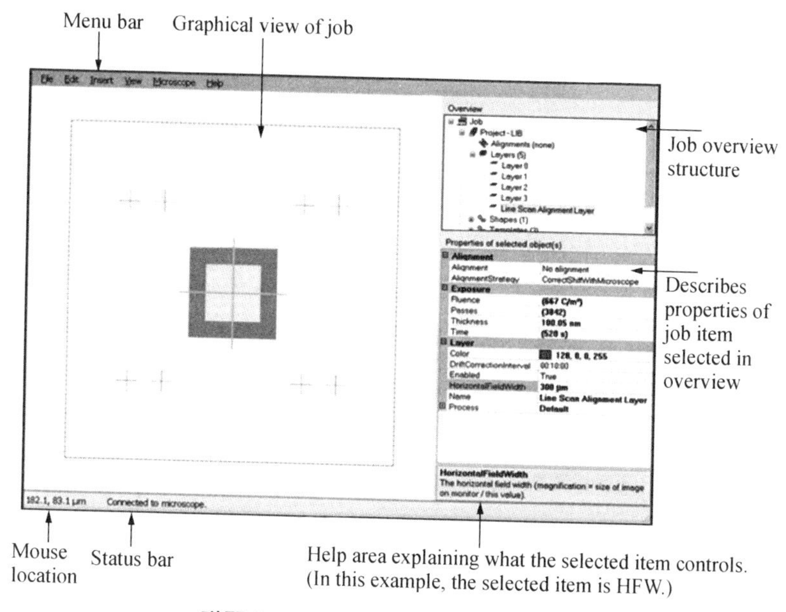

附图 2－1　Nanobuilder 软件操作界面

1.2　文件菜单（File Menu）

New：新建一个任务（Job）或者项目（Project）。

Open（Ctrl+O）：打开文件夹选择一个现有的 Job 文件。

Merge Job（Ctrl+M）：选择一个任务与当前任务合并。

Import GDSⅡ...：输入 GDSⅡ格式的图形文件。

Save（Ctrl+S）：保存当前文档。

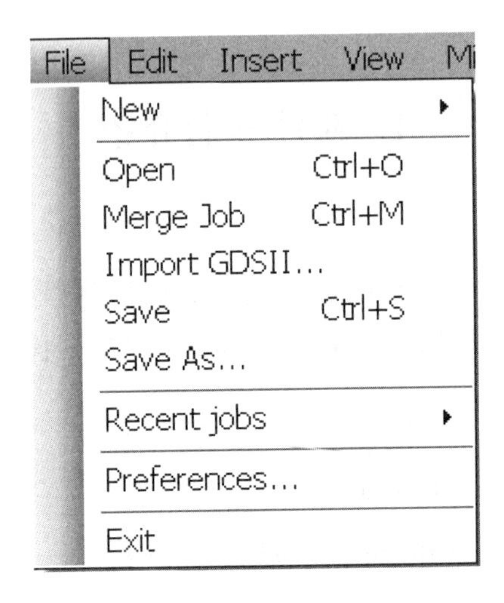

Save As...：当前文档另存为……

Recent jobs：最近打开的任务文件。

Preferences...：预设参数。

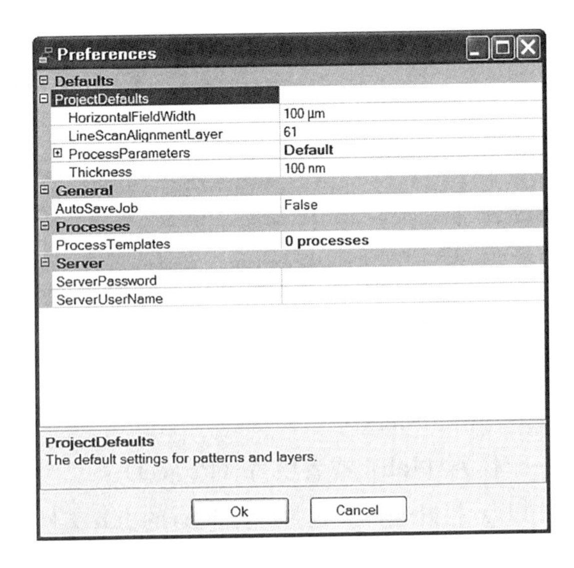

1.3　编辑菜单（Edit Menu）

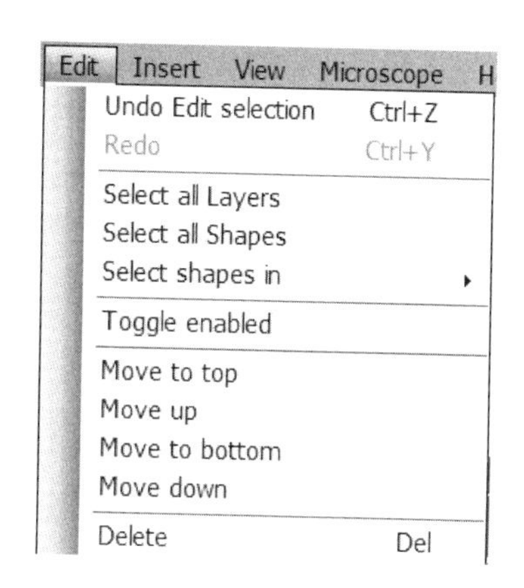

Undo Edit selection（Ctrl+Z）：撤回编辑操作。

Redo（Ctrl+Y）：取消撤回操作。

Select all Layers：选择所有图层，方便对所有图层的参数进行统一修改。

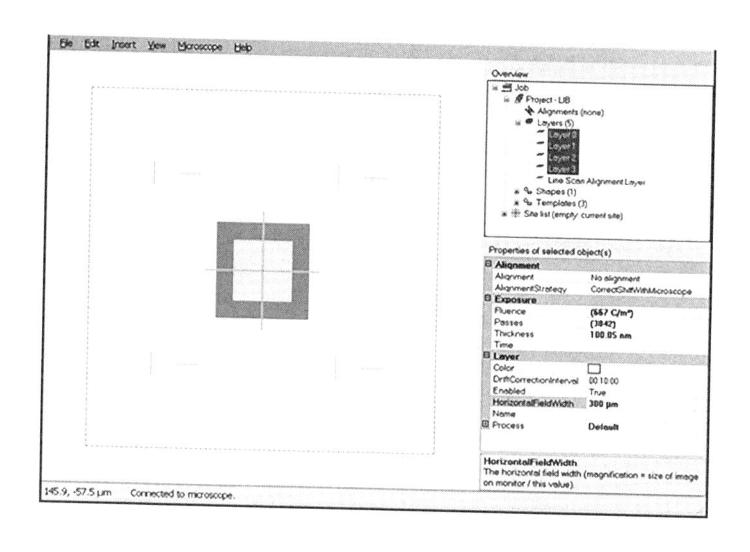

Select all Shapes：选择所有图形，方便对所有图形参数进行同时修改。

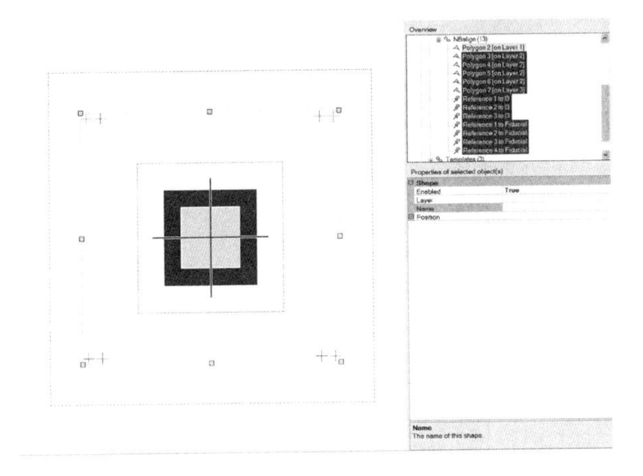

Select shapes in：选定某一图层中的图形。

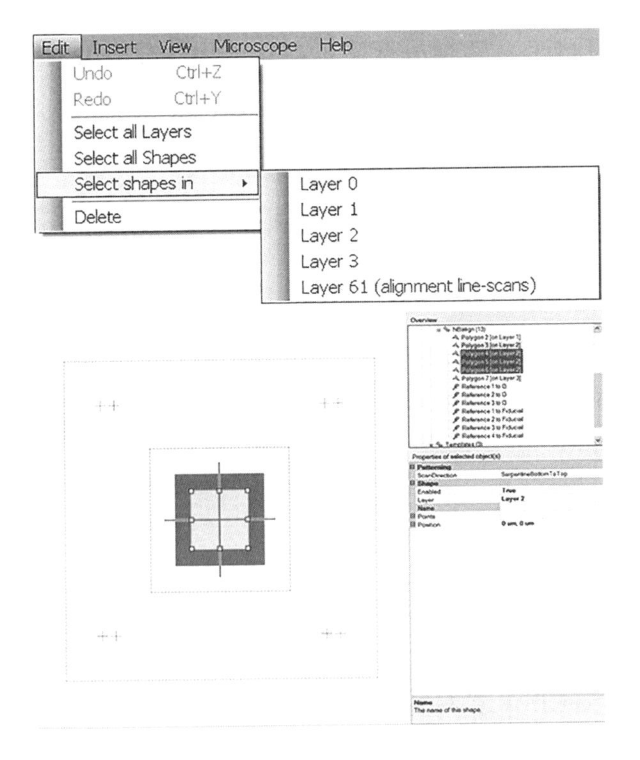

Toggle enabled：启用/禁用工作任务显示区（Overview）树视图中当前选中的项。

Delete：删除图层、图形或对准标记。

1.4　插入菜单（Insert Menu）

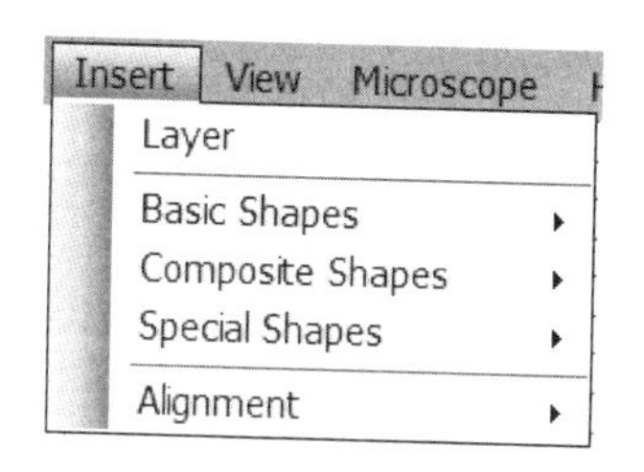

Insert菜单用于在Project中添加图层、图形、参考图形、对准标记。

Layer：添加新的图层。新添加图层默认按照Layer 0、1、2……进行编号，建议根据图层主要加工内容重新命名。

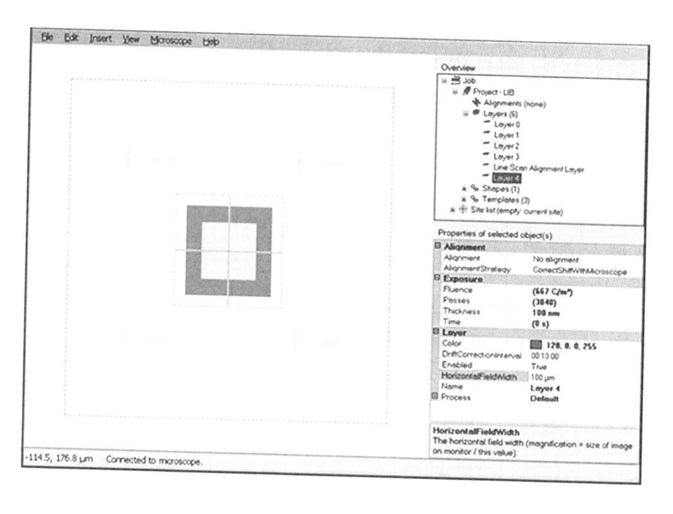

Basic Shapes：添加基本的图形，圆形、路径（线段）、多边形、矩形、文档。

Composite Shapes：复合图形，阵列、求差、求和等图形的布尔操作。

Special Shapes：特殊图形，包括BMP格式、Streamfile格式的文件。

Alignment：添加对准图形，包括自动脚本、相关性对准、线扫描对准。

AutoScript alignment
Correlation alignment
LineScan alignment

1.5　视图菜单（View Menu）

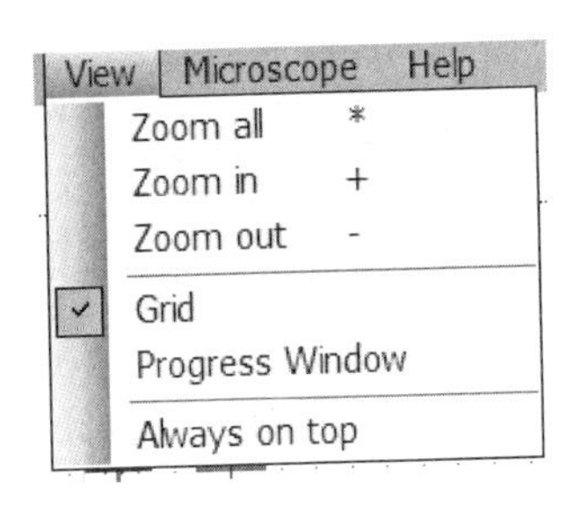

Zoom all（*）：全局放大。

Zoom in（+）：感兴趣的地方进行放大。

Zoom out（—）：感兴趣的地方进行缩小。

Grid：打开或关闭图形界面的栅格。

Progress Window：显示或隐藏进程窗口。

Always on top：始终在界面最上层。

1.6　显微镜菜单（Microscope Menu）

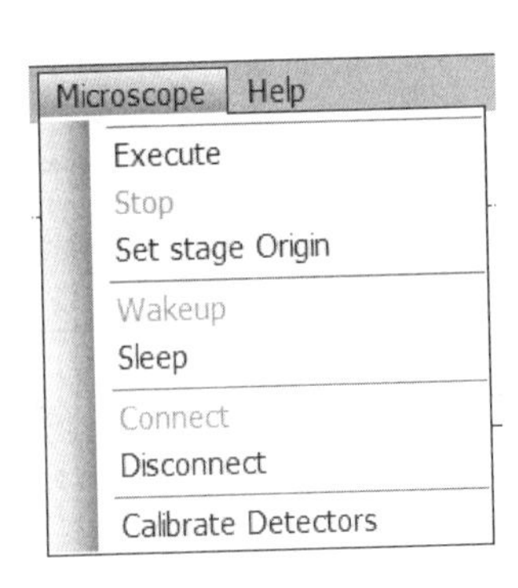

显微镜菜单作为 NanoBuilder 和显微镜系统之间的通信链接。

Execute：开始执行图形加工任务。

Stop：停止当前任务。

Set stage Origin：将当前位置标记为位置站点列表相对原点位置。

Wakeup：开启电子和离子束。

Sleep：关闭电子和离子束。

Connect：软件与双束系统进行连接。

Disconnect：软件与双束系统断开连接。

Calibrate Detectors：探测器增益与偏置校准。

1.7　帮助菜单（Help Menu）

包括用户操作手册、通知、软件版本等。

2. 基本操作

本节介绍如何将 GDSⅡ文件加载到 NanoBuilder 软件中、设定图形化的参数、添加对齐方式以及执行生成的 Job。

2.1　设置显微镜

首先需要进行双束显微镜的设置工作，包括：

(1) 加载要图案化的样品。

(2) 将样品设置为共聚焦点的高度。

(3) 样品台倾斜至 52°，NanoBuilder 软件不调整焦点和光斑，因此使用的光束电流必须提前调整好焦距，允许不同电流档之间有少量（<2 μm）的光束偏移。

(4) 将样品台移动到基底上加工图形的位置。

2.2 创建一个工作任务

(1) NanoBuilder 术语中的 Job 是描述需要图案化的内容的完整数据集——图层、图形、序列、光束设置、对齐等。

(2) 按照路径 Start > Programs > FEI Company > Applications > NanoBuilder 打开应用软件，或者双击桌面快捷方式。

(3) 工作流

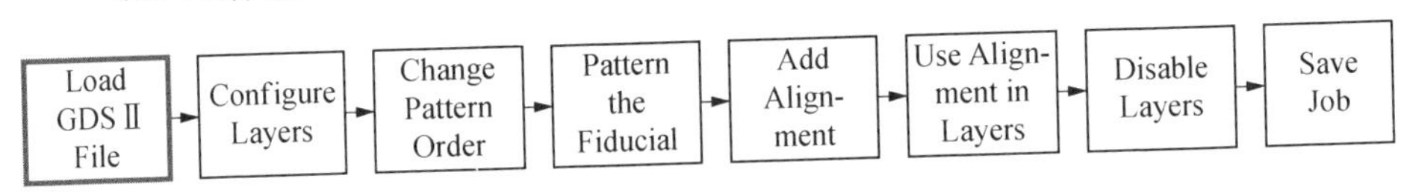

2.2.1 导入 GDSⅡ 文件（Load the GDSⅡ File）

通过 File>Import GDSⅡ 导入 GDSⅡ 文件。得到类似下图的显示。不同设计图案导入的具体图形不同，这里仅举例。

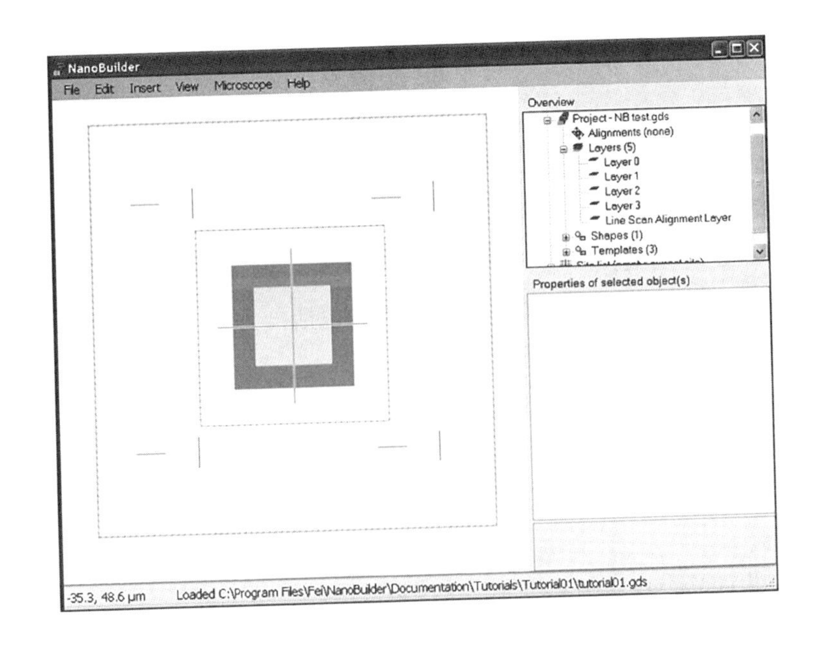

2.2.2 配置图层参数以进行图案化（Configure the Layers for Patterning）

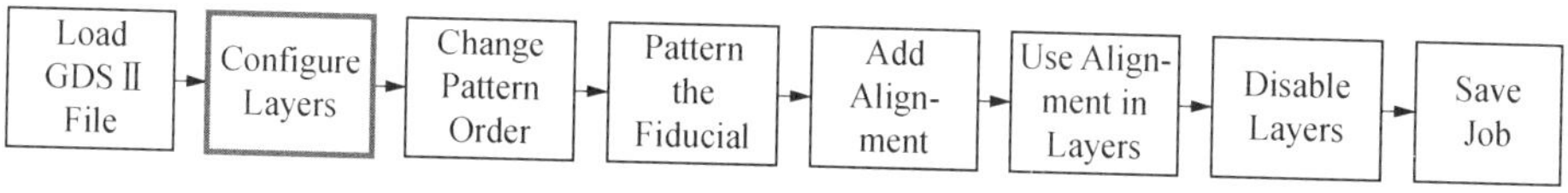

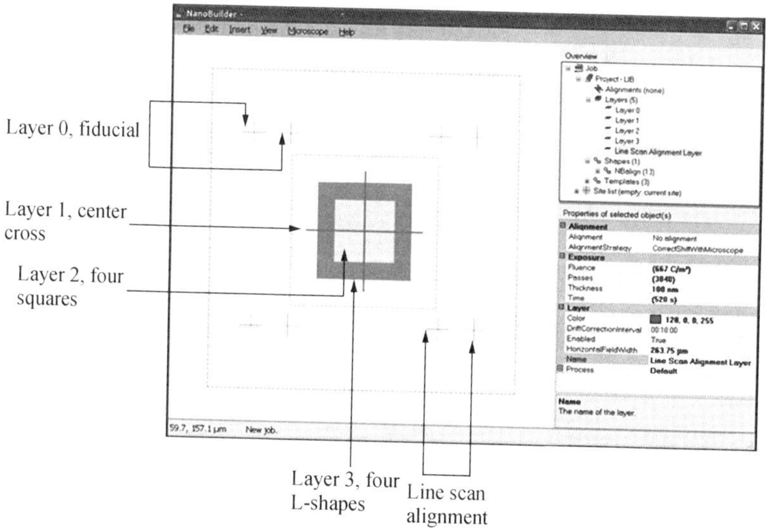

附图 2-2 Job 任务各图层示意图

如附图 2-2 所示，该项目包含 5 层：

（1）图层 Layer 0：基准图层（Fiducial）。

（2）图层 Layer 1、2 和 3：包含要图案化的图形——中心的细十字、周围的四个正方形，以及四个正方形周围的四个 L 形多边形。

（3）Line Scan Alignment Layer 线扫描对齐层：用于对齐图层。

单击图层选择，然后可查看和编辑其属性。可以选择多个图层（按住 Shift 或 Control）并同时更改所有图层的属性。

在概览中选择 Layer 1，单击 Process 左侧的＋展开此项，然后展开以相同方式显示的 Beam 项。

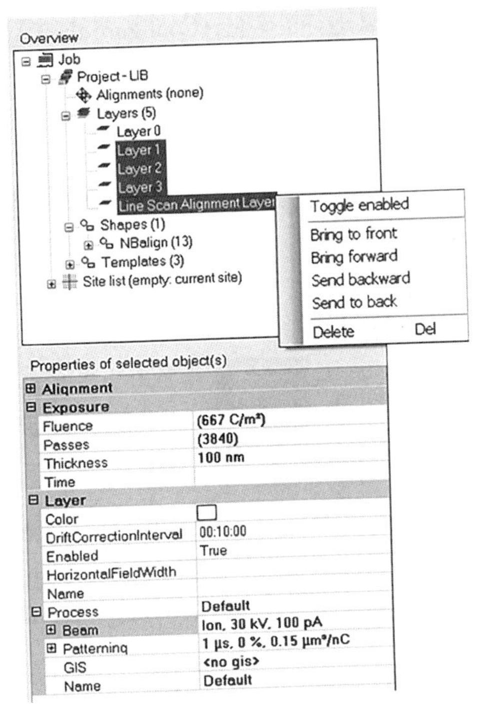

根据需要以这种方式更改每一层的参数。NanoBuilder 将在执行 Job 任务时选择显微镜上尽可能接近的电流。

从 File>Preferences>Project Defaults 更改新任务的默认值。

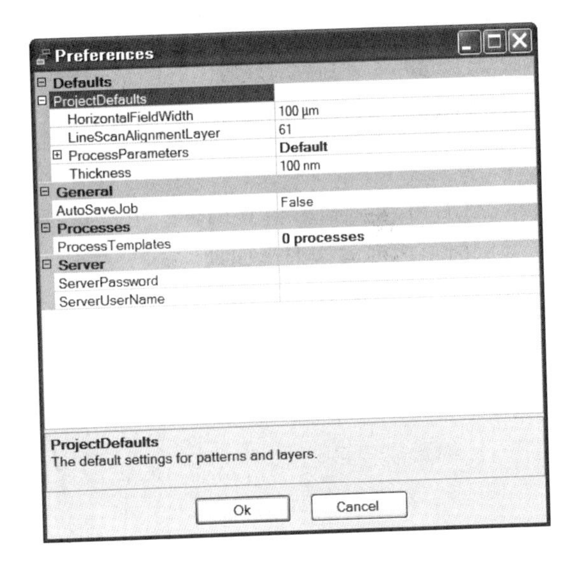

2.2.3 更改图形顺序（Change the Patterning Order）

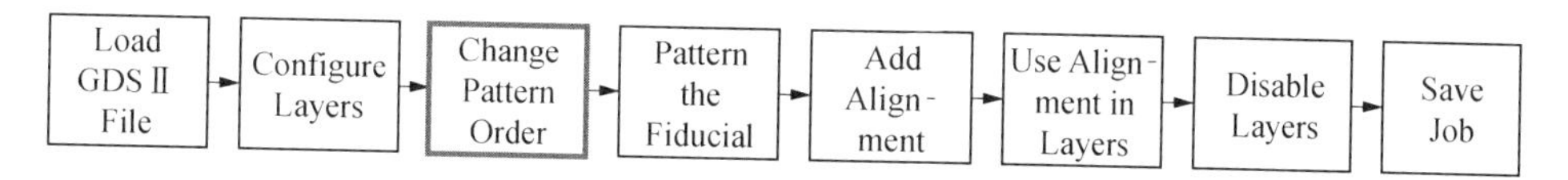

图层将按照它们显示的顺序进行图案化，例如，首先对 Layer 0 进行图案化，然后对 Layer 1、2 和 3 进行图案化。如果我们想改变 Layer 1、2 和 3 的加工顺序，以便以束流从大到小的顺序进行图形加工，可以通过拖放来改变图层顺序。比如选择底层并将其拖到第一层上，选择新的底层并将其拖到第二层上，或者使用鼠标右键单击图层并使用向上/向下移动来更改图层顺序。

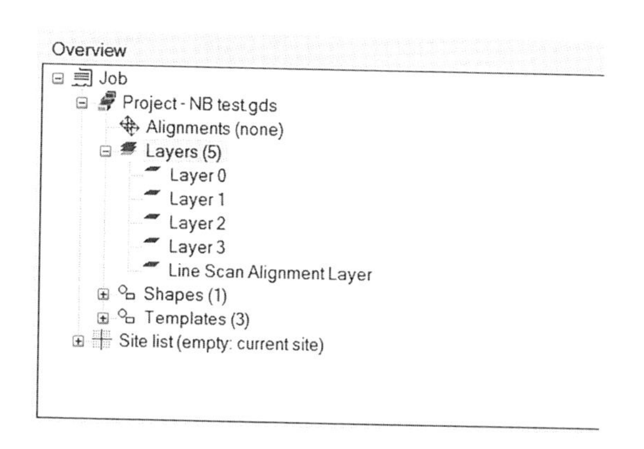

2.2.4 加工参考基准图形（Pattern the Fiducial）

在此 GDSⅡ文件中，参考基准图形在 Layer 0 层中的定义。

（1）使用电子束，导航到一个至少 300 μm 的无图案干净区域。

（2）在 NanoBuilder 中设置束流参数。

（3）保存 Job 文件。

（4）要仅执行 Layer 0 层，可在树视图中右键单击并选择在当前位置执行。

（5）通过电子显微镜观察参考基准图形加工是否成功。

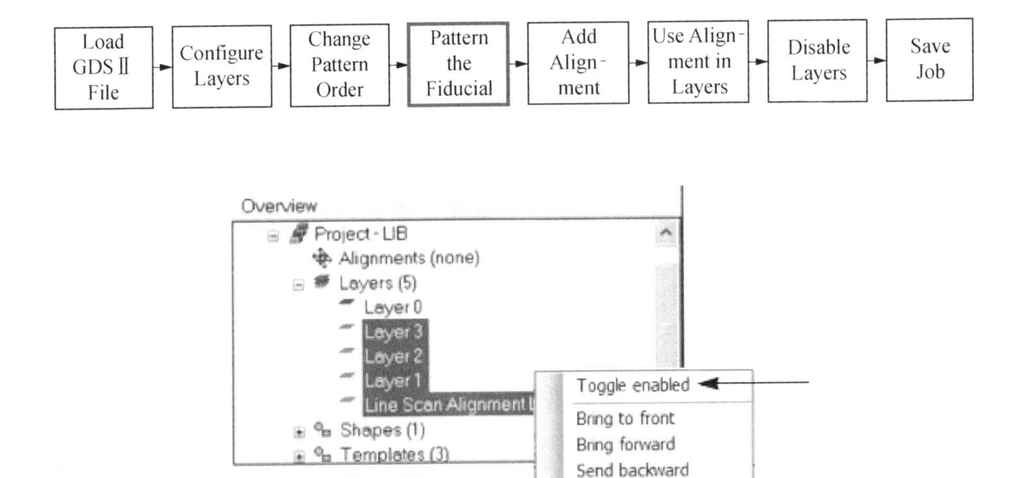

2.2.5 添加对准程序（Add an Alignment）

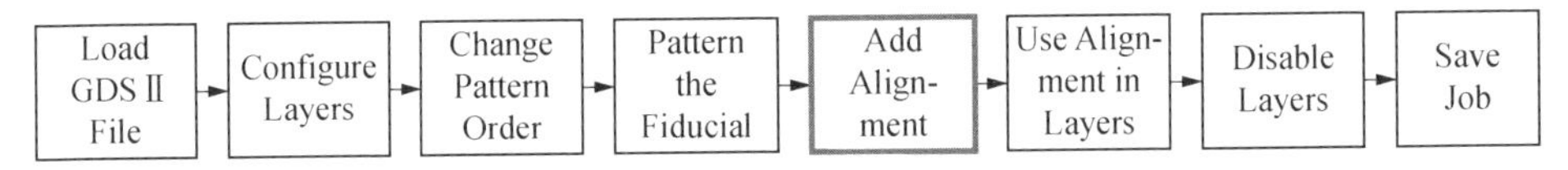

使用对齐可以实现两件事：

（1）将图层与样品对齐：通过在样品上找到参考基准标记将图层中的图案准确地相对于这些标记定位。即使相对于样品的位置并不重要，但对于需要彼此对准的多个图层，采用相同的参考标记定位也是非常必要的。

（2）漂移校正：在同一图层的图形加工过程中，按照设定的时间间隔检测参考基准标记，进行漂移校准，从而提高图形加工精度。

添加一个对准程序，可先在概述中选择对准（Alignment）方式，然后通过右键单击对准选择或选择 Insert>Alignment 来添加对准程序。在此示例中，从列表中选择 Line scan alignment 线扫描的对准模式。

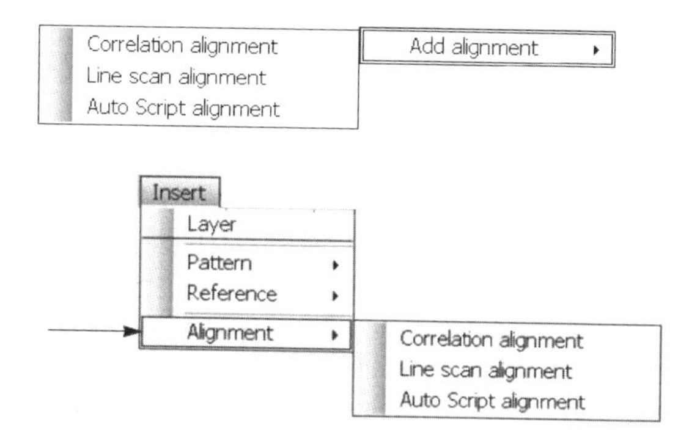

软件将自动选择新的线扫描对准方式，可以通过在树视图中展开线扫描对准方式来查看生成的线扫描路径。

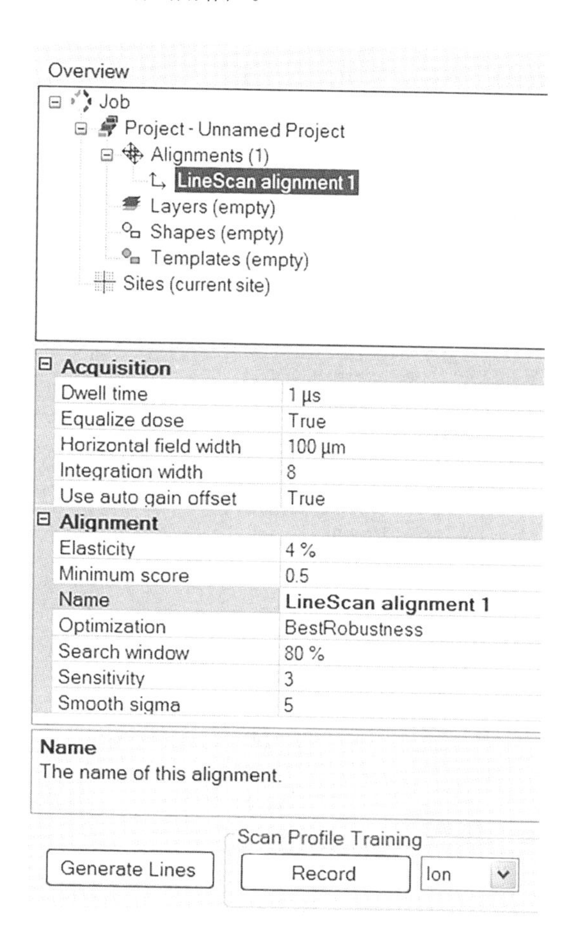

要重新生成线条扫描（将线扫描对准图层上的图形转换为线扫描），可单击 Generate Lines 生成扫描线条。这一步可用于在修改设计后更新对准。可将 Horizontal Field Width（HFW）设置为 300 μm，将 Integration Width 设置为 4。

2.2.6　在图层中使用对准程序（Use the Alignment in Layers）

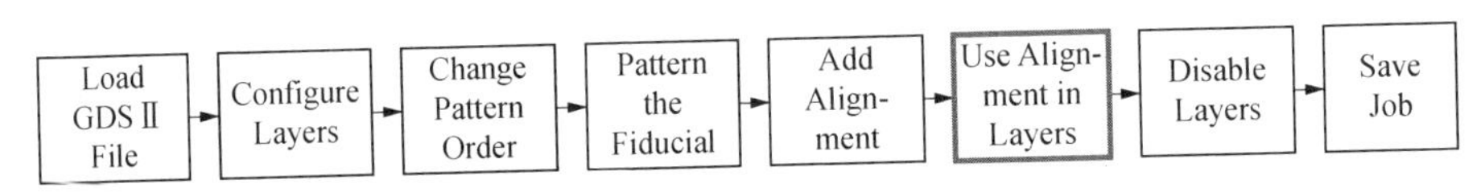

定义好对准模式后，在需要使用对准功能的图层设定相应的对准模式。这个额外的步骤允许对不同的图层设置不同的对准模式，也可以有不使用对准的图层，或在多层中共享同一基准标记进行对准。

（1）选择 Layer 1、2 和 3（Shift+单击）。

（2）单击属性区域 Properties of selected object（s）中 Alignment 右侧的框。

（3）单击下拉箭头并选择 Line scan alignment 1。

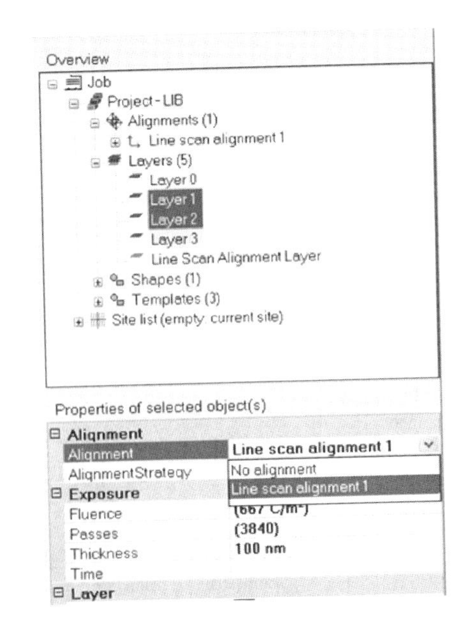

(4) 通过选择 Layer 1、2 和 3 并从弹出菜单中右键单击启用切换(Toggle enabled),或在启用属性中点击 True 来启用 Layer 1、2 和 3。

(5) 将每层的 HFW 设置为 300 μm。

(6) 将厚度设置为 10 nm。

(7) 单击每个图层并为每个图层设置束流,选择一个可用的光阑。典型束流设置范围为 1 pA—1 nA。

2.2.7 禁用不图案化的图层 (Disable Layers Not To Be Patterned)

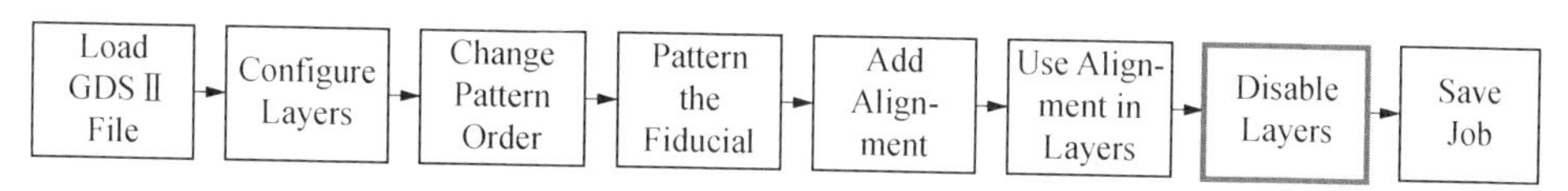

Layer 0 层 (基准) 和线扫描对准层用来帮助定义线扫描对准模式,在正式图形加工中不需要加工,因此应禁用它们。右键单击 Layer 0 层并从弹出菜单中选择启用切换 (Toggle enabled),或者右键单击启用属性中的 True。

禁用层有一个灰色图标,不会在图形视图中绘制。

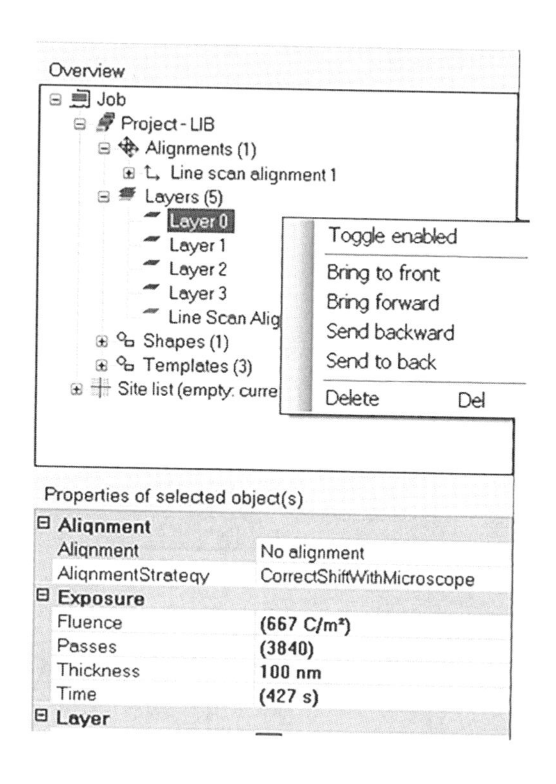

2.2.8 保存加工任务（Save）

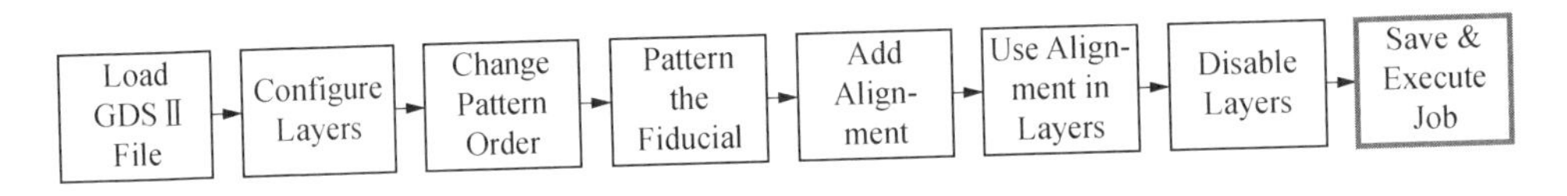

使用 File>Save 保存加工的任务 .nbj 文件。

使用 File>Save as 可以另存文件。

GDSⅡ不可保存，因为该格式无法存储添加额外数据。

2.2.9 执行加工任务（Execute）

选择 Microscope>Execute 开始加工任务，进度显示在进度窗口和状态栏中。单击隐藏可以最小化进度窗口，双击状态栏可以重新打开进度窗口。

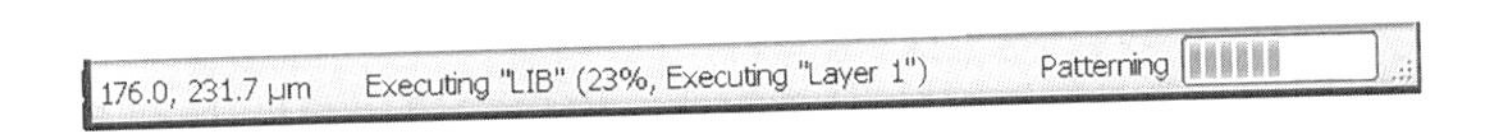

Failed Site Strategy：错误的站点策略。如果在任务执行期间发生错误，则会在任务窗口中显示错误的站点策略消息。

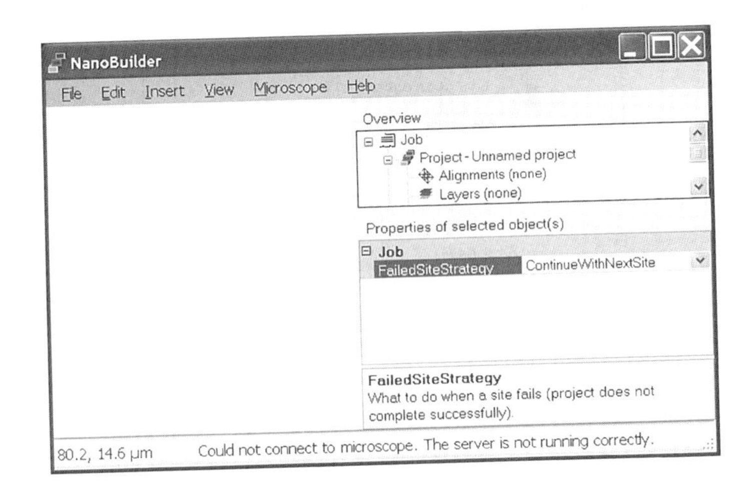

此时有两种选择：

Continue With Next Site：在当前阶段位置停止执行，并在下一个位置站点继续处理。

Abort Jobs：停止整个任务的执行。

2.3 拼接多个写入字段（Stitching Multiple Write Fields）

本节创建了一个重复的设计，样品台需要从一个写场（Write Field）移动到下一个写场，并使用关联对准（Correlation Alignment）来纠正位置偏移。为了提高执行速度，作为演示，只在每个写场创建一个小而浅的图形。

2.3.1 最终结果（Final Result）

任务加工结果如下图所示的数组。每个单元格由一个外环、十字和中心点组成。在任意两个单元格之间都有一个样品台位置移动。

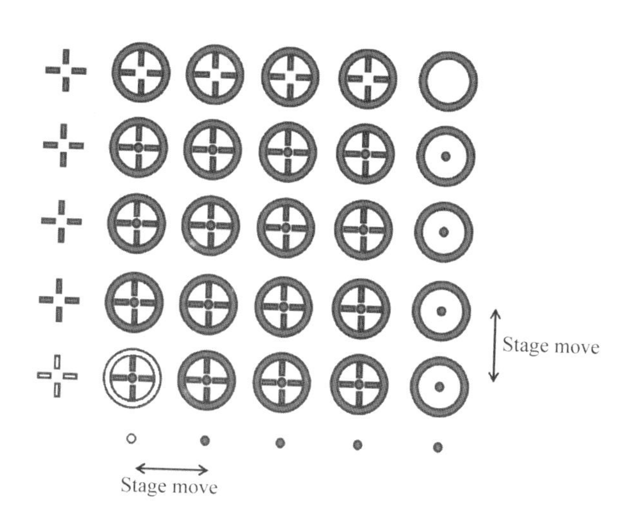

在每个加工位置，浅色元素（左下角）将被刻蚀，从边缘部分加工图形元素可见，而中心区域包含 4×4 个完整的单元。如果样品台移动后的对准未通过，那么圆环、十字和点将相对于彼此位移，如此可以快速了解对准质量。

为了判断对准质量，每个单元由 3 个不同位置的图形组成。换句话说，如果对准未通过，则圆环、十字和点将不会相互对齐。

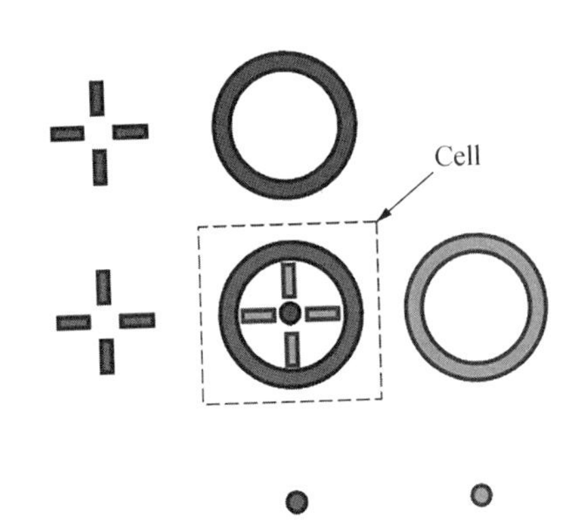

要创建单个单元格，必须合并 3 个来自不同位置的图形。

2.3.2 创建工作（Creating the Job）

本节介绍如何在 NanoBuilder 中创建整个工作任务（不使用导入的 GDS Ⅱ文件）。

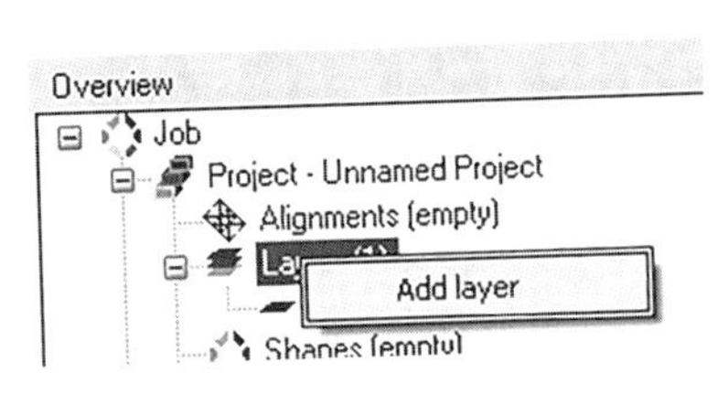

(1) 打开 NanoBuilder，创建一个图层。

(2) 右键单击树视图中的图层（Layers），选择添加图层（Add layer）添加第二层，重复添加第三层。前两层将仅用于运行对准程序，不包含任何图形。

(3) 选择所有三层，同时设置所有三层以确保它们具有相同的设置。时间显示为 0 秒，因为尚未添加图形。

① 将水平场宽度设置为 50 μm。

② 展开过程（Process）部分：展开束流（Beam）并将离子束设置为 10 pA、30 kV，展开图形化（Patterning）并设置 1 μs 驻留时间（Dwell time）和 0%重叠（Overlap），将 GIS 设置为“no gis”。

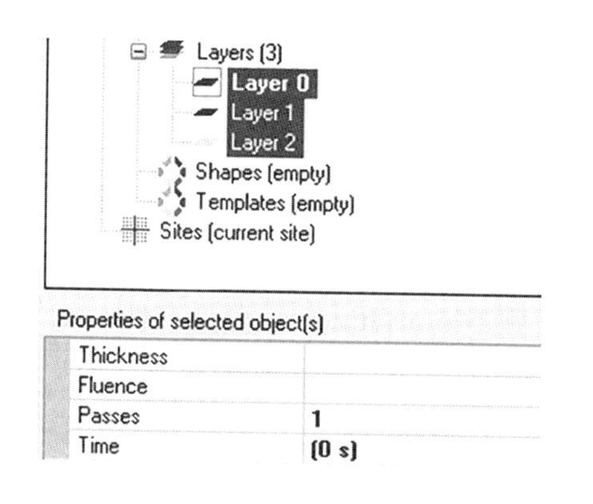

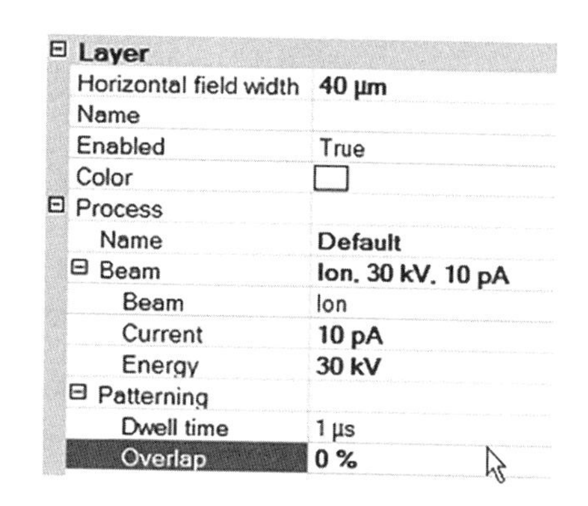

(4) 仅选择第 2 层（因此新添加的图形将在此层上）。

(5) 在图形区域中单击并按数字键盘上的 * 键缩放居中，可以确保新添加的图形不会有偏移量。

(6) 从插入菜单中选择基本图形＞圆形，将外径 Outer Radius 设置为 3 μm，将内径 Inner Radius 设置为 2.8 μm。

(7) 从插入菜单中选择基本图形＞圆形，将 Outer Radius 设置为 0.5 μm，0；将位置设置为 0，－10 μm。

(8) 从插入菜单中选择基本图形＞路径，展开 Points 部分，将第一个点设置为 1 μm，0；将第二个点设置为 2 μm，0；将线宽设置为 200 nm。

(9) 将路径从图形拖到模板部分，其可用于参考图形。

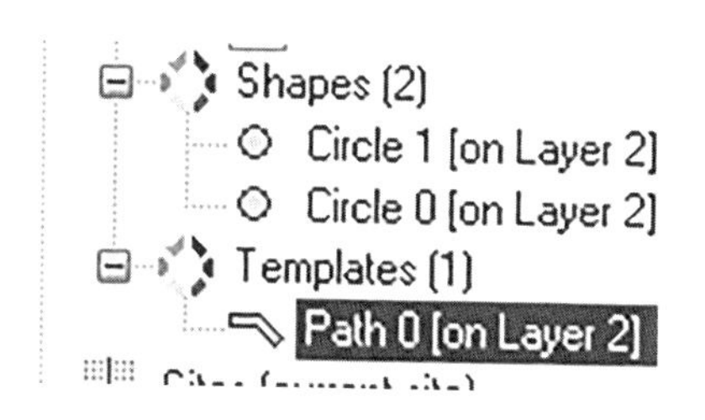

(10) 从插入菜单中选择复合图形＞参考（到模板）。在出现的对话框中，模板设置为 Path 0，旋转设置为 0°，单击确定。

(11) 再重复 3 次，分别将旋转设置为 90°、180°和 270°。

(12) 选择所有 4 个参考并将位置设置为－10 μm，0。

(13) 选择第 2 层并将时间设置为 10 s。

(14) 保存。

2.3.3 创建对准程序 (Creating the Alignments)

首先创建一个图像用作相关参考基准图形的参考图像（要搜索的图像）。可以直接从 NanoBuilder 中获取此图像，但实际上，在双束系统操作软件中获取它，将其保存到磁盘并将该图像加载到 NanoBuilder 通常更方便。如果需要添加类似的对准方式（因为无法导出图像），则可能重复使用该图像。

获取参考图像的具体流程可以归纳为以下几步：

(1) 加载一个容易被聚焦离子束刻蚀的样品，比如一块硅片。

(2) 在双束系统控制软件中，将载物台设置到 U 中心位置，倾斜 52°，在 30 kV、10 pA（取最近的可用电流）下优化聚焦离子束的焦距和相散。

(3) 选择聚焦离子束图像分辨率，如 1024×884 或 1536×1024，并将停留时间设置为 10 μs。运行自动对比度和亮度。

(4) 移动到一个新的干净的样品位置，要求尽可能少的已有图形和颗粒。

(5) 在 NanoBuilder 中，右键单击第 2 层，选择在当前位置执行并等待加工完成。

(6) 在双束控制软件中抓取聚焦离子束图像，例如双击暂停按钮。加工和采集之间的任何移位都会导致对准错误，所以不要等待太久（避免漂移影响），当然也不要使用束斑移位或样品台移动定位图像。

(7) 在双束控制软件中选择文件>另存为，选择 Tiff 8 位灰度图像文件，并将图像保存在保存工作任务的文件夹中，右键单击执行（不执行其他层）。

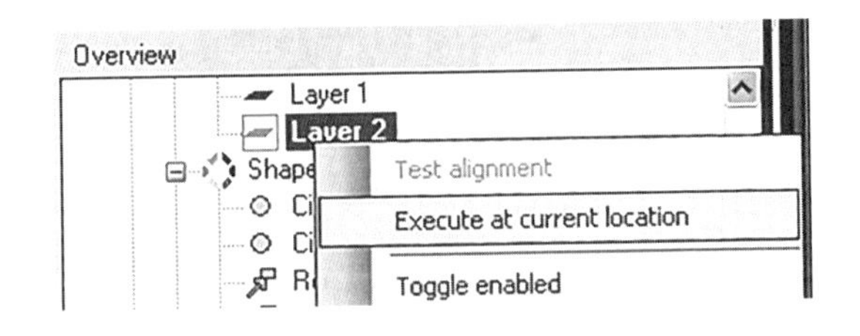

与上一列进行对准的具体流程可以归纳为以下几步：

（1）右键单击对准方式并选择添加对准方式>关联对准方式（Correlation alignment）。

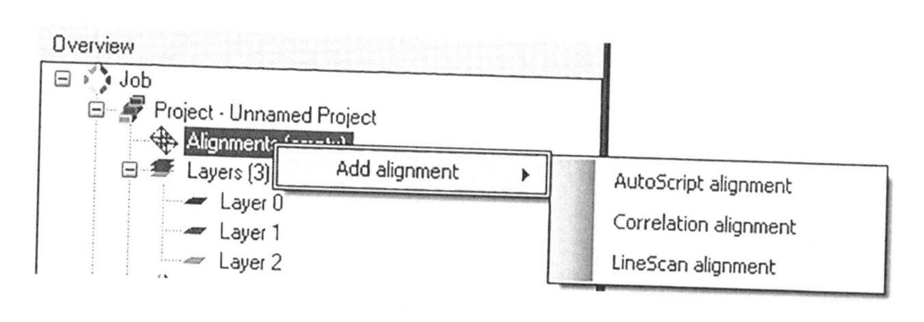

（2）在出现的对话框中点击浏览，选择保存的图像，点击确定。

（3）自动选择新的对准方式：

① 将 Reference Image Offset 设置为－10 μm，0，以在前一个位置进行对准搜索（图像识别）。

② 将名称设置为 Align to previous column。

（4）选择 Layer 0：

① 将对准方式设置为新创建的对齐方式。

② 设置对准策略 Correct Shift With Microscope。

（5）单击对齐中心以选择模板区域并调整其大小，以仅包含中心圆（通过放大，可以减少网格间距，在拖动时有更小的步长）。尽可能少地显示其他特征非常重要，因为对准程序可能会尝试将这些特征对准到样本上的随机特征（如污染点）。

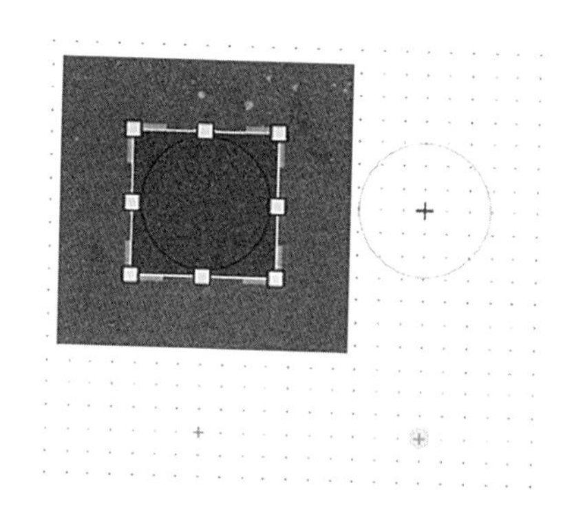

(6) 测试对准程序：

① 在双束控制软件 xT UI 中，沿 X 轴方向进行 0.01 mm 的样品台移动（圆圈需要在屏幕中心左侧约 10 μm 处）。

② 在 NanoBuilder 中，右键单击 Layer 0 并选择测试对准（Test alignment）。

③ 如果对准程序未通过，最常见的问题是最小得分（minimum score）设置得太高。未通过时出现的对话框会显示实际得分，在对准参数栏修改 MinScore 参数为对话框值的较低值（例如一半）。

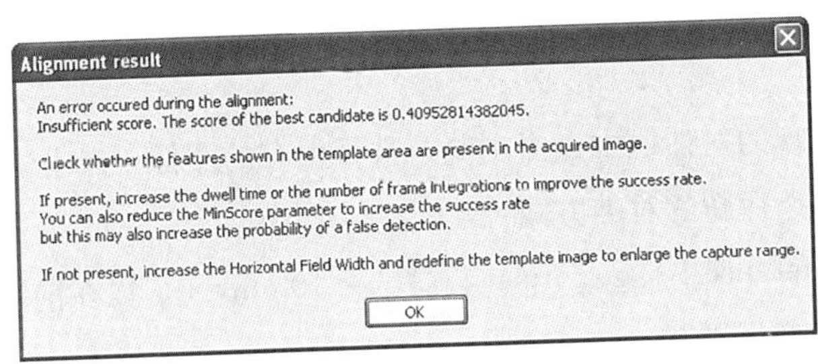

④ 如果由于其他原因导致对准未通过，通常可以通过在树视图中展开 Alignments 项并选择诊断项 Diagnostics 来查找原因。如果在匹配图像中没有看到基准模板，则很可能是检测器设置错误或位移大于扫描区域。

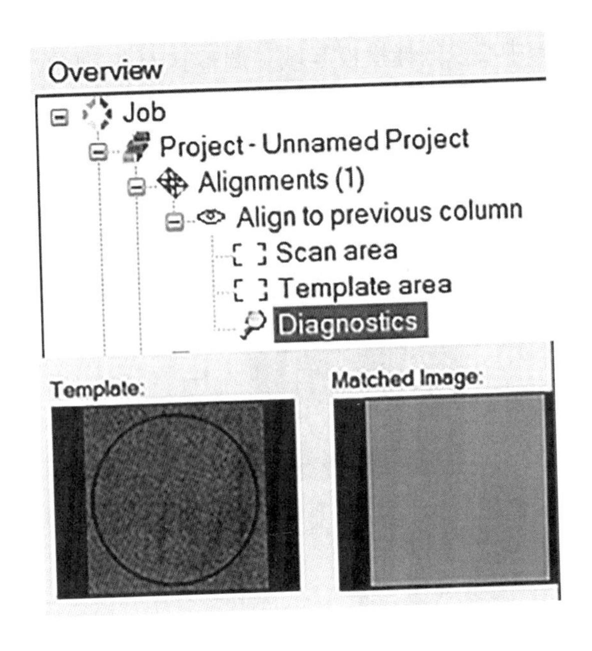

⑤ 选择诊断项查看 Correlation Alignment 未通过的更多信息。在此示例中，探测器由于被设置为 External，从而产生统一的灰度图像。

⑥ 如果对准成功，可以选择设置束斑位移（Beam Shift）来校准误差，推荐选择 Yes 并重新运行对准程序。第二次也应该成功，测量的位移现在应该非常接近零。

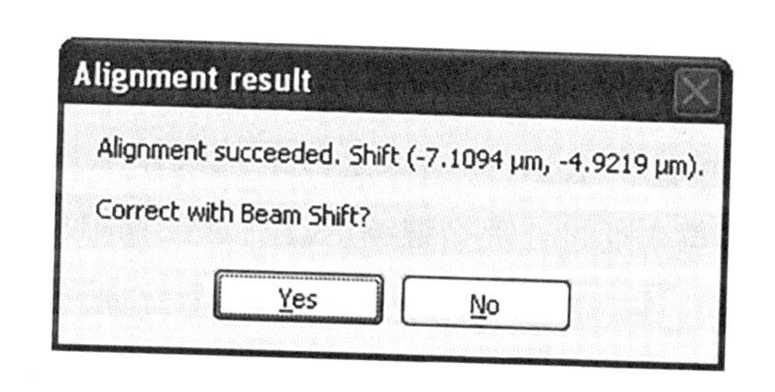

与上一行进行对准的具体流程可以归纳为以下几步：

（1）添加第二个相关对准，设置与第一个相同，除了：

① 设置 Reference Image Offset 为 0、－10 μm（这将导致出现红色边框，因为正在尝试扫描视场之外，我们将在下面解决这个问题）。

② 将名称设置为 Align to previous row。

（2）选择 Layer 1 并将其对准模式设置为此对准模式。

（3）将模板区域设置为仅包含圆圈，这样可以减小扫描区域的大小，并且应该可以使红色边框消失。

（4）测试时，圆圈需要在屏幕中心下方约 10 μm 处，因此进行－0.010—0.010 mm 的相对位置移动（假设仍处于之前测试的对准位置）。

2.3.4 添加样品台位置站点（Adding the Stage Sites）

（1）右键单击 Sites 并选择 Add stage site array...，添加位置站点阵列。在出现的对话框中：

① 将行间距和列间距设置为 10.2 μm。理论上应该是 10 μm，但我们将引入一个故意误差，以便让对准程序有一些需要纠正的地方。注意，误差是累积的，因此最后一个位置站点将有 0.8 μm 误差。

② 将行数和列数均设置为 5（25 个站点）。

③ 将原点留空。

④ 单击 OK。

(2) 选择第一个位置站点，选择执行特定图层 Execute specific layers，并仅选择 Layer 2。

(3) 选择接下来的 4 个站点（第一行的剩余部分），选择执行特定图层并选择 Layer 0 和 Layer 2。

(4) 选择剩余站点，选择 Execute specific layers，选择 Layer 1 和 Layer 2。

(5) 在树图中选择 Job，并将未通过的位置站点策略设置为 Abort Job。如果一个位置站点未通过，那么继续进行其余位置站点就没有意义了，因为它们都相互对齐。

(6) 保存工作任务。

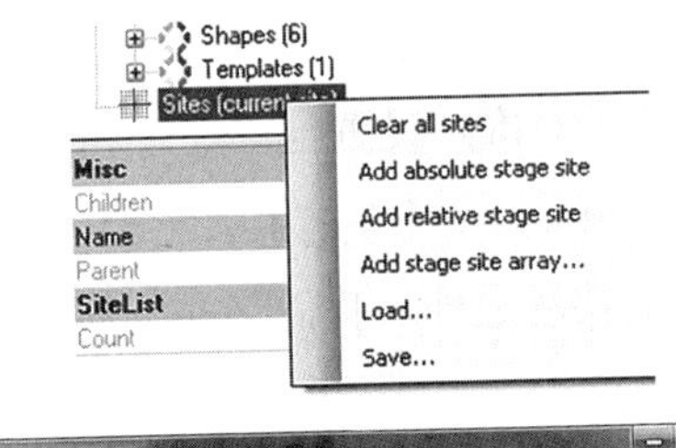

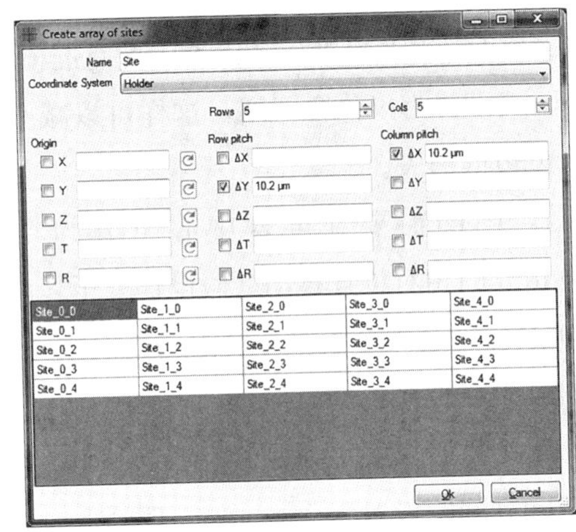

2.3.5 执行加工任务（Executing the Job）

(1) 移动到样品上新的位置。

(2) 从显微镜菜单中选择显微镜＞设置载物台原点，定义当前位置为起点。

(3) 使用同一菜单中的执行运行作业。

2.4　任务编辑 (Job Editing)

NanoBuilder 允许通过插入图形，然后调整大小、移动或删除来设计图层。它支持一些 GDS 格式中不可用的图形，例如布尔图形、位图和流文件。

NanoBuilder 目前无法保存为 GDSⅡ格式，因此，为了便于长期设计使用，可以制作一个 GDSⅡ文件并将其转换为 NanoBuilder 文件。

2.4.1　创建工作 (Creating a Job)

启动 NanoBuilder。如果 NanoBuilder 已经在运行，转到文件>新作业，以创建新作业。

2.4.2　创建图层 (Creating a Layer)

(1) 转到 Insert>Layer 添加图层。

(2) 将 HFW 和 Thickness 属性更改为工作任务 Job 的适当值。

2.4.3　创建一个圆形 (Creating a Circle)

(1) 转到 Insert>Basic Shapes>Circle，新图形放置在屏幕中心，大小约为屏幕宽度的 10%。

(2) 单击出现的圆圈图形，使用拖动手柄调整圆圈大小或以数字方式输入确切的半径。

(3) 将内半径更改为 10 μm。

(4) 将外半径更改为 12 μm。

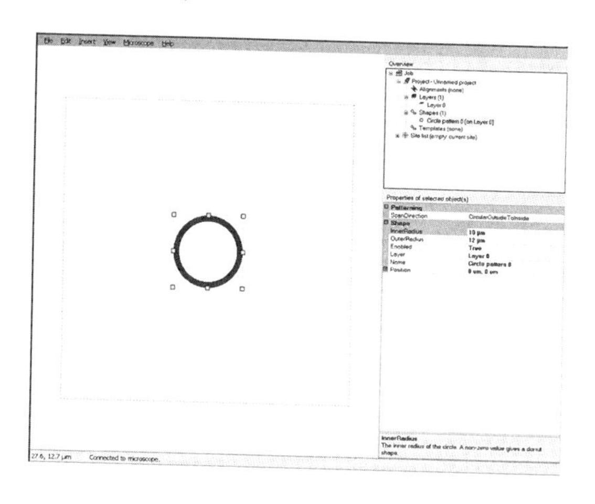

(5) 选择图形的扫描方向。

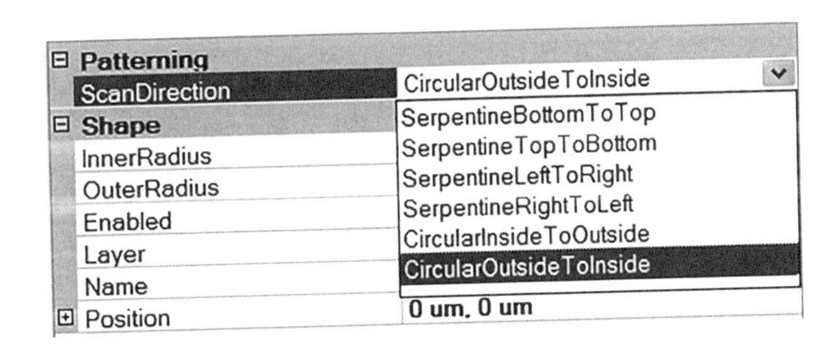

2.4.4 创建参考图形 (Creating a Reference)

(1) 创建一个圆形。

(2) 将圆从 Shapes 拖到 Templates (在树图中)。

(3) 转到 Insert>Composite Shapes>Shape Reference, 将显示定义参考对话框。可以选择需要参考的模板图形、旋转和缩放以及位置(相对于模板位置的偏移量)。

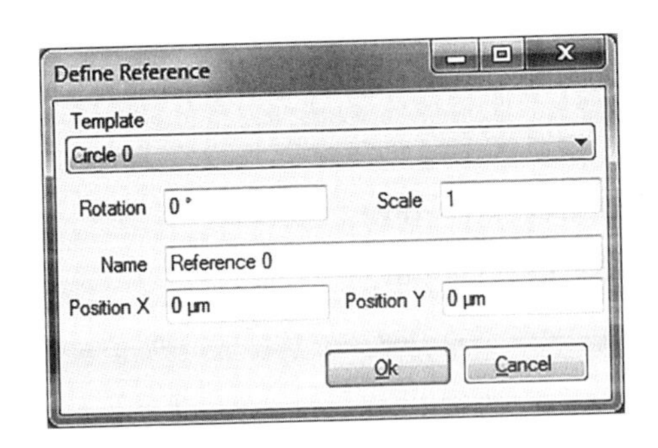

(4) 在 Template 下选择刚刚创建的圆形图案。

(5) 将 Scale 改为 3。

(6) 点击 OK, 得到下图。

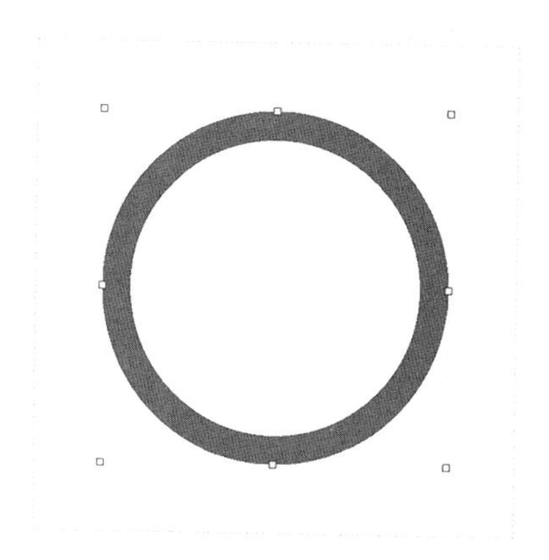

2.4.5　创建矩阵（Creating an Array）

图形矩阵类似于前述的 Reference，但它允许一次制作多个副本。

（1）假设圆形已如上所述移动到 Template 部分，转到 Insert > Reference > Array，将显示定义矩阵的对话框。

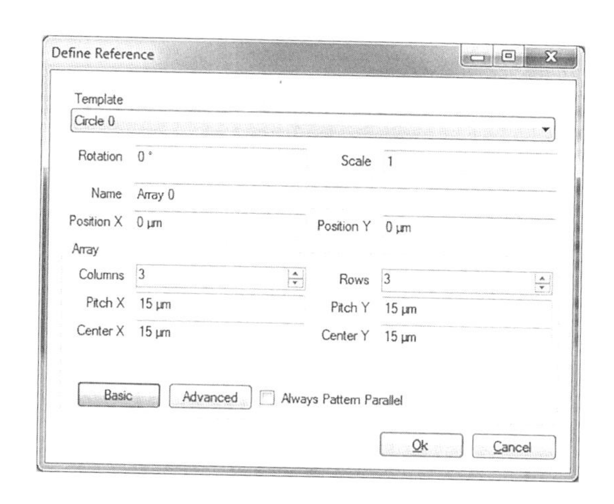

（2）选择创建的圆形图案作为模板。

（3）将 Scale 更改为 0.5，减小圆的尺寸。

（4）将列数改为 3，行数改为 3。

（5）将宽度更改为 30 μm，高度更改为 3 μm。

(6) 点击 OK，得到下图。

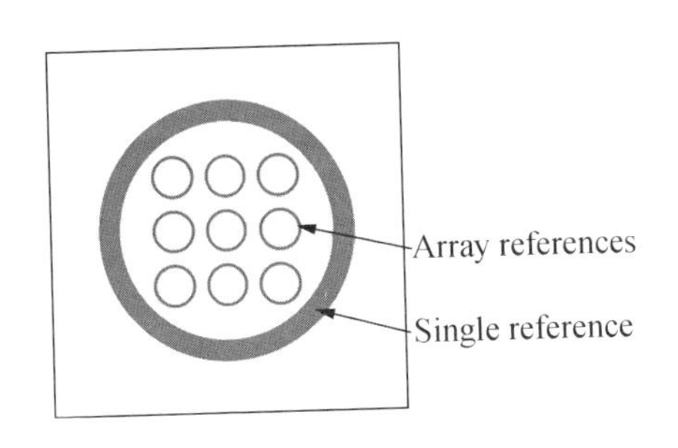

如有必要，在定义矩阵后可更改矩阵的属性：

(1) 在概览窗口的 Shapes 列表中选择 Array 0。

(2) 将放大倍率更改为 0.2，并将列间距设置为 5 μm。

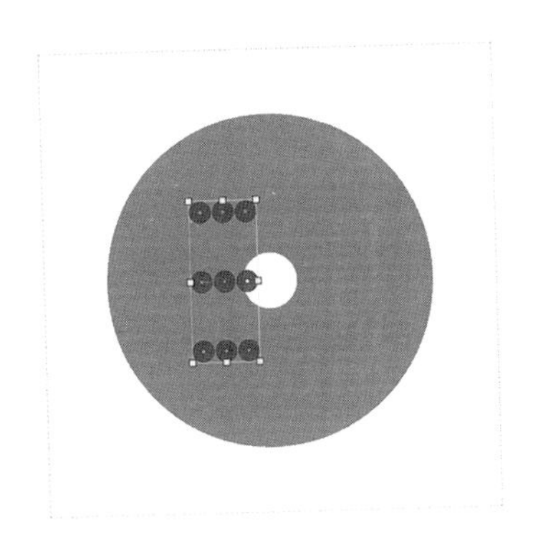

如要了解更改参考图形如何影响设计，可进行如下步骤：

(1) 选择圆形模板。

(2) 设置内半径为 2 μm。

如下图所示，两个 Reference 参考图形模板都已更改。更改模板时，该模板的所有引用都将更改。注意，在概览窗格中选择原始圆形时，其会显示出来。

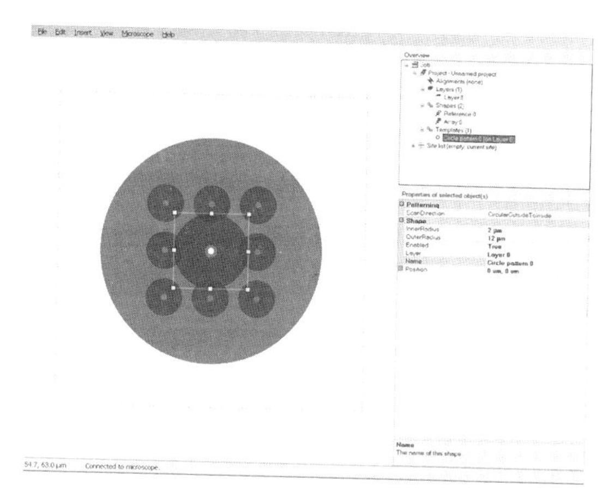

2.4.6 扫描方向（Scan Direction）

NanoBuilder 定义了蛇形底部到顶部、蛇形顶部到底部、蛇形左侧到右侧、蛇形右侧到左侧、圆形从内到外、圆形从外到内等六个不同的扫描方向，蛇形扫描矩形的示意图如下所示。

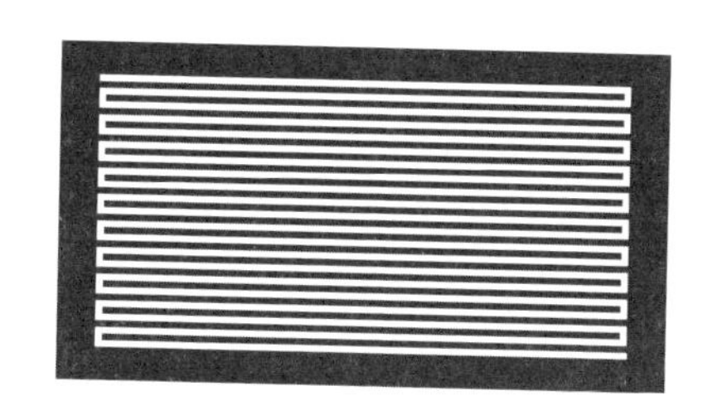

3. 对准（Alignments）

3.1 线扫描对准（Line Scan Alignment）

线扫描对准通过离子束扫描线段，并沿线段测量探测器信号。假设这些扫描线与样品上的已知图形相交，信号的转变（跳跃）将在这些交叉点发生。将实际转变位置与预期位置进行比较，或者将测量的线轮廓与参考轮廓进行比较，可以找到每条线的移位。将所有线的结果进行拟合，可以得到最匹配的移位、旋转、比例等参数，然后使用这些数据校准误差。

3.1.1 创建线扫描对准（Creating a Line Scan Alignment）

（1）创建一个 GDSⅡ文件，其中包含线扫描对准图层上的图形，这些图形指示要扫描的线的位置，以及在其他图层中扫描基准标记的区域。

注：在首选项对话框中将 Line Scan Alignment Layer 设置为 61。

（2）将此文件加载到 NanoBuilder 中。

（3）使用 Insert>Alignment>Line Scan Alignment（或右键概览区域中的 Alignment）创建新的线扫描对准方式。

（4）新的对准会自动导入线扫描对准图层上的图形作为要扫描的线，检查与其他图层上图形的交叉点。

（5）如果要提高层到层的对准精度，需要更高的基准标记精度，并反复测试优化对准模式参数。

3.1.2 线扫描对准模式属性（Line Scan Alignment Properties）

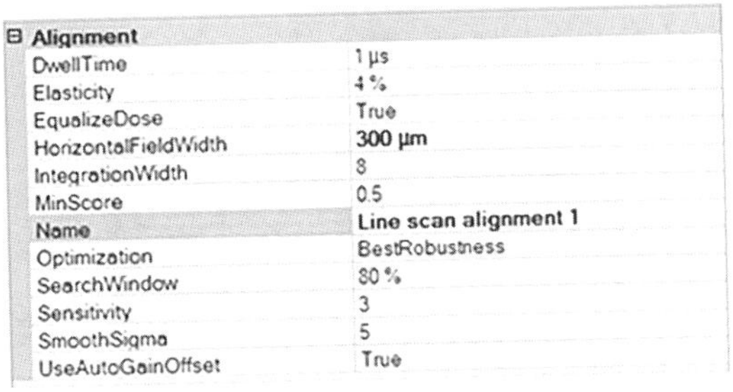

⊟ **Alignment**	
DwellTime	1 μs
Elasticity	4 %
EqualizeDose	True
HorizontalFieldWidth	**300 μm**
IntegrationWidth	8
MinScore	0.5
Name	**Line scan alignment 1**
Optimization	BestRobustness
SearchWindow	80 %
Sensitivity	3
SmoothSigma	5
UseAutoGainOffset	True

Dwell Time：扫描像素点的驻留时间，较大的值将提供更好的信噪比，但也会每次扫描造成更多的损坏，同时还会增加扫描对准的总时间。Dwell Time 通常不是限制因素。

Elasticity：如果一行有多个信号转换，则转换之间的实际间距可能与预期间距不同，从而导致匹配失败。这个数字影响了使用高斯分布拟合每个信号转换的实际间距与预期间距的差异。例如，对于长度为 5 μm 的线段，高斯值 1%具有 0.05 μm 的 sigma，表征每个边缘相对于其他边缘可以偏离的量。

Equalize Dose：在不同的束流下保持剂量恒定。

Horizontal Field Width：扫描线的水平场宽度（HFW～1/放大率）。在对准和使用对准的图层中使用相同的 HFW，可以避免更改 HFW 可能引起的小误差。

这个值必须足够大，以使得在这个 HFW 上获得的图像包含所有要扫描的线。

Integration Width：通过设置大于 1 的数字，可以自动扫描多个平行线，将提高准确性和可靠性。

Min Score：每一行扫描线接收一个从 0 到 1 的分数，表示对测量正确性的置信度。对准程序只接受分数大于或等于 Min Score 参数指定值的行，可以使用 Min Score 参数控制错误测量出现的概率。

Name：特定行扫描对准的名称。

Optimization：确定未通过的冗余扫描线对对准的影响，有两种选择：

① Highest Accuracy：要求所有扫描线成功测量底层基准的位置，当图形化过程要求达到高精度的对准时，使用此设置。

② Best Robustness：容忍冗余扫描线的测量故障。冗余扫描线数是总扫描线数减去需要对准计算的扫描线数，取决于层的对齐策略字段。对齐策略有 Correct Shift With Microscope 和 Correct With Shapes 两个选择，前者计算两个标量参数，即在 X 和 Y 上的移位，后者计算在 X 和 Y 上的位移、缩放、旋转共六个标量参数。

Search Window：将搜索范围缩小到整个扫描线上获取剖面数据的一小部分。搜索范围居中，以从扫描线的两端形成相等的边距。减小该参数可以缓解在扫描线极值附近检测到扫描伪峰的问题。

Sensitivity：信号转变法将扫描轮廓中的拐点与线条过渡相匹配，灵敏度参数根据发生拐点的坡度强度过滤拐点，较小的值将导致较少的检测拐点与 Transition 相匹配。

Smooth Sigma：设置用于平滑检测器信号的高斯宽度，其以被扫描的直线上的点为单位（类似于像素）。

Use Auto Gain Offset：当设置为 True 时，如果信号太暗或太亮，探测器的对比度和亮度将自动调整；反之必须在启用实时监视器的情况下手动调整检测器信号。

3.1.3　线属性（Line Properties）

线扫描对准模式有一个执行图层时要扫描线的列表。测量和执行 X 和 Y 中的平移（位移）至少需要 2 条线（非平行，垂直最佳），测量平移、旋转、缩放至少需要 6 条线（并非全部平行）。

Start Point：直线的起点，展开以编辑 X 和 Y 值。

End Point：线的终点。

Length：只读，起始点和结束点之间的距离。

Search Method：搜寻方法，有两种：

① Transition：此方法搜索轮廓中的拐点，并将其与线条转变相匹配。如果有多个转变，这种方法效果最好；该算法可以以周期的间隔搜索一系列跳跃。过渡越多，其他特征（如污染点）匹配的可能性就越小，从而降低了错误匹配的可能性。

② Scan Profile：比较训练线条轮廓和测量线条轮廓，将完成训练的扫描场位置定义为“完美”位置，对准将尝试再现。

Trained Beam：用于训练的束流。

Trained Detector：用于训练的探测器。

Trained HFW：训练时的水平视场宽度。

3.1.4 使用单线与集成宽度参数（Use Single Lines with Integration Width Parameter）

线扫描的线宽可以通过使用 Integration Width 参数加宽到更大的扫描区域。垂直于线方向的所有像素都被平均，以降低噪声并减少基准线粗糙度的影响。对于 50 pA—1 nA 的束流，4—8 的值通常可以获得良好的结果。一般来说，对于较小的束流使用较大的值。

3.1.5 选择线扫描对准的搜索方法（Choose Search Method for Line Scan Alignment）

线扫描对准模式可以通过两种不同的方式搜索基准位置：

（1）Transition 方法将线轮廓中的拐点与 GDSⅡ文件中基准层描述的材料或地形转变相匹配。根据基准的性质和特定的成像条件，检测到的拐点的位置可能与它们各自计算的转变略有不同。Transition 方法从过渡偏差的平均值计算总偏移，以实现“质心”对准。

（2）Scan Profile 方法使用在线扫描对准训练步骤期间记录的样本扫描轮廓，以查找基准。

当图形的绝对位置非常重要且基准图形的边缘是图像中明亮的窄线时，使用 Transition 方法。通常，应用于硅衬底的平版印刷工艺产生的特征就是这种情况。当层间的稳定和精确对准比整个结构的绝对位置更重要时，建议使用 Scan Profile 方法。

3.1.6 线扫描对准捕获范围和线的放置（Line Scan Alignment Capture Range and Line Placement）

线扫描对准的捕获范围由基准线的长度决定。刻蚀出的单个基准线彼此之间应至少间隔 1 倍长度，以避免一条扫描线的样品着色或刻蚀伪影改变相邻扫描线的获取轮廓。如附图 2－3 左图，对于基准十字图形，将扫描线放置在距中心 3/4 的位置，并将其长度设置为横臂长度的 1/2，可以确保最大捕获范围而不会受到扫描线干扰。

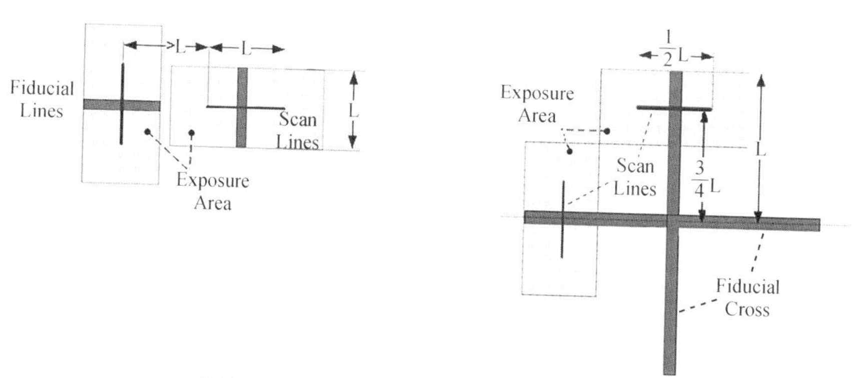

附图 2－3 线扫描对准的扫描范围与扫描位置

3.2 相关对准模式（Correlation Alignment）

Correlation Alignment 是基于互相关技术，使用对准程序在显微镜上获取的预定义模板图像。

相关对齐在以下情况下最有用：

（1）使用预对准基准图形对准到位置站点。以下示例将展示如何通过一项 NanoBuilder 的 Job 一致地修改晶圆测试基板上的多个十字。

（2）期望相对较大的移位。线扫描对准通常具有有限的范围，而相关对准可以处理更大的移位。

（3）当获得的线扫描中的噪声量对于稳定的线扫描对准来说比重太大时，互相关通常对噪声不太敏感。

在开始之前，进行显微镜图案化的准备工作。样品台移动到晶片样品上的某个位置，使其达到U中心高度，优化SEM和FIB图像，然后使用光束位移（Beam Shift）将离子束与电子束对齐。

（1）启动NanoBuilder并转到File>Import GDSⅡ...>Tutorial03并选择文件Tutorial03. Gds。

（2）右键单击概览窗口中的对齐方式，然后从添加对齐方式中选择相关对齐方式。

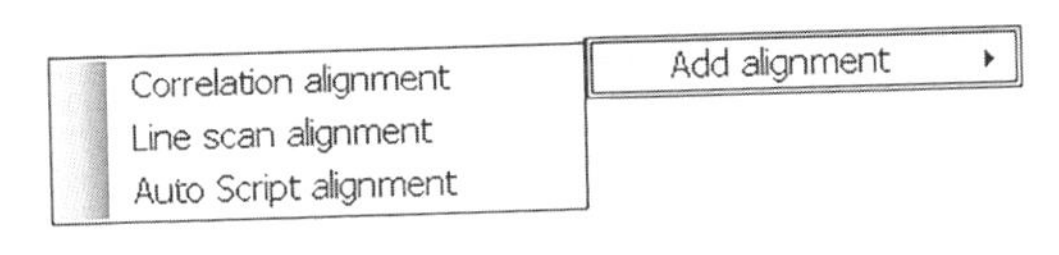

（3）在属性窗口中，将HFW设置为150 μm。

（4）在模板窗格中，单击引用图像以启用该属性右侧的浏览按钮。

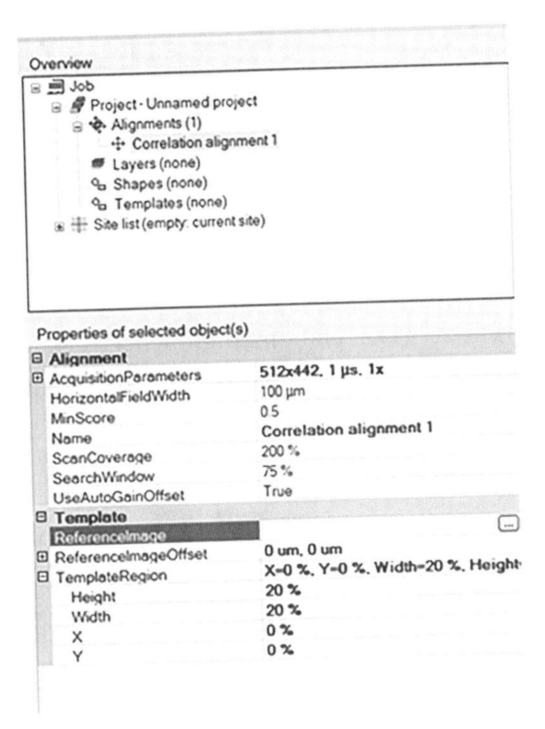

(5) 单击浏览按钮显示更改图像对话框。

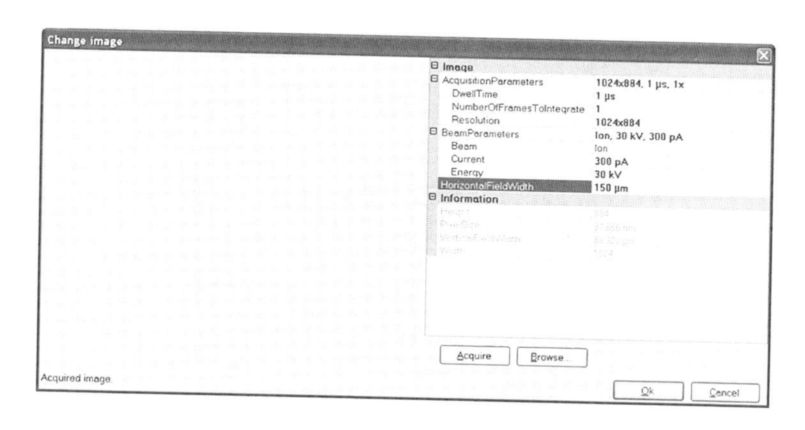

(6) 展开采集参数和束流参数属性，设置 Resolution 为 1024×884，Current 为 100 pA，HFW 为 150 μm。如果 Correlation Alignment 效果不好，可增加驻留时间以获得更好的信噪比。

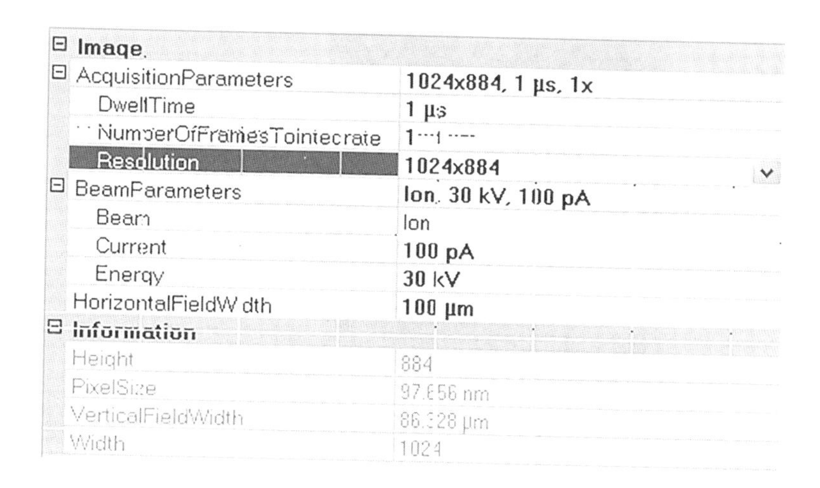

(7) 点击 Acquire 获取。

(8) 单击 OK 关闭对话框。

(9) 在模板窗格中，设置 X 为 −13%，Y 为 26%，Width 为 12%，Height 为 12%。

（10）设置 Reference Image Offset，使模板与 Layer 0 中显示的基准精确对齐。Layer 0 中基准图案的显示有助于对齐图像模板（附图 2－4）。

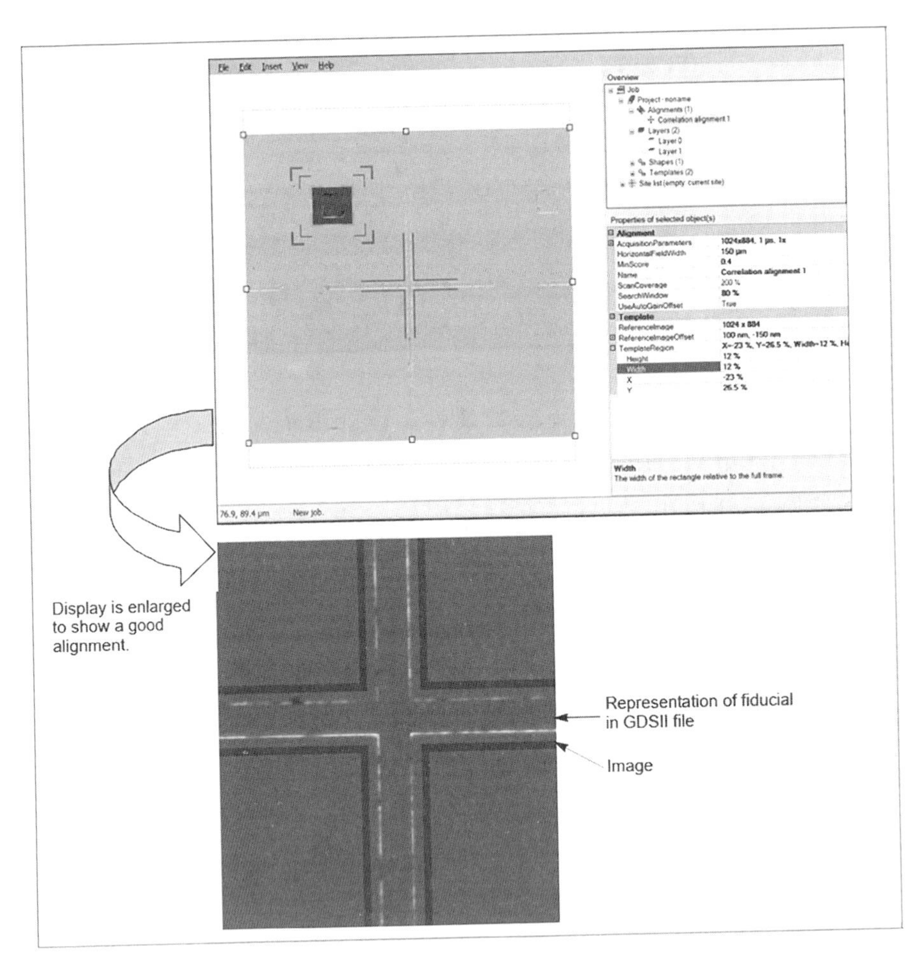

附图 2－4　模板与基准对齐

一旦开发了一个稳定可靠的对准程序，就可以从不同的 Job 中重复使用它。因此，可以保存对准程序为 Job 文件以便后续使用。当开发新的 Job 文件需要对准时，使用文件菜单上的 Merge Job，选择包含有对准程序的任务文件，可将基准层移动到图案列表的开头。

（11）右键单击 Layer 0 层将其禁用，以便基准不会被图案化。

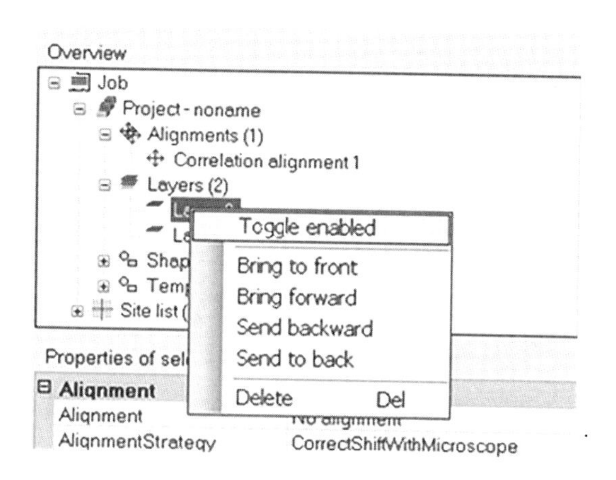

（12）右键单击站点列表并选择添加样品台站点数组。

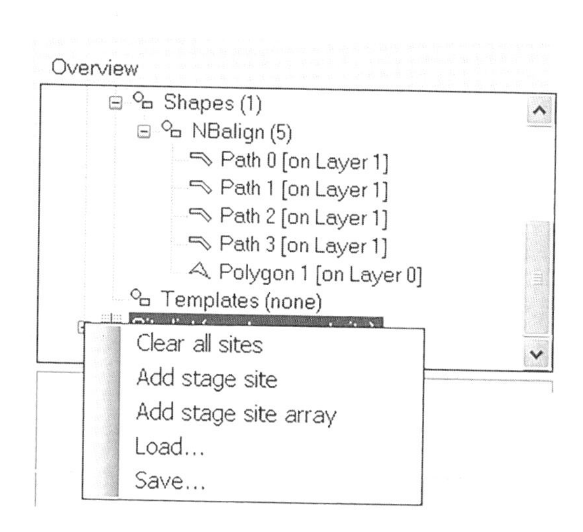

（13）在显示的创建站点数组对话框中单击 OK。

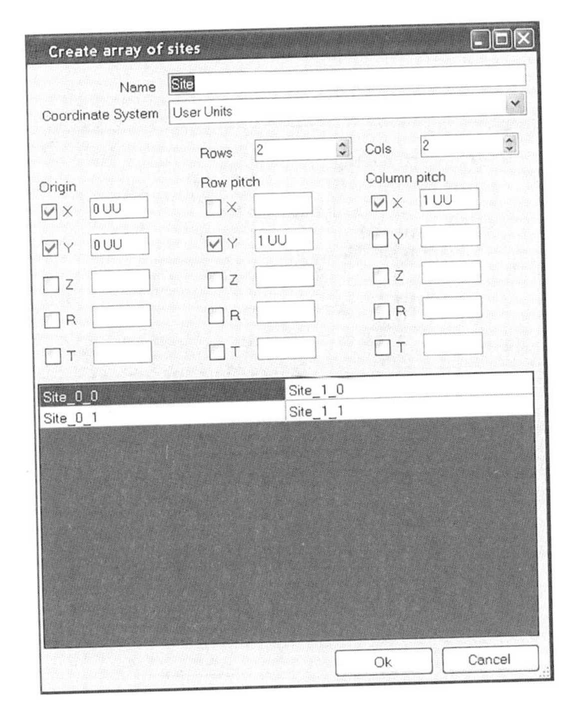

(14) 在概览窗口中选择 Layer 1 层并进行属性更改，设置 HFW 为 100 μm (使用用于对准的相同 HFW 进行图形化)，Thickness 为 20 nm，Alignment 为 Correlation alignment 1。

(15) 转到 File>Save 保存。

(16) 执行 NanoBuilder 任务文件以修改四个位置站点的基准。

4. 高级操作

4.1 用一定的剂量加工 (Patterning with a Certain Dose)

当曝光光刻胶时，用一定剂量的图案化是有用的。

4.1.1 剂量和通量

剂量一词的使用通常比较宽泛，有时表示撞击样品的粒子总数，有时表示每个区域的粒子数。在 Nanobuilder 中，后者称为通量，而剂量指的是粒子总数。假设单个带电粒子（电子或 Ga^+ 离子），剂量更容易以库仑（通常在 pC 或 nC 数量级）表示，通量单位为 C/m^2（通常在 $nC/\mu m^2$ 或 $pC/\mu m^2$ 数量级）。

剂量等于通量乘以暴露的表面积，对于 NanoBuilder 中的特定层，剂量等于其通量乘以该层所有图案的组合表面积。

4.1.2　厚度、通量、次数和时间（Thickness，Fluence，Passes and Time）

通过在图层属性部分设置厚度、通量、次数或时间来指定图层的曝光。NanoBuilder 将自动计算其他量并在括号中显示它们的值，以指示它们是计算而不是指定的。

⊟ **Alignment**	
Alignment	No alignment
AlignmentStrategy	CorrectShiftWithMicroscope
⊟ **Exposure**	
Fluence	**(667 C/m²)**
Passes	**(3840)**
Thickness	**100 nm**
Time	**(427 s)**
⊟ **Layer**	
Color	**128, 0, 0, 255**
DriftCorrectionInterval	00:10:00
Enabled	True
HorizontalFieldWidth	100 µm
Name	**Layer 0**
⊞ Process	**Default**

例如，如果指定厚度，则通量、次数和时间将按如下方式计算：

$$Fluence = \frac{Thickness}{VolumePerDose}$$

$$FluencePerPass = Current \cdot Pitch^2 \cdot DwellTime$$

$$Passes = INT\left[\frac{Fluence}{FluencePerPass}\right]$$

$$Time = Passes \cdot TimePerPass$$

注：计算的曝光值可能不准确，因为在计算 Passes 属性时将其舍入为整数。此外，Passes 属性不能小于 1。要减少 Passes 值为 1 的剂量，可以选择较小的束流或停留时间。

4.1.3 选择孔径

当一个束流可以被多个孔径选择时，使用最接近的最低指数的电流（最低束流）。

4.2 并行和顺序模式加工（Parallel and Sequential Patterning）

NanoBuilder 中并行和顺序图形化的概念与双束控制软件 xT 中的相同，但有一些细微的区别。

平行：图层中的所有图形都曝光一次束流，然后它们都曝光下一次束流，以此类推，直到达到所需的次数。

顺序：第一个图形曝光其图层指定的次数，然后是下一个图形，以此类推，直到图层上的所有图形都被图形化。

4.2.1 顺序模式在 xT UI 中显示为并行

即使将 NanoBuilder 图层设置为按顺序图形化，在双束控制软件 xT UI 中的图形化页面仍将显示并行，这是因为 NanoBuilder 一个接一个地对图形进行图形化。这将允许系统使用每个图形的最大点数（当前为 800 万），而不是所有图形加起来一起适应这个限制。

4.2.2 始终并行模式

（1）阵列：默认情况下，阵列的各个元素将在顺序模式下逐个图形化。然而，这可能会导致非常多的开始与停止，让加工进程变慢。如果阵列的总点数小于最大点数，则选择阵列 Always Pattern Parallel 选项会更有效，因为其将之视为一个整体图形，一次性图形化阵列上所有的点。

（2）结构：图形的集合，甚至可以在不同的层上。当一个层以顺序模式执行时，执行层上的结构中的所有图形都将一个接一个地形成图案。与阵列一样，可以通过选择 Always Pattern Parallel 加快图形化进程。在这种情况下，结构被视为单个图形，结构中位于执行层上的所有图形将一次性形成图案。

4.3 NanoBuilder 中的图形

NanoBuilder 中的图形分为许多类别：

（1）基本图形：简单几何图形。

（2）复合图形：其他图形组合的图形。

（3）特殊图形：区别于一般概念的图形。

4.3.1　图形属性

选择图形时，每个图形都有许多属性显示在属性框中。一些属性适用于所有图形（名称、位置、图层），而另一些属性会因图形而异。可用的扫描方向选取也因特定的图形而异。

4.3.2　显示和选择

图形按图层以颜色区分，并以 Project 中列出的相同顺序绘制。应用轻微的透明度以确保重叠的图形仍然可见。

通过单击查看器中的图形或单击概览树中的节点选择图形。选择图形时，会显示附加注释：位置、边界框和拖动手柄（附图 2－5）。

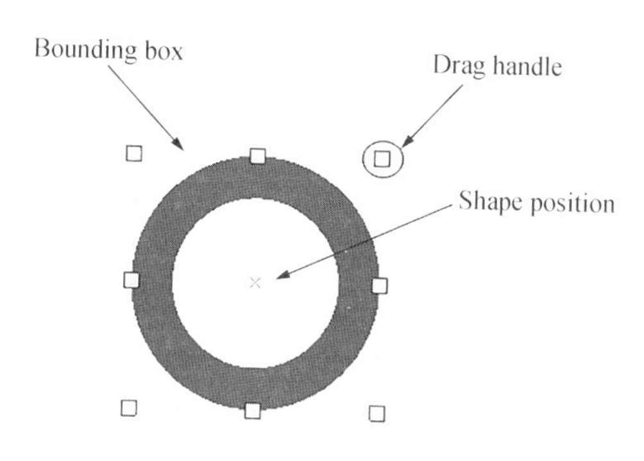

附图 2－5　选择一个图形

4.3.3　图形编辑

选择图形后，其大小和位置可直接在查看器中编辑。使用附加到图形边界框的拖动手柄调整大小。要移动图形，可将鼠标光标定位在边界框内并拖动图形（移动时按住鼠标按钮）。为了获得最终的精度，可在属性框（屏幕的右下角部分）使用数字键盘输入编辑位置和尺寸，以及图形的其他属性。

拖动概览树中的节点，可以调整图形的图形化顺序；右键单击概览树中的图形，使用菜单项上移、下移、置顶或置底，也可以调整顺序。

4.3.4　网格和捕捉

带有拖动手柄的网格可用于进行查看器中的图形编辑。通过 View>Grid 启用网格，网格将根据缩放级别动态缩放，无需指定网格行间距，如果需要更高的网格密度，只需放大即可。

4.3.5　基本图形

基本图形是简单的几何图形，可以被视为 NanoBuilder 基础单元。

(1) 圆（Circle）：圆表示实心圆盘，如果内半径的值大于 0，则成为圆环（线宽等于外半径减去内半径的圆）。其图形特定属性包括外半径和内半径。

Circle shape

Circle shape with inner radius>0

(2) 路径（Path）：路径是一条或多条相连的线，它们都具有相同的线宽。图形将显示在编辑模式中，允许拖动点，可选择路径图形，鼠标右键单击并选择点进行编辑或添加、删除，也可通过拖动两点之间的红线添加点，或者在图形属性区域中输入确切的点坐标。其图形特定属性包括：

① End Style：指定两端如何绘制（圆形或直线）。

② Width：路径的线宽。

③ 点：定义路径的线段的端点。

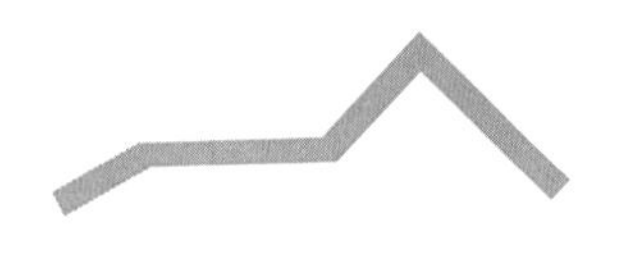

Path shape

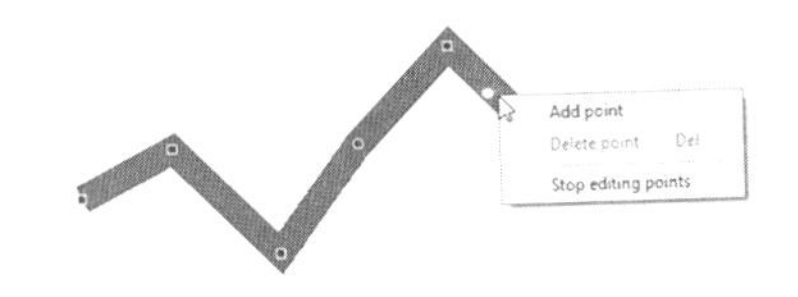

Path shape in edit mode

(3) 矩形（Rectangle）：矩形表示一个实心矩形区域，由其宽度和高度指定。其图形特定属性包括：

① 宽度：水平尺寸。

② 高度：垂直尺寸。

（4）多边形（Polygon）：多边形是一个实心多线图形。图形将显示在编辑模式中，允许拖动点，可选择多边形，鼠标右键单击并选择点进行编辑或添加、删除，也可以通过拖动两点之间的红线添加点，或者在图形属性区域中输入确切的点坐标。其图形特定属性点是环绕多边形的线段的端点。其图形特定属性点，指环绕多边形的线段的端点。

（5）文本：使用文本图形，可以使用文本标签对设计进行注释，这些标签的图案和性质就像任何其他图形一样。其图形特定属性包括：

① 对齐：指定文本相对于位置的放置方式。

② 字体：指定字体类型、样式和大小。

③ 文本：要显示和图形化的文本内容。

4.3.6　复合图形

复合图形是由其他图形组合的图形，特定的复合图形定义了图形的组合方式，可以在复合图形中识别布尔图形和参考图形。

布尔图形使用 AND、OR、XOR 等逻辑操作组合子图形。子图形可以通过将图形拖到树视图中的相应位置进行组合。尽管布尔操作通常应用于两个运算对象，但在 NanoBuilder 中允许任意数量的子图形进行组合，组成的复合图形的各个图形可以独立编辑。

（1）Structure：图形的集合，通常用于按功能进行图形分组。单个图形可以属于不同的图层。其图形特定属性如果选择 Always pattern parallel，意味着整个结构被视为单个图形，即使图层设置为串联加工，结构内的图形也会以平行方式进行图形化。图形化仍然是按层进行的，因此只有当前执行层上的图形被组合。

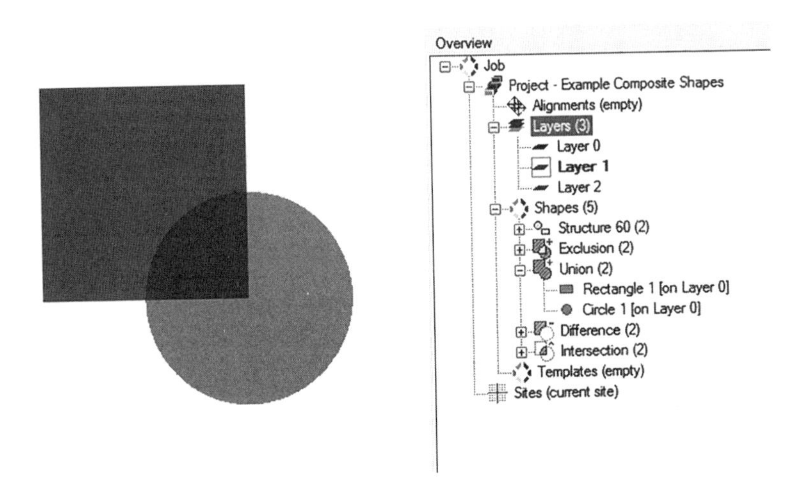

(2) Union：相当于布尔“或”运算，将组成部分合并成一个大图形。与 Structure 不同，重叠部分不会被两次图案化。

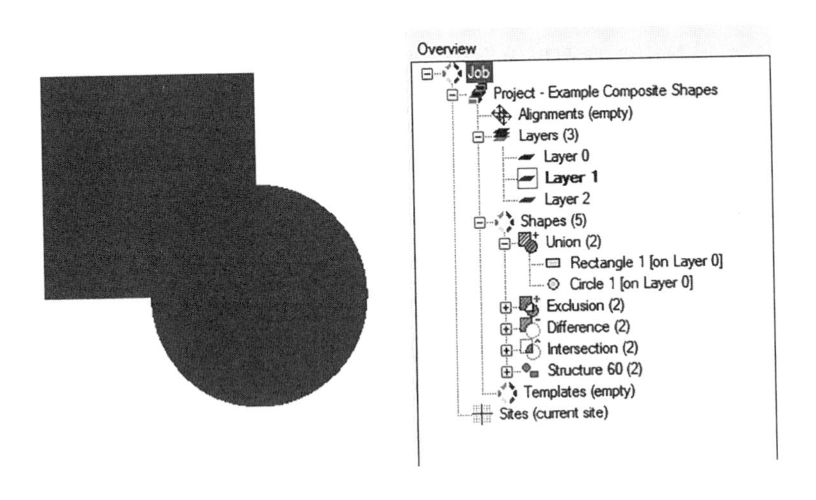

(3) Intersection：相当于布尔“与”运算，仅对图形的重叠部分进行图案化。

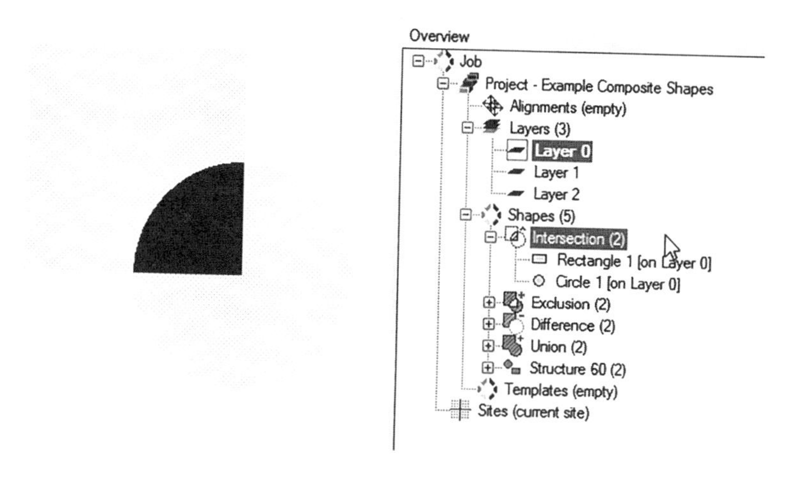

（4）Exclusion：相当于布尔“异或”运算，除图形的重叠部分之外，对所有内容进行图案化。这是交集图形的逆。

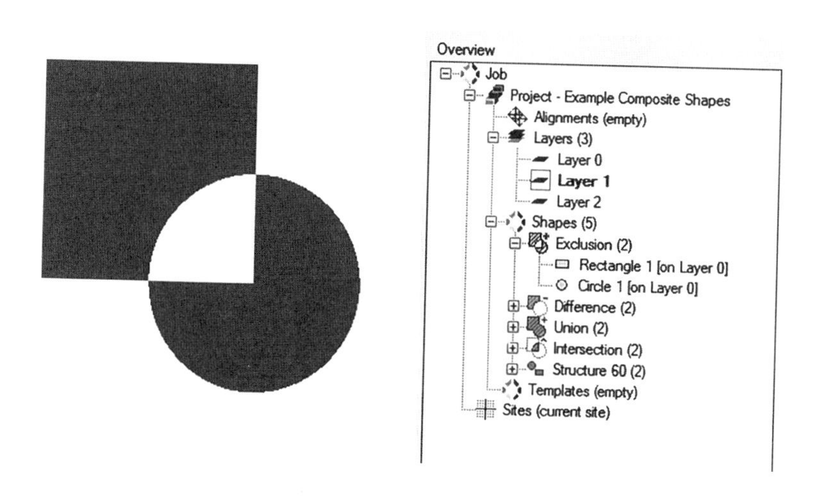

（5）Difference：相当于减法操作，从第一个图形中删除与其他图形重叠的部分。

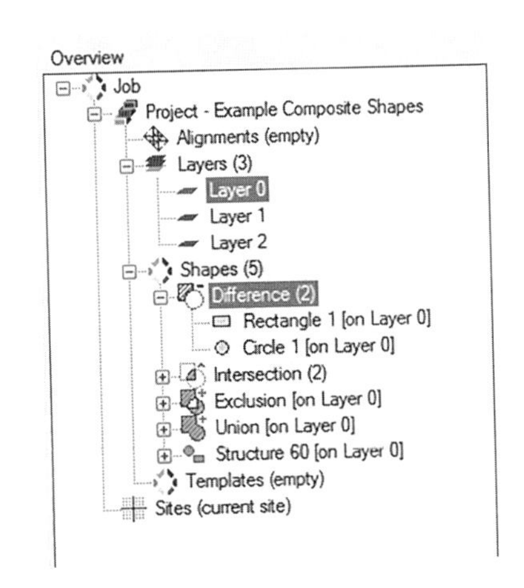

(6) Reference：在不同位置重复使用现有的模板图形，可选择性调整其大小或进行旋转。为了重复一个图形，该图形首先必须先设定为模板，可通过将图形拖动到树视图中的模板节点完成。其图形特定属性包括：

① 模板：用作此图形模板的图形。

② 旋转：旋转模板图形的角度（默认为0）。

③ Scale：放大或缩小模板大小的比例因子（默认为1）。

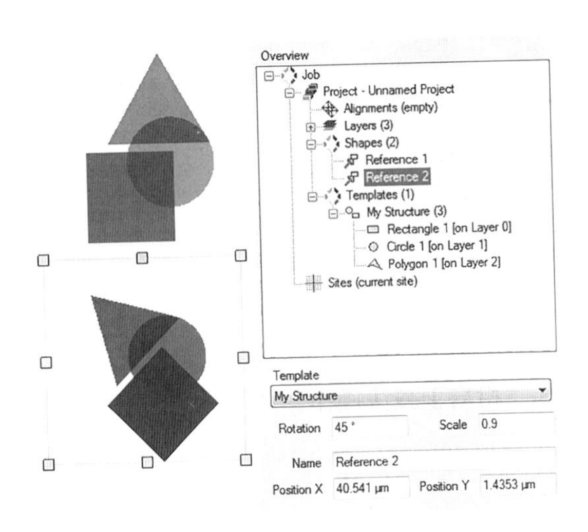

(7) Array：阵列图形允许在规则网格中重复现有图形，形成矩阵排列。下面的图形是一个 3×4 的图形阵列，这个例子中重复的图形是一个

Structure。其图形特定属性包括：

① 模板：阵列中重复的图形（引用的模板）。

② 旋转：旋转模板的角度（默认为 0）。

③ 比例：放大或缩小模板的比例因子（默认为 1）。

④ 列，行：重复模板的列数和行数。

⑤ 间距 X，Y：重复图形之间的行、列间距。

⑥ Center X，Y：阵列位置的一种表示方式，使用中心作为参考点。这个设置可用于将阵列中心与特定位置对齐。

⑦ 始终平行加工：如果选中，即使图层设置为串联加工，数组中的图形也会以平行方式图案化。

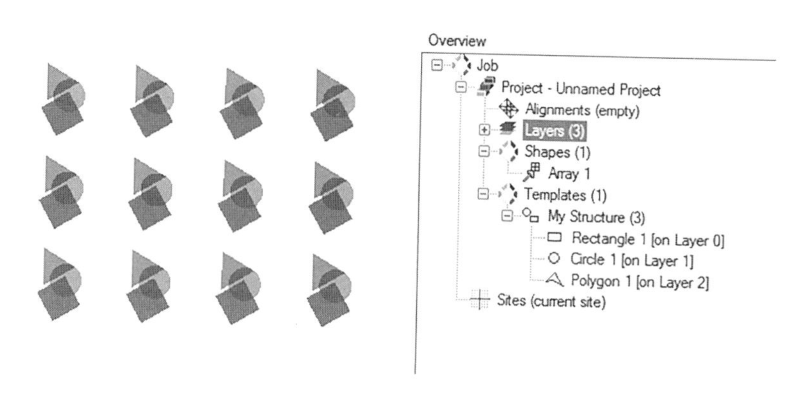

4.3.7　特殊图形

特殊图形是不同于一般概念的图形。

(1) 位图图形：一种使用图片作为图形化基础的图形。像素的不同灰度值被转换为相应像素位置束流的特定停留时间，使得图形化后可以得到图像的印记。其图形特定属性包括：

① 位图：用于图形化的图像。要更改文件，单击字段中的［…］按钮。位图图形始终以逐行蛇形进行图形化，从左上角开始。

② 物理高度和宽度：图形化时图像的实际尺寸。

③ 像素：图形化时像素的大小。像素的最大可能停留时间（如果它的

值为 255）为图层设置的停留时间。

（2）流文件图形（Stream File Shape）：允许添加要包含在设计中的现有流文件（用于指定模式点的本机 xT 格式）。添加图形时必须指定流文件。

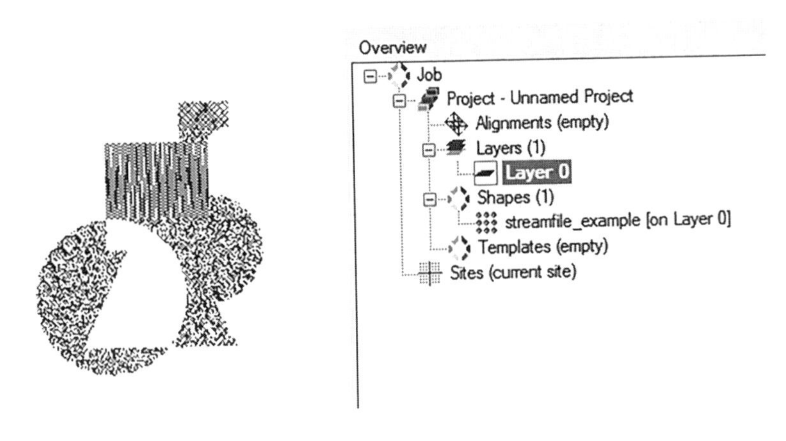

① 流文件中束流点的驻留时间不是由其图层参数决定的，而仅由流文件中每个点指定的驻留时间决定。

② 加工次数 Passes 由图层决定。加载流文件时，图层的 Passes 最初被设置为流文件中的值，但可以在之后进行编辑。

③ 流文件中点的数量可能相当可观，并非所有点都是出于执行的原因绘制的。它们可能会导致显示中的干扰，可以放大到合适的图形比例来解决。

4.4 Sites 样品台位置

默认情况下，NanoBuilder 在当前阶段位置执行 Job 任务。通过向 Job 任务添加一个或多个位置站点，可以实现在多个样品台位置执行同一个项目（最简单的用法）、通过对电子束和离子束分别倾斜载物台进行垂直加工、创建跨越多个写场的设计。

（1）Site List 位置列表：包含 0 个或多个位置站点。如果为空，则在当前位置执行项目，否则将逐个访问位置站点（从列表中最顶部开始）。向上或向下拖动站点可以更改顺序。

（2）Site 样品台位置站点：描述样品台位置，有两种方式：

① 绝对位置站点定义绝对位置。例如，将样品台 Tilt 倾斜角度移动到 0°。

② 相对位置站点定义位置的变化。例如，将载物台沿 X 轴移动 100 μm。

对于这两者，用户可以定义哪些轴需要移动，例如，移动 X 轴和 Y 轴，但将 Z 轴、Tilt 倾斜轴和旋转轴留在原位；也可以定义一个不改变坐标轴的站点，可以混合相对站点和绝对站点。

可以通过 Site List 的菜单添加站点（右键单击站点列表）。

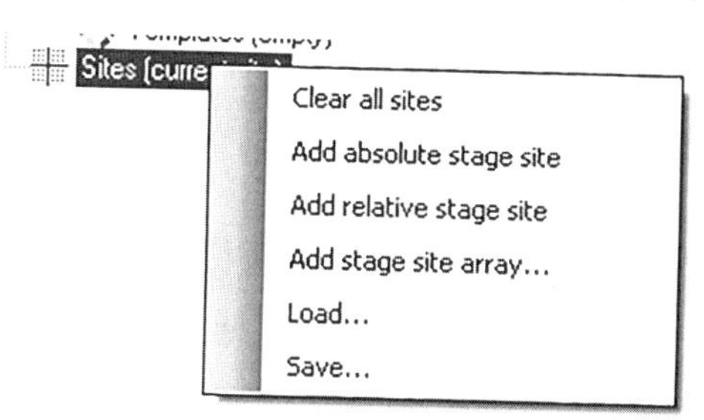

可以通过选择 Add stage site array 添加样品台位置站点阵列，有效地添加多个相对位置站点。这将打开一个对话框，可以在其中设定行数、列数，以及每行和每列移动的距离（附图 2-6）。

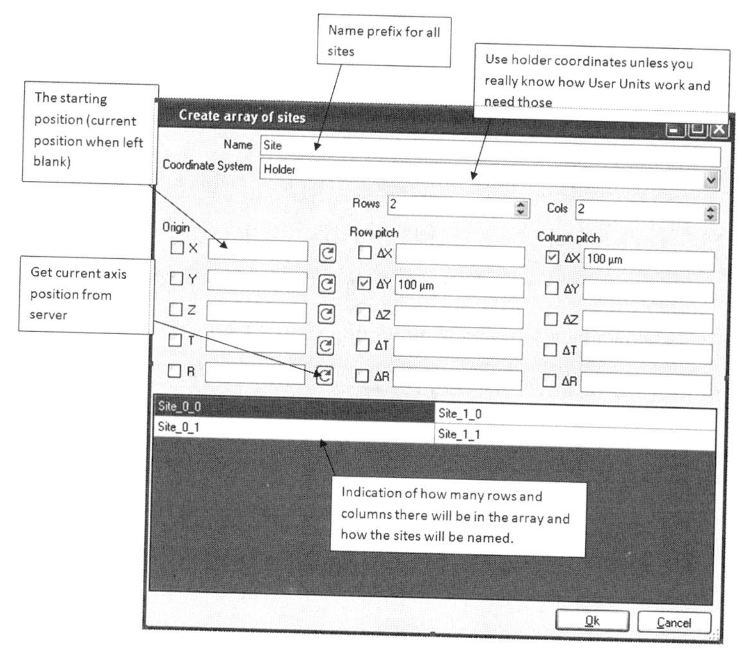

附图 2-6 创建位置站点阵列

默认情况下，X 轴按列移动，Y 轴按行移动。通过不同的设置，还可以扫描倾斜轴。

(3) Origin 列：默认为空，这表示第一个位置就在当前位置。如果为 1 个或多个轴指定（绝对）样品位置，那么第一个位置站点将是绝对位置。当连接到双束系统时，可以使用重新加载按钮复制相应轴的当前载物台位置。

对话框只是创建站点列表，无法重新运行对话框更改站点。相反，需要清除现有站点并重新开始定义新列表，可以在创建后手动更改、删除或重新排列站点。

(4) Origin 原点：当使用相对位置时，样品台原点的概念就变得很重要，这是进行第一次移动的相对位置。可以通过选择 Microscope，在菜单中 Set stage Origin 指定当前载物台位置为原点。如果不执行此步骤，那么第一次移动（例如，通过执行 Job 任务）将自动将当前位置设置为样品台原点。

设定了 Origin 意味着可以右键单击任何站点，并选择 Move stage here。从概念上讲，这些（相对）移动都是一个接一个进行的，直到到达选定的站点。从 Origin 开始，可以移动到最后一个位置站点以检查样品上的位置，然后在开始执行之前移回第一个位置站点。Job 执行后，可以通过右键单击 Move stage here 访问任何站点进行检查。

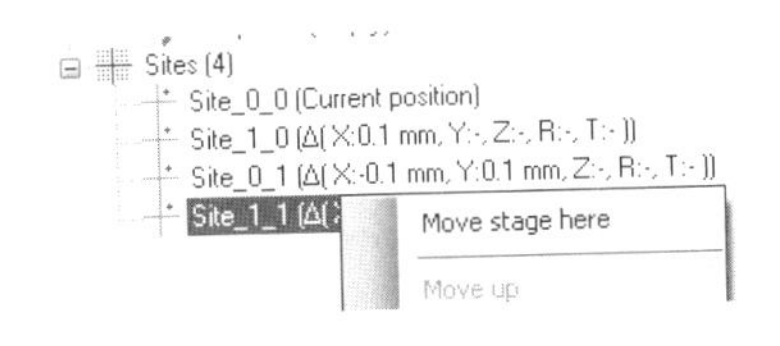

使用绝对位置站点时，不使用 Origin；当混合绝对位置和相对位置站点

时，Origin 定义为尚未设置绝对位置的坐标轴的起点。

4.5　设置默认工艺（Setting Default Processes）

NanoBuilder 中的一个 Process 包含了在图层加工时应该应用的所有设置，即束流设置、加工参数、GIS 的参数等。这种方法可以实现两个目标：

（1）通过从列表中选择预定义的进程，一次性设置所有参数。

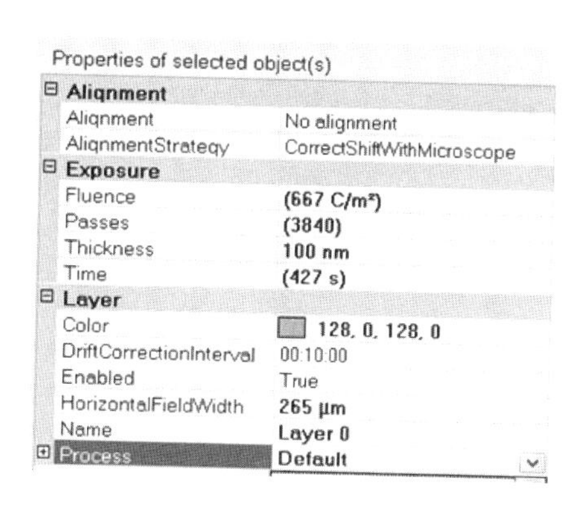

（2）通过扩展流程微调任何参数。

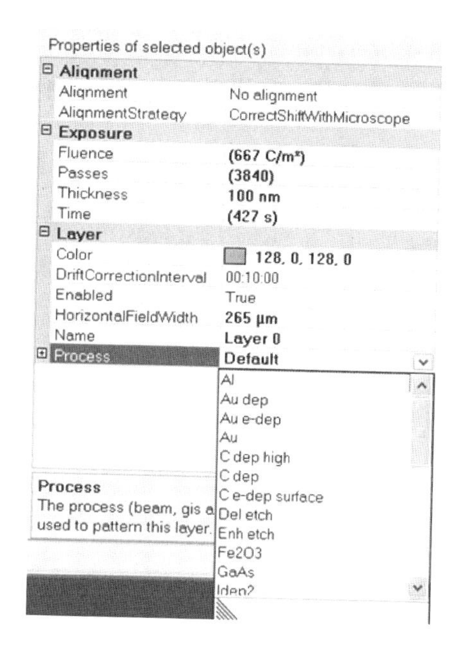

4.5.1 更改可用进程（Changing Available Processes）

(1) 通过选择 File>Preferences 打开首选项对话框。

(2) 选择 Process Templates 右侧的字段（在下面的示例中显示“0 个进程”）以显示浏览按钮。

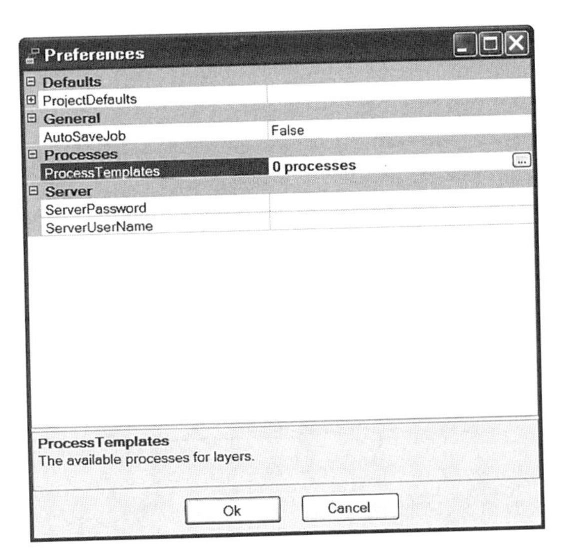

(3) 单击浏览按钮显示可用进程对话框，右侧显示了可用的流程，分别为从服务器导入、从当前项目导入和从列表中删除选择。

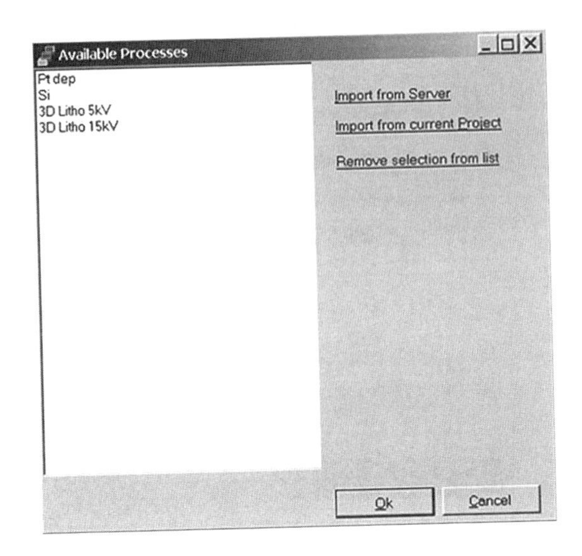

（4）单击“OK”存储新列表，可以在任何项目中使用该列表。该列表是按用户存储的（即不作为当前项目的一部分），因此如果以不同的用户身份登录，将看到不同的列表。

4.5.2　编辑流程（Editing a Process）

修改一个层的 Process 工艺很容易，但需要注意的是，这些更改只影响该层。换句话说，如果两个层被分配了 Pt dep 工艺，并且对其中一个层进行了编辑修改，则更改不会显示在另一个层中。同样，更改也不会显示在分配了 Pt dep 的后续层中。使更改可用于其他层的方法是更改 Process 的名称（给它一个唯一的名称），然后如上所述选择从当前项目导入链接。

如果更改了“ABC” Process，其名称将变为“Modified ABC”，以表明它不再对应于原始“ABC”。通过输入新名称，“Modified”将被删除，因为其是一个不同的工艺。

5. NanoBuilder 软件应用示例

案例一　纳米光学器件加工中多层结构的精确定位

典型的纳米光学器件的构建模块需要纳米级定位精度。附图 2-7 显示了一个跑道型谐振器，由 800 nm 宽的沟槽组成；狭缝是第二个沟槽，300 nm 宽，在第一个沟槽的确切中心；整体结构为 100 μm×50 μm。这是一种光学结构，用于将光严格限制在低折射率材料中，这种材料通常用于光学传感器和调制器。跑道波导中心的缝隙放大了与对比材料的相互作用。

附图 2-8 显示了轨道内狭缝良好的居中位置，这需要高精度的对准算法。通常，跑道将使用传统的纳米制造技术创建。Nanobuilder 的对齐功能可以将聚焦离子束图案与预制结构的精确尺寸和实际形状相匹配，允许聚焦离子束图形化工艺与其他技术混合、匹配。

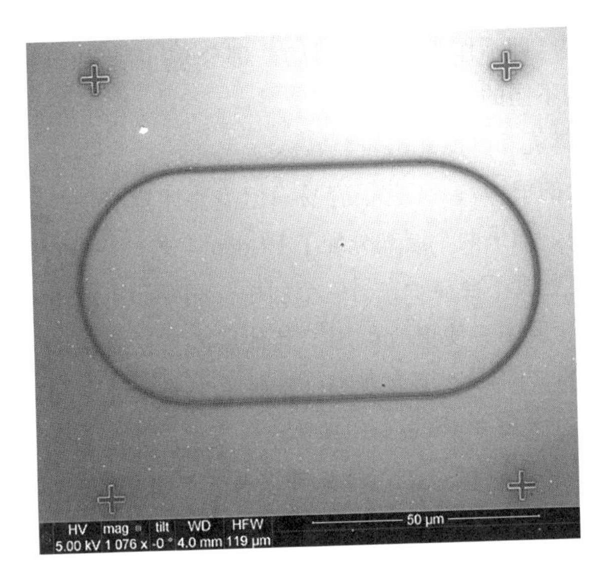

附图 2－7　狭缝跑道谐振器

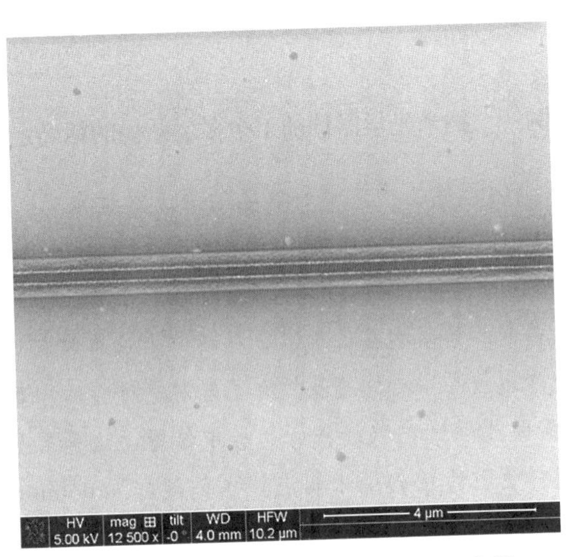

附图 2－8　800 nm 宽跑道内的 300 nm 宽槽

案例二　高分辨率大规模图案化

对于包含小于 1 mm 的 2 层结构，且同时需要大视场（FOV）和高构图分辨率，可使用 NanoBuilder 的 16 位构图进行大规模精确构图。

附图 2－9 显示了嵌入许多小结构的长结构。整体结构长 1 mm，深 10 nm，具有小于 50 nm 的典型线宽。使用离子束 30 kV、1 nA 参数条件加工。

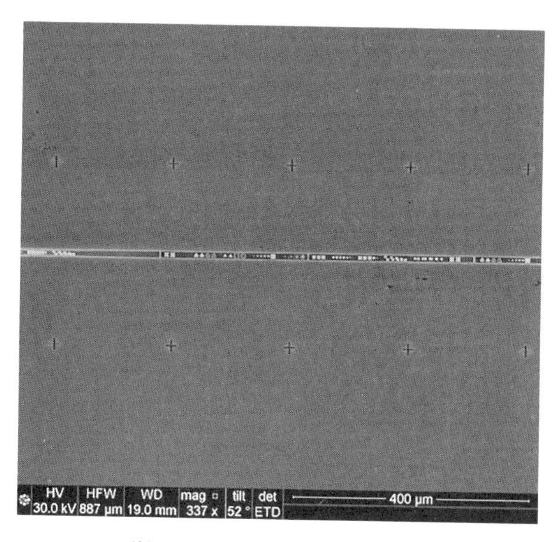

附图 2－9　长结构小线宽线带

案例三　纳米流体器件的组合沉积和刻蚀

纳米流体器件需要对复杂的小型结构进行快速原型设计，附图 2－10 显示了纳米流体器件的构建块，其中流体通道被聚焦离子束刻蚀到衬底材料中，金属电极被精确地定位到流体通道的蜿蜒中。流体通道宽 300 nm，用 1 nA的聚焦离子束电流刻蚀；金属线由 100 pA 聚焦离子束电流诱导沉积的 200 nm 高铂层组成。NanoBuilder 通过对齐功能实现了 FIB 铣削和 FIB 诱导沉积自动对齐。该结构也可用作芯片实验室中的电阻加热器。

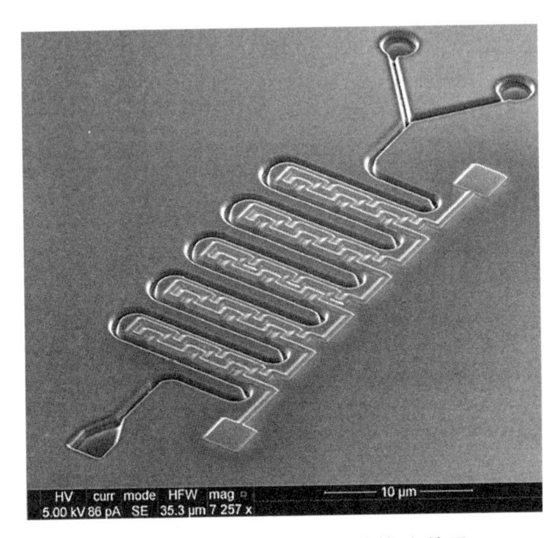

附图 2-10　纳米流体器件构建单元